大模型实战

微调、优化与私有化部署

庄建 腾海云 庄金兰 ◆ 著

U0299606

电子工业出版社·

Publishing House of Electronics Industry

北京·BEIJING

内 容 简 介

本书深入浅出地介绍了现代大型人工智能（Artificial Intelligence，AI）模型技术，从对话机器人的发展历程和人工智能的理念出发，详细阐述了大模型私有化部署过程，深入剖析了 Transformer 架构，旨在帮助读者领悟大模型的核心原理和技术细节。

本书的讲解风格独树一帜，将深奥的技术术语转化为简洁明了的语言，案例叙述既严谨又充满趣味，让读者在轻松愉快的阅读体验中自然而然地吸收和理解 AI 知识。本书提供完整的代码示例，可帮助读者将抽象的理论知识转化为手头的实际技能。本书不仅理论知识丰富，实战案例更能帮助读者在专业领域内高效地应用 AI 技术。

无论是初学者还是有一定基础的工程师，都能通过本书掌握大模型的核心原理和操作技巧，获得私有化部署大模型的能力，精通 Transformer 架构，并能运用高效微调策略优化大模型，成为大模型领域的行家里手。

图书在版编目（CIP）数据

大模型实战：微调、优化与私有化部署 / 庄建等著.
北京：电子工业出版社，2024. 12. -- ISBN 978-7-121-
49323-2

Ⅰ. TP18

中国国家版本馆 CIP 数据核字第 2024MX4392 号

责任编辑：秦淑灵　　　特约编辑：张燕虹
印　　刷：中国电影出版社印刷厂
装　　订：中国电影出版社印刷厂
出版发行：电子工业出版社
　　　　　北京市海淀区万寿路 173 信箱　　邮编：100036
开　　本：720×1000　1/16　印张：20.25　字数：518 千字
版　　次：2024 年 12 月第 1 版
印　　次：2025 年 2 月第 2 次印刷
定　　价：99.00 元

凡所购买电子工业出版社图书有缺损问题，请向购买书店调换。若书店售缺，请与本社发行部联系，联系及邮购电话：(010) 88254888，88258888。

质量投诉请发邮件至 zlts@phei.com.cn，盗版侵权举报请发邮件至 dbqq@phei.com.cn。

本书咨询联系方式：qinshl@phei.com.cn。

前　　言

我们需要什么样的大模型

面对未来的浪潮，我们不禁思考：何种大模型将引领时代？这是一个值得我们深入探讨的课题。随着 AI（Artificial Intelligence，人工智能）技术的迅猛发展，AI 是否会成为未来的主导力量？随着 AI 技术的飞速进步，一个常见的问题是：这股力量是否将取代人类的位置？

答案并非如此简单。AI 的确在以惊人的速度学习和进步，它在各个行业中的应用也取得了显著的成功。大模型的应用已成为推动各领域突破性进展的关键动力。特别是在医疗、法律、金融等特定垂直领域，大模型的微调面临着独特的挑战和需求。

本书旨在深入探讨大模型的微调与应用的核心技术，为读者揭示行业前沿，重点关注两个热门的应用方向：大模型的知识专业性和时效性。我们将剖析垂直领域模型训练的背景及意义，探讨模型在垂直领域的迁移学习、应用部署与效果评估等核心内容。通过实际案例的深入浅出解析，我们将揭示每个环节的关键问题和解决方案，引领读者了解行业内最新的研究趋势，并便捷地将这些知识应用到各个行业中。

比尔·盖茨是微软的联合创始人，他预见性地指出，像 ChatGPT 这样的 AI 聊天机器人将与个人计算机和互联网一样，成为不可或缺的技术里程碑。

英伟达总裁黄仁勋则将 ChatGPT 比作 AI 领域的 iPhone，它预示着更多伟大事物的开始。ChatGPT 的诞生在社会上引起了巨大的轰动，因为它代表了大模型技术和预训练模型在自然语言处理领域的重要突破。它不仅提升了人机交互的能力，还为智能助手、虚拟智能人物和其他创新应用开启了新的可能性。

本书专为对 AI 感兴趣的读者而设计。即使读者没有深厚的计算机知识背景，但只要具备相关的基础知识，便能跟随本书中的步骤，在个人计算机上轻松实践案例操作。我们精心准备了完整的代码示例，旨在帮助读者将抽象的理论知识转化为手头的实际技能。

本书独树一帜的讲解风格，将深奥的技术术语转化为简洁明了的语言，案例叙述既严谨又充满趣味，确保读者在轻松愉快的阅读体验中自然而然地吸收和理解 AI 知识。

AI 时代已经到来，取代我们的不会是 AI，而是那些更擅长利用 AI 力量的人。让我们携手迈进这个新时代，共同揭开 AI 的无限潜能。

在本书的编写过程中，我们深感荣幸地获得了众多科研同行的鼎力相助与无私奉献。特别感谢中国科学院大学的刘宜松，他负责了本书代码的编写，并为代码的精确性与实用性付出了巨大努力。王凯、孙翔宇和张明哲对代码进行了细致入微的审阅，确保了代码的质量与可靠性。

中国矿业大学的刘威为本书的图文并茂贡献良多，他负责的图片制作工作极大地提升了读者的阅读体验。

我们还要感谢以下企事业单位的慷慨支持：东莞市红十字会分享了他们珍贵的行业数据，为本书的研究提供了实证支持；英特尔（中国）有限公司的张晶为我们提供了技术测试，确保了书中技术的先进性与实用性；广东创新科技职业学院的创始人方植麟提供了大模型数据，为本书的研究深度与广度提供了坚实基础。

在出版流程中，电子工业出版社的秦淑灵编辑给予了我们极大的帮助与支持，她的专业意见和辛勤工作使得本书得以顺利面世。

在此，我们对所有贡献者表示最诚挚的感谢！我们相信，这本书将成为一盏明灯，指引我们深入探索 AI 的奥妙，共同开启 AI 世界的无限可能。

我们衷心感谢以下企事业单位的鼎力支持：东莞市科学技术协会的杨爱军，提供了宝贵的学术建议，为本书增添了智慧光芒；东莞市红十字会，分享了珍贵的行业数据，为本书的研究提供了坚实的实证基础；东莞市人工智能学会的孙贤发，提供了专业的学术指导，确保了书中技术的先进性与实用性；广东创新科技职业学院的创始人方植麟，提供了大模型数据，拓宽了研究的深度与广度。

作　者

目　　录

第 1 章　从零开始大模型之旅

本章系统性地探究了对话机器人技术的起源及其发展轨迹，并前瞻性地展望了通用人工智能的广阔图景，以及该技术对社会诸多领域可能产生的深远影响。本章开篇追溯至对话机器人技术的历史源头，引领读者穿越时光，揭示人与机器互动模式如何从简单的指令交流逐渐演进至蕴含深层情感共鸣与理解的复杂对话。此演变过程不仅彰显了技术层面的显著进步，也折射出人类对于提升机器智能沟通能力的持续渴望与期望。

随后，论述焦点转向通用人工智能的核心议题，剖析其如何从基本的感知功能拓展至创造性的思维境界，这一进展标志人工智能正大步迈向更为综合与自治的新纪元。通过细致审视当前通用人工智能技术的现状，本章预测了其在教育、医疗、制造业等多领域的应用潜力，预示着一场行业革命的曙光；同时，也不遗余力地探讨了实现这一宏伟愿景所面临的挑战及未来发展的策略路径。

综上所述，本章不仅构成了一次对对话机器人与通用人工智能发展历程的深刻反思，更是一次全方位的前瞻，展望了智能科技的未来图景，为读者描绘了一幅由创新技术引领、蕴藏无尽可能的智慧时代宏图。

1.1　对话机器人历史

1.1.1　人机同频交流

图灵测试是由计算机科学家艾伦·图灵于 1950 年在论文《计算机器与智能》中提出的一种评估机器智能程度的方法。如果一台机器能够与人类展开对话（透过电传设备）而不被辨别出其机器身份，那么称这台机器具有智慧。这一简化使得图灵能够令人信服地说明"思考的机器"是可能的。他在该论文中还回答了对这一假说的各种常见质疑。图灵测试是人工智能哲学方面首个严肃的提案。

无论是深度算法工程师还是刚接触人工智能概念的算法新手，都可能听说过这个著名的图灵测试（如图 1-1 所示）。这个测试旨在考查机器是否能够展现出与人类相当的智能水平，使我们无法轻易区分其与真人的交流。

图灵测试自提出以来一直备受深度学习研究者的关注，并成为研究的热门话题。在这个测试中，各种模型都被进行类似于"图灵测试"的不严格验证。人们通过判断模型是否足够与真人相似、生成的文字是否具有逼真程度来评估模型的性能。

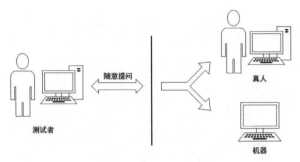

图 1-1

对于人工智能在非语言领域取得的卓越成就（甚至超越人类平均水平），人们往往习以为常。例如，广泛应用的人脸识别技术在实际应用中并未引起太多关注，大多数人对人工智能的认知可能仅限于此。但是，当人工智能在语言交流方面接近或超越人类水平，如 ChatGPT 引起轰动时，引发了人们的很大担忧，导致某些国家紧急制定人工智能管理与治理方案，有的学者和企业家呼吁"暂停研发"等。这一系列反应让人类陷入了一场空前的焦虑和热烈的讨论。

ChatGPT 之所以能引发全球范围内的广泛关注，其核心原因在于它触及了人工智能发展的本质追求——实现与人类智能的深度共鸣。在这一领域内，长久以来，科研人员与科幻构想均将"人机无缝交流"视作衡量人工智能成熟度的黄金标准。这不仅要求技术上的高度仿真，即机器能够模拟人类的思维模式、情感反应及复杂交流技巧，而且它更能深层地映射出人类对"理解"与"被理解"的深切渴望，以及对技术能否最终跨越"人性"这一鸿沟的哲学探讨。

1.1.2 人机对话发展历史

人机对话系统在人工智能的演进史上占据着举足轻重的地位，而 ChatGPT 正是这一悠久发展历程的鲜明例证。如图 1-2 所示，自 1946 年首台通用计算机 ENIAC 问世起，人机对话便一直是人工智能探究的中心议题。1950 年，艾伦·图灵在《计算机器与智能》论文中提出的图灵测试，开创性地利用人机对话场景评估机器的智能水平，奠定了该领域研究的基石。1956 年，随着"人工智能"术语的正式确立，标志着人类向构建智能系统的目标迈出了决定性的一步，开启了探索的新篇章。

进入 20 世纪 60 年代，尤其是在图灵测试提出的 10 年后即在 1966 年问世的机器人 Elliza，使人机对话技术的边界被进一步拓宽，旨在缓解心理医疗领域的压力，通过设计能够模拟心理治疗对话的机器，初步尝试将机器定位为辅助心理治疗的工具。1971 年，一个历史性的时刻到来，名为 Parry 的聊天机器人成为首个成功通过图灵测试的实例，尽管其在限定情境下的对话能力尚不足以全面欺骗人类，但这无疑标志着在构建能够与人类进行自然、难以辨识的对话的智能系统方面取得了重要进展，为人机交互领域树立了一座里程碑。

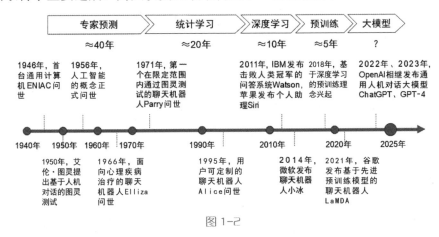

图 1-2

1995 年，见证了技术跃进的又一里程碑，即用户可定制的聊天机器人 Alice 问世。通过设定简洁的交互规则，Alice 能够依据用户的个性化需求执行人机对话任务。同年，Alice 在国际范围内三度荣获"最接近人类"殊荣的罗伯纳奖，该奖项是人工智能领域的权威竞赛的奖项，该竞赛采用标准化的图灵测试机制甄选最能模拟人类的参赛程序，彰显了彼时聊天机器人智能化的卓越成就。

进入 21 世纪，人机对话技术步入了一个全新的发展阶段。2011 年，IBM 发布的问答系统 Watson 在竞赛中击败人类冠军，标志着该领域取得了突破性进展。2014 年，微软发布的聊天机器人小冰开创性地实现了与人类进行持续、深入的对话交流。2018 年，深度学习的预训练理念的兴起为聊天机器人及问答系统的发展注入了强劲动力，几乎重塑了所有相关系统的研究和发展路径。

2021 年，谷歌发布了基于先进预训练模型的聊天机器人 LaMDA，其发布再次激起了业界对聊天机器人智能水平的深入探讨，部分人士甚至断言 LaMDA 已展现出类似人类的心智特征。然而，此类评价也引发了广泛的争议，从积极面看，这些争议促使研发团队在创新与探索的道路上保持警醒，不断在理论与实践的碰撞中寻求技术的精进和伦理的平衡。

ChatGPT 在 2022 年 11 月和 2023 年 3 月引起了广泛且高度的关注，成为全球瞩目的焦点，吸引了人们的广泛且深切的兴趣。OpenAI 相继发布的 ChatGPT 及后续的 GPT-4，不仅树立了通用型人机对话技术的新标杆，也宣告了一个崭新时代的开启。学术界对此反响热烈，普遍认为这一进展预示着"未来已来"，体现了人工智能梦想的实质飞跃。

概括而言，人机对话技术的发展轨迹从最初基于规则的简单设计，历经统计学习方法的革新，再到深度学习的广泛应用，直至现今预训练模型的崛起，展现了技术迭代的飞速进程。每一次技术的迭代与革新都显著增强了人机对话系统模拟人类智能的能力，推动了该领域向着更高层次的智能化迈进。面向未来，我们满怀憧憬，期待在大模型领域的更多技术突破与应用拓展，持续书写人工智能新篇章。

1.2 人工智能

1.2.1 从感知到创造

人工智能（Artificial Intelligence，AI）在智能水平的划分上，可主要归纳为两大类别：弱人工智能（Narrow AI）与强人工智能（General AI）。弱人工智能聚焦于特定任务或狭窄领域，展示出高度专业化的智能形态。这类系统专为应对明确界定的问题设计，例如语音识别软件及图像解析系统，它们在各自的专业领域中能力出众，但在处理非指定范围的任务时，则显得功能有限。反之，强人工智能则代表了一种普适性智能，旨在达到与人类相仿的认知能力。它不仅能够跨领域作业，还拥有学习新知、理解复杂情境及灵活适应变化的能力，涵盖了语言理解、逻辑推理、问题求解等诸多维度，力求复制人类心智的全貌。强人工智能的发展蓝图辽阔，寄托了对智能技术未来愿景的无限遐想，但同时也伴随着更为艰巨的挑战与深层次的复杂性，因为它需破除单一功能的局限，迈向真正意义上的通用智能境界。

研究者在此基础上追求人工智能实现的路径。三种不同的智能层次如图 1-3所示。

图 1-3

（1）计算智能：是人工智能的基础支柱之一，是指计算机系统利用高级算法、精密的数学模型及大数据处理技术，执行复杂的运算任务和数据分析的能力。它不仅涵盖快速准确的数值计算，还包括模式识别、数据挖掘、优化决策等高级应用，是支撑现代科技发展和众多智能服务背后的强大引擎。通过不断优化的算法设计，计算智能正不断突破处理速度与效率的极限，为解决大规模、高复杂度问题提供可能。

（2）感知智能：进一步扩展了机器与现实世界的接口，使计算机能够通过传感器、摄像头、麦克风等设备捕捉并解释外部环境的各类信息。这一领域主要包括计算机视觉——让机器"看见"并理解图像和视频内容，以及语音识别技术——使机器能够准确辨识、转录并理解人类语言。此外，还有触觉、嗅觉等其他感知方式的模拟研究，共同构建起机器全面感知外界的综合体系，为实现更加自然和高效的交互体验奠定基础。

（3）认知智能：这一领域致力于模仿和实现人类的高级思维过程，使计算机不仅能处理数据，还能"理解"信息、学习新知识、进行逻辑推理、解决问题，乃至创新和决策。它涵盖了机器学习、自然语言处理、知识图谱构建等多个子领域，力图通过深度学习等技术，让计算机掌握语境理解、情感识别、抽象思维等能力，逐步缩小与人类智能的差距。认知智能的突破，将极大推动自动化决策支持系统、智能顾问、个性化教育等领域的进步，开启人工智能服务社会生活各个层面的新篇章。

1. 计算智能

计算智能，这一概念涵盖了计算机系统高效的数据处理与庞大的存储能力，是现代科技发展的关键要素。它不仅是关于速度和容量的追求，更是对信息时代基础设施智慧化水平的衡量。

（1）GPU（Graphics Processing Unit，图形处理单元）：GPU 作为高性能计算的杰出代表，专为密集型图形与图像数据处理而设计，其强大的并行处理能力、丰富的硬件加速特性和灵活的着色器编程功能，使其成为当代图形处理领域不可或缺的核心组件。类似地，TPU（Tensor Processing Unit，张量处理单元）和 ASIC（Application Specific Integrated Circuit，应用特定集成电路）也是为了特定领域内的极致性能而定制开发的高效能计算解决方案，它们在机器学习、加密货币挖掘等领域展现出非凡效能。

（2）分布式计算：分布式计算技术是另一项革命性进展，它通过将复杂的计算任务拆分为若干较小的子任务，并将这些子任务分发至多台计算机上并行执行，有效提升了计算资源的使用效率和处理速度，是满足大规模数据处理和复杂计算需求的强有力手段。

（3）SSD（Solid State Disk 或 Solid State Drive，固态硬盘）：SSD 作为存储技术的重大革新，基于高速闪存介质，与传统的机械硬盘（Hard Disk Drive，HDD）相比，显著提高了数据读/写速度，缩短了访问延迟，并增强了耐用性和可靠性，为现代计算系统提供了更为流畅的数据存取体验。

计算智能是当今世界研究的重点之一。尽管计算智能，如 NVIDIA（英伟达）公司不断强化的 GPU 算力和 Intel 持续优化的 CPU 性能，确实是科技进步的显著标志，但我们应认识到，单纯的计算速度与存储能力的提升并不直接等同于人工智能的实现。事实上，人类长期以来追求的不仅是计算机运算速度的极限突破。

自古至今，计算机在计算速度上早已超越人类，而今我们所探索的是如何在保证高效、低成本的同时，赋予计算机理解、学习、决策等更接近人类智能的特性，进而推动人工智能迈向更高阶的发展阶段。

2．感知智能

感知智能，这一概念核心在于赋予计算机系统对外界环境的敏锐识别与理解能力，是人工智能技术中至关重要的一环。

（1）计算机视觉：它作为感知智能的前沿阵地，旨在模仿并实现人类视觉认知机制，使得机器能够处理、解析数字图像与视频资料，进而深入理解并诠释视觉信息。通过复杂的算法与深度学习模型，计算机视觉技术不仅能够识别物体、场景，还能分析动作、表情，乃至推断情境意义，有效地模拟了生物视觉系统的复杂功能。

（2）语音识别技术：语音识别则是感知智能的另一大支柱，它赋予了计算机理解与响应人类语音指令的能力，为实现自然语言处理与语音交互系统奠定了坚实基础。通过捕捉、转换及解析音频信号，该技术打破了传统人机交互的壁垒，使无接触式通信成为可能，极大地丰富了人机互动的形式与深度。

（3）感知技术：感知技术的范畴更广，涵盖了力反馈、触摸感应、形变监测、温度感知及纹理识别等多种传感方式，这些技术协同工作，使得机器能够模拟触觉、感知物理形态变化、监测环境温湿度变化及辨别材质特性，极大地增强了其对物理世界的理解与适应能力。

（4）其他传感器技术：此外，激光雷达（LiDAR）、红外传感器、摄像头、麦克风、气味探测器等其他高精度传感器技术的集成应用，进一步拓宽了机器感知的边界，使其能够精确测量距离、探测障碍物、识别生物体征、捕捉声音信号乃至分析空气质量，为实现全方位、多维度的环境感知与智能响应提供了强有力的硬件支持。

总之，感知智能在人工智能领域的核心地位不容小觑，它不仅是连接虚拟世界与现实世界的桥梁，更是实现智能体自主感知、理解并适应外部环境，进而有效互动与决策的关键。近年来，随着这些技术的快速发展与普及应用，我们的社会生活发生了翻天覆地的变化，技术的每次飞跃都在为人类带来前所未有的便捷与生活质量的显著提升，预示着一个更加智能、互联的未来正逐步成为现实。

3．认知智能

认知智能，这一高级别的智能形式旨在赋予计算机系统类似人类的思维与理解能力，使之能深度解析信息并提出富有洞察力的见解，模拟人类在认识与阐释世界时所展现的认知过程。如图 1-4 所示，这一过程中的若干关键技术节点构筑了认知智能的基石，其中包括但不限于控制论原理的应用、基于规则的决策引擎设计、自然语言处理技术的革新、计算机视觉领域的突破、深度学习架构的兴起、强化学习策略的实施，以及生成对抗网络的创新，这些技术的融合和迭代共同推进了智能系统向更高层次的发展与跃进。

（1）ChatGPT：一种基于深度学习技术的对话生成模型，其影响力日益显著，广泛渗透至对话系统、聊天机器人及智能客服等行业应用中，有效支撑了自动问答、日常对话交流、个性化建议提供乃至问题解决方案的即时生成，极大地扩展了人机交互的深度与广度。

（2）Stable Diffusion：一种用于生成高质量图像的技术，标志着图像生成领域的一大飞跃，专注于创造高品质视觉内容，应用于图像生成、编辑与重建等多个维度，为用户提供了前所未有的图像创作解决方案，展现了人工智能在创造性内容生产方面的巨大潜力。

图 1-4

自 2022 年下半年以来，以 Stable Diffusion 和 ChatGPT 为代表的新兴技术，不仅引领了人工智能领域的全新风潮，更标志着认知智能迈向了一个新纪元——创造世界的合成数据与创造性结果生成。这一转变，如同为机器安装上了类似于人类大脑的引擎，极大地增强了其创造性和创新能力。

计算智能作为人工智能领域的基础，支撑着这一系列技术革命；而感知智能，作为连接物理世界与数字理解的桥梁，通过分析数据并提供决策依据，扮演着"感官"角色，其背后的驱动力正是控制论、规则基础的决策系统、自然语言处理、计算机视觉等关键技术，它们共同构成了人工智能的"视觉"与"听觉"，使机器得以观察、理解并响应周遭环境。

1.2.2　通用人工智能

1. 触类旁通

以往的人工智能系统在设计上并未展现出普遍适用的智能特质，即未能达到通用人工智能（Artificial General Intelligence，AGI）的标准，这是由于这些系统构建的模型和算法通常被优化来执行高度专门化的单一任务。例如，专为人脸识别设计的系统，尽管在精准辨认个体方面表现出色，但其功能却严格限定于人脸的识别范畴，无法超越此特定领域。同样，针对缺陷检测定制的 AI 模型，虽然能高效识别某一预设类型的瑕疵，但在需检测不同种类缺陷的新场景，除非经历模型的替换或重新训练，否则将难以适应并有效工作。

AlphaGo 的案例尤为显著，这款 AI 系统凭借其在围棋对弈上的卓越表现赢得了全球瞩目，但它的智能边界清晰划定于围棋规则之内。这意味着，尽管 AlphaGo 在围棋领域内达到了超凡的竞技水平，但在面对五子棋等结构迥异的棋类挑战时，却无法直接迁移其战略思维或游戏技能，暴露出传统 AI 系统在处理非专项任务时的局限性。这系列实例共同凸显了早期 AI 技术与理想中 AGI 愿景之间的差距，后者追求的是跨领域、自适应和泛化能力强的智能形态。

如图 1-5 所示，随着技术的不断发展，像 ChatGPT 这样的模型已经具备了触类旁通的能力，即可以将在一个任务领域学到的知识应用于其他领域。这种能力被学术界描述为"涌现（Emergent）"，意味着模型可以在不同领域表现出类似的智能水平。当前，一个备受关注的研究热点是多模态大模型，旨在开发一个可以处理多种媒体类型问题的统一模型。如果这一努力取得成功，则几乎所有类型的数据都可以通过这个模型进行训练，实现从一个数据类型到另一个数据类型的生成。例如，可以从剧本直接生成电影，从需求文档直接生成可执行的应用程序，或者从口头描述直接生成三维人物。基于这样的逻辑，我们可以大胆地假设，凡是数据，都可以交给这个模型训练，让它学会如何从一个数据类型生成另一个数据类型。

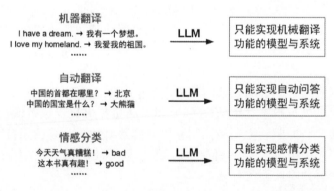

图 1-5

尽管如此，要实现真正的 AGI 仍然面临着许多未知因素和挑战。当前的技术进展只是打开了探索之门，我们尚不清楚门后有什么，也不知道我们是否已经走上了正确的道路。然而，尽管存在诸多不确定性，我们依然可以思考 AGI 的出现将如何改变产业和个人生活。某些变化已在悄然发生，因此，我们需要深入思考 AGI 可能带来的潜在影响，并做好准备，迎接未来的挑战和机遇。

2. 意义

假设 AGI 已经实现，这将引发一场信息技术界的革命，其影响不仅体现在提高生产效率、降低生产成本等方面，更在于对软件系统本身的深远影响。从这个角度来看，我们可以通过朝着实现 AGI 的方向推导出当前所需的技术发展方向。

一项技术是否具有革命性，通常可以通过以下标志来衡量：是否要求几乎每个软件系统都进行改造甚至重构。在过去，已经有一些技术满足了这一标准，比如图形界面、Web 2.0 和移动互联网。AGI 也符合这个标准，因为它将重新定义软件系统的"接口"。无论是用户界面还是软件系统之间的接口，AGI 都将对其进行重新定义。

当前，人们需要通过理解计算机的能力、掌握各种软件的操作方法，并将自己的意图拆解为一系列操作软件的步骤才能获得所需结果。然而，AGI 的出现改变了这一情况。人类将能够通过"说话"的方式与计算机进行交互，当交流语言不方便时，可以转而使用打字。如果打字过于烦琐，只需"说"出所需结果，计算机即可呈现。用户可以立即"说"出修改意见，系统会立即做出响应。在这种情况下，用户界面的体验将得到极大的提升，鼠标点击和屏幕触摸的频率将会大幅降低。这一进步，提升了人类的工作效率，使人类的生活更加便利。

人类的定义通常包括两个方面：会使用语言和会使用工具。AGI 在解决了语言问题之后，下一步就是解决工具的选择和使用问题。AGI 的出现让人类能够更加便捷地使用计算机和软件系统，进一步推动了信息技术的发展。

1.2.3　发展方向

如表 1-1 所示，当前大模型的探索和发展正聚焦于四大热门方向，引领着 AI 领域的新一轮创新浪潮。

（1）预训练：这一技术通过在海量文本数据上预先训练模型，使得模型能够学习到广泛的语言结构和语境知识，为后续的特定任务应用打下坚实的基础。预训练模型如 BERT（Bidirectional Encoder Representations from Transformers，来自 Transformers 库的双向编码器表示）模型和 GPT（Generative Pre-Trained，生成式预训练）模型，已成为 NLP（Natural Language Processing，自然语言处理）领域的基石，极大地拓宽了语言理解与生成能力的边界。

（2）模型微调：作为预训练模型实用化的重要步骤，它针对特定任务对预训练模型进行调整优化。通过在少量任务相关数据上进行额外训练，模型能够"学会"执行情感分析、问答系统或文本生成等具体功能，展现了高度的灵活性与效能，使得大模型能够更好地适应实际应用场景的需求。

（3）AI Agent：其概念是进一步拓展语言模型的功能，使之不仅能处理文本，还能在多模态环境中互动、决策和学习。这些智能体通过整合语言理解、环境感知及决策制定能力，能够在复杂场景下辅助人类工作，参与社交对话，乃至在虚拟世界中执行任务，代表了向更全面人工智能形态迈进的关键一步。

（4）提示工程：近年来成为研究和应用的热点，它强调通过精心设计的提示（Prompt，也称提示词）来引导模型输出，以激发模型潜在的能力，甚至不需要额外的微调就能完成新任务。这包括但不限于创建具有启发性的指令、构建 Prompt 模板及使用 Prompt 进行知识注入等策略。提示工程（Prompt Engineering，也称 Prompt 工程）不仅降低了定制化 AI 解决方案的门槛，而且也为探索模型内在逻辑和泛化能力提供了新的视角。

预训练、模型微调、AI Agent 和提示工程共同构成了当前大模型发展的四大热门方向，它们相互交织，不断推进人工智能技术的前沿，塑造着更加智能、高效且人性化的数字未来。

表 1-1　当前大模型的四大热门方向

技术路线	预训练	模型微调	AI Agent	提示工程
技术原理	Transformer 架构	LoRA 微调	基于 Function Calling（函数调用）	角色扮演
应用场景	通用人工智能	垂直推理场景	工作流场景	非严谨的场景
数据要求	通用大数据集	独有的垂直数据	工作流 sop	无
成本	千万级（不可控）	百万级（不可控）	十万级（可控）	数千级（可控）
实现难度	实现难度极高，结果的不确定性最高	实现难度较高，结果的不确定性较高	实现难度较高，结果相对可控	实现难度一般，结果可控
人员要求	算法类人才	算法类人才	懂业务和 LLM 的工程性人才	懂业务的人才
算力投入	极高	较高	一般	一般/无
门槛	极高	较高	较高	简单

1.2.4　本书焦点

在 AI 的新纪元时代，大模型将被塑造为不可或缺的基础设施，正如一日三餐、水和电在我们日常生活中的地位，成为支撑各种应用和创新的根基。然而，预训练大模型的任务是艰巨且复杂的，其建设和维护通常由技术力量雄厚、资金充沛的少数企业来承担。因此，本书并不聚焦于如何研发、训练自己的大模型，而是专注于以下几点。

1. 焦点一：微调、本地化与提示工程

对大多数人而言，我们并非这些资源的创造者，而是使用者。因此，真正的挑战在于如何最大限度地发挥大模型的作用，学会有效地使用这些大模型才是关键。

对于本书而言，第一步：充分利用大模型，即掌握模型的微调（Fine Tuning）；第二步：深入驾驭大模型，即掌握提示工程。因此，本书优先对这两个方面进行阐述。

大模型的高昂训练成本无疑是微调的一个推动因素。由于大模型的参数众多，全新的训练不仅会消耗大量的计算资源，而且还需要承担相应的经济成本。考虑到性价比，让每家公司都从头开始训练一个大模型显然不是一个经济实用的选择。那么，选择已经预训练好的模型，进行目标任务的微调则是更为理智、高效且节约成本的策略。

提示工程为大模型的使用提供了一种效果明显且简单上手的方式，一个好的 Prompt 可以帮助我们挖掘到大模型的潜力边界，充分发挥大模型的能力，但很多人并不清楚 Prompt 的编写技巧。若细心阅读本书，则能体验到 Prompt 的编写技巧。

本地化：我们不能忽视数据的隐私和安全性问题。特别是对于敏感数据，很多企业不希望或不能将其传输给第三方大模型服务。在这种情况下，拥有自己的模型并进行微调不仅能确保数据的安全性，还能针对特定需求优化模型性能。

2. 焦点二：垂直领域与 Agent 应用开发

垂直领域与 Agent 应用开发也是目前的热门方向，但提示工程和微调并不能解决所有的问题。

纵使提示工程为大模型的使用提供了一种简单上手的方式，但它的缺点也显而易见。具体来说：大模型在设计上对输入序列长度有明确的限制，而提示工程往往会产生较长的 Prompt。这样的设计直接引发了两个问题：

（1）推理成本会随着 Prompt 长度的增加而急剧上升，尤其是当这种推理成本与 Prompt 长度的平方成正相关时。

（2）过长的 Prompt 容易被模型截断，从而严重影响输出的质量和准确性。

垂直领域中的企业往往有大量的自有数据，提示工程由于其局限性，效果达不到预期的效果。而基于自有数据的微调，也有其缺点——企业的自有数据往往是不断更新的，而微调的成本虽然比预训练模型要低，但微调的时间成本和算力成本不容忽视，微调的速度不可能与企业数据的更新频率保持一致，因而存在信息的滞后性。这是本书能解决的一个重要技术问题。

1.3　本 章 小 结

本章通过回顾对话机器人历史、探讨通用人工智能的概念与发展方向，开启了大模型之旅。首先，介绍了人机同频交流和人机对话的发展历程，展示了对话机器人从简单的问答系统到复杂互动系统的演变。然后，探讨了通用人工智能的内涵，从感知能力到创造力的发展，描述了人工智能在各个领域中的应用与进步。最后，提出了通用人工智能的未来发展方向，并明确了本书的焦点，旨在帮助读者了解、掌握大模型技术的最新进展和应用。

第 2 章　大模型私有化部署

本章以开源架构 GLM-4（也称 GLM4）和 GLM-3（也称 GLM3）为例，为读者揭开大模型私有化部署的神秘面纱，以深入了解其背后的具体技术和实施步骤。

大模型私有化部署通常并不是一项烦琐的任务，但由于大模型私有化部署本身会涉及非常多的依赖库的安装和更新，同时也有一定的硬件要求，因此对于初学者来说，仍然存在一定的部署和使用门槛。为了让初学者能够轻松驾驭这一不可多得的中文开源大模型，我们精心准备了两份详尽的部署指南，聚焦于 GLM-4-9B-chat 和 ChatGLM3-6B，每份指南针对不同的硬件环境量身定制。我们的目标是为初学者铺设一条清晰、易懂的学习路径，助力他们迅速掌握并有效利用这一强大的工具。

通过本教程，读者可以逐步了解大模型私有化部署的各个步骤，并掌握必要的技能和知识，从而能够更加轻松地应对部署过程中可能遇到的挑战和困难。同时，我们还提供了实用的建议和技巧，帮助读者优化部署方案，提升模型的性能和稳定性。这份部署流程教程将成为初学者的良师益友，为他们在 AI 的学习和探索之路打下坚实的基础。此外，若读者面临硬件资源的限制，则可选择魔塔社区等云服务平台所提供的免费算力资源，以满足需求。

2.1　CUDA 环境准备

2.1.1　基础环境

1．操作系统

首先，我们需要考虑操作系统要求。目前，开源的大模型都支持在 Windows、Linux、Mac 系统上进行部署和运行，并且 Python 及许多与深度学习相关的框架也都能够跨平台运行。

针对大模型服务而言，Linux 系统通常在资源利用和性能方面更加高效。特别是在服务器环境中，Linux 系统更适合于多卡并行运行和服务优化等企业级部署场景。因此，在实践大模型时，建议使用 Ubuntu 系统。然而，许多用户可能更偏向于在 Windows 系统上进行实践和学习。尽管 Windows 系统在处理大规模计算任务时性能和资源管理方面相对于 Ubuntu 略显不足，但其更符合大多数用户的使用习惯。

因此，在随后的章节内容中，我们将逐一阐述 GLM 大模型在 Ubuntu 及 Windows 平台上的部署方法。从部署流程的广义视角观察，采用 Ubuntu 系统或 Windows 系统，部署 GLM 大模型的核心步骤基本一致。不过，值得注意的是，在本书深入探讨大模型微调的部分，我们发现 Windows 系统对于 QLoRA 这一量化微调技术的支持相对有限，因此，出于优化微调体验的考虑，我们强烈建议读者使用 Linux（如 Ubuntu）系统进行操作。

2．硬件配置要求

本书提供两种模型（GLM-4-9B-chat 和 ChatGLM3-6B）的本地化部署方案，请读者根据自身的硬件配置情况，选择性部署相应的模型。其中，GLM-4-9B-chat 在推理运行时，大约消耗 21～22GB 的显存资源；若采用即将阐述的 INT4 量化技术，则能有效将显存需求降至约为 15GB。值得注意的是，即便采用量化手段，对此模型进行微调仍需约为 32GB 的显存，请作者根据自身硬件条件谨慎考虑。若当前硬件配置无法满足上述要求，则推荐选用 ChatGLM3-6B，其标准配置下需至少 13GB 显存与 16GB 内存支持，而采用 INT4 版本时，显存需求骤减至 5GB 以上，内存需求为 8GB 以上，极大地降低了硬件门槛。至于 ChatGLM3-6B 的微调作业，最低显存要求为 16GB，这符合多数消费级显卡的标准配置。

在本章中，我们将重点讲解如何配置 GPU 环境来部署运行两类不同参数规模的模型。本章在一个纯净的 Ubuntu 22.04 和 Windows 系统基础上，安装必要的大模型运行依赖环境，并实际部署、运行及使用这两类模型。

2.1.2　大模型运行环境

关于大模型运行环境，安装显卡驱动程序（简称驱动）显然是首先要做的事情。我们需要确保可以正常地将大模型部署在 GPU 上，这也是比较容易出现问题的环节，如安装过程中因各种环境问题导致安装不成功、缺依赖包等，总会遇到莫名其妙的报错，从而在安装的第一步就受挫。

下面简要说明需要安装的三大部分。

（1）NVIDIA（英伟达）显卡驱动：Linux 系统默认不会安装相关显卡驱动，需要自己安装。除 CUDA（Compute Unified Device Architecture，计算统一设备架构）外，最重要的是驱动，因为硬件需要驱动才能与软件一样被其他软件使用。通常，NVIDIA 的 CUDA 版本和它的 GPU 驱动版本具有一定的匹配关系。

（2）CUDA：是 NVIDIA 公司开发的一组编程语言扩展、库和工具，让开发者能够编写内核函数，可以在 GPU 上并行计算。假设已安装了 11.8 版本的 CUDA，在未来的某一天，PyTorch 升级后对 CUDA 有了新的要求，则需要同时更新 CUDA 和 GPU Driver。因此，最好安装最新版本的显卡驱动和对应的最新版本 CUDA。

（3）cuDNN（CUDA Deep Neural Network Library，CUDA 深度神经网络库）：
是 NVIDIA 公司针对深度神经网络的应用而开发的加速库，以帮助开发者更快地
实现深度神经网络训练推理过程。

2.1.3 安装显卡驱动

显卡驱动的核心功能在于激活与管理显卡硬件，确保其高效运行，它是连接
操作系统与显卡硬件之间的桥梁，使二者能够顺畅沟通并协同工作。通过优化显
卡的运行效率，显卡驱动不仅加速了图形处理任务，还促进了与显卡相关的软件
应用的高效执行，确保了这些程序能够充分利用显卡的硬件资源。

具体而言，显卡驱动扮演的角色是，它不仅有效地驱动硬件设备以最佳状态
运行，还包含了必要的硬件配置信息，确保系统及其他软件能够准确无误地与显
卡硬件互动，实现预期功能。

1. 安装包准备

在众多高性能计算服务器场景中，NVIDIA 公司制造的 GPU 尤其受到青睐。
这些 GPU 不仅擅长加速图形渲染，还在机器学习、深度学习等领域展现了卓越性
能。其中，广泛采用的型号包括 GTX 4080、GTX 4070 Ti 及 GTX 4060 Ti，这些
产品以其强大的计算能力和高度的能效比著称。

如图 2-1 所示，NVIDIA 官网提供了相关产品的下载入口。欲了解更多详细
信息，包括 NVIDIA 的全系列产品阵容，可访问 NVIDIA 官网，查看最新的产品
系列介绍和详尽规格，以便用户根据具体需求做出合适的选择。

图 2-1

2. Windows 系统

通常，为了进行大模型的实践和部署，对于台式机而言，如果选择
ChatGLM3-6B 并进行量化，则至少需要 2060（6GB 显存显卡）或更高规格的显

卡；对于笔记本电脑，则至少需要 3060（8GB 显存显卡）或更高规格的显卡。需要特别注意的是，尽管两者可能使用相同型号的显卡，但由于移动端显卡（笔记本电脑显卡）受限于功耗和散热等因素，其性能和显存容量通常会略逊于主机显卡（台式机显卡）。因此，在选择设备时，应充分考虑到实际的使用需求和性能要求，以确保系统能够高效运行和处理计算任务。

如图 2-2 所示，在 Windows 的搜索栏中搜索并打开"计算机管理"，如果计算机上没有安装 NVIDIA 显卡驱动，则需要下载安装。如果已安装，则跳过此章节。

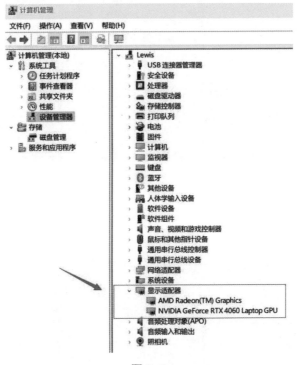

图 2-2

（1）找到之前下载的 Windows 显卡驱动安装包的.exe 文件，双击后执行，如图 2-3 所示，建议选择默认路径。

图 2-3

（2）进入 NVIDIA 显卡驱动安装程序：找到 NVIDIA 显卡驱动安装的.exe 文件，如图 2-4 所示，按流程进行安装。

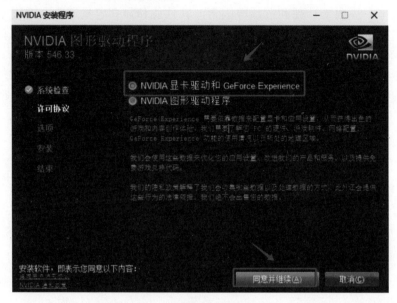

图 2-4

（3）验证 NVIDIA 安装程序是否已完成，执行到最后一步的结果如图 2-5 所示。

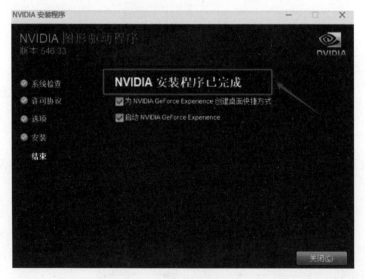

图 2-5

（4）安装完成后，需要重启计算机才会生效。验证方法是：重启计算机后，在桌面上单击鼠标右键，出现如图 2-6 所示的图标则表明安装成功。

图 2-6

3. Ubuntu 系统

在 Ubuntu 系统下，安装显卡驱动通常有以下两种主要方式。

（1）手动安装官方提供的 NVIDIA 显卡驱动，这种方式相对稳定可靠，但可能需要解决一些问题。

（2）通过系统自带的"软件和更新"程序进行附加驱动的更新，这种方法比较简单，但需要确保系统能够连接到互联网。

由于我们通常会在本地化部署的服务器上进行操作，考虑到网络安全因素，有时服务器可能无法连接到互联网，因此我们选择了手动安装的方式。无论选择哪种方法，都需要进行一些前置操作，包括安装必要的依赖包和禁用默认的显卡驱动。具体的操作步骤如下。

① 安装依赖包。

在终端依次执行完如下命令，如代码 2-1 所示。

代码 2-1

```
sudo apt-get update
sudo apt install gcc
sudo apt install g++
sudo apt install make
sudo apt-get install libprotobuf-dev libleveldb-dev libsnappy-dev
libopencv-dev libhdf5-serial-dev protobuf-compiler
sudo apt-get install --no-install-recommends libboost-all-dev
sudo apt-get install libopenblas-dev liblapack-dev libatlas-base-dev
sudo apt-get install libgflags-dev libgoogle-glog-dev liblmdb-dev
```

② 禁用默认驱动。

在安装 NVIDIA 显卡驱动前需要禁止系统自带显卡驱动 nouveau。如代码 2-2 所示，在终端输入命令打开 blacklist.conf 文件或新建一个单独的 blacklist-nouveau.conf 文件。

代码 2-2

```
sudo gedit /etc/modprobe.d/blacklist.conf
```

如代码 2-3 所示，在打开的文件末尾输入代码并保存。

代码 2-3

```
blacklist nouveau
options nouveau modeset=0
```

如代码 2-4 所示，通过 update-initramfs 命令更新系统的 initramfs 镜像文件，完成以上步骤后，重启计算机。然后，在终端中输入 lsmod 命令进行验证。

代码 2-4

```
sudo update-initramfs -u
lsmod | grep nouveau
```

如果没有输出，则说明禁用了 nouveau。

③ 如图 2-7 所示，找到之前下载的 Ubuntu 显卡驱动。

使用 cd 命令进入存放驱动文件的目录中，使用 ls 命令查看目录中的文件。选择好显卡驱动和适用平台后单击下载，下载完成后，对该驱动添加执行权限，否则无法进入安装页面。

```
(base) egcs@gpuserver:~$ cd Downloads/
(base) egcs@gpuserver:~/Downloads$ ls
NVIDIA-Linux-x86_64-525.53.run
(base) egcs@gpuserver:~/Downloads$ sudo chmod 777 NVIDIA-Linux-x86_64-525.53.run
[sudo] password for egcs:
(base) egcs@gpuserver:~/Downloads$ ls
NVIDIA-Linux-x86_64-525.53.run
(base) egcs@gpuserver:~/Downloads$ sudo ./NVIDIA-Linux-x86_64-525.53.run –no-opengl-files –no-x-check
```

图 2-7

执行如代码 2-5 所示的代码，给出执行权限。

代码 2-5

```
sudo chmod 777 NVIDIA-Linux-x86_64-525.53.run #给下载的驱动赋予可执行权限
sudo ./NVIDIA-Linux-x86_64-525.53.run -no-opengl-files -no-x-check
#安装
```

随后进入安装界面，依次选择 Continue→不安装 32 位兼容库（选择 no）→不运行 x 配置（选择 no）。最后输入 reboot 命令重启主机。重新进入图形化界面，在终端输入 nvidia-smi 命令。

2.1.4 安装 CUDA

安装完驱动后，很多读者可能会存在一个误解，即通过 nvidia-smi 命令可以查看到显卡驱动兼容的 CUDA 版本，而本机显示的版本为"CUDA Version: 12.2"。这让很多人误以为已经成功安装了 CUDA 12.2 版本，实际上，这个版本指的是显卡驱动兼容的最高 CUDA 版本。换言之，当前系统驱动所支持的最高 CUDA 版本是 12.2。因此，安装更高版本的 CUDA 可能会导致不兼容的问题，需要谨慎考虑。

需要明确的是，显卡驱动与 CUDA 的安装是两个不同的过程。显卡驱动的安装使计算机系统能够正确识别和使用显卡，而 CUDA 则是 NVIDIA 开发的一个平台，允许开发者利用特定的 NVIDIA GPU 进行通用计算。CUDA 主要用于完成大量并行处理的计算密集型任务，例如深度学习、科学计算和图形处理等。如果应用程序或开发工作需要利用 GPU 的并行计算能力，那么 CUDA 就显得至关重要。但是，如果只进行常规使用，例如网页浏览、办公软件使用或轻度的图形处理，那么安装标准的显卡驱动就足够了，不需要单独安装 CUDA。然而，考虑到进行大模型实践的需求，安装 CUDA 是必不可少的。

CUDA 提供两种主要的编程接口：CUDA Runtime API（Application Programming Interface，应用程序编程接口）和 CUDA Driver API。这两种接口为开发者提供了灵活且高效的方式来利用 GPU 进行并行计算，从而加速各种类型的计算任务的执行。

（1）CUDA Runtime API 是一种更高级别的抽象，旨在简化编程过程，它自动处理许多底层细节，使得编程更加简便。大多数程序员选择使用 CUDA Runtime API，因为它更易于学习和使用，并能够提高编程效率。

（2）相比之下，CUDA Driver API 提供了更细粒度的控制，允许开发者直接与 CUDA 驱动进行交互。它通常用于需要对计算资源进行更精细控制的高级应用场景，如特定硬件架构下的性能优化、并行计算任务的调度等。

安装 CUDA，其实就是在安装 CUDA Toolkit，其版本决定了我们可以使用的 CUDA Runtime API 和 CUDA Driver API 的版本。安装 CUDA Toolkit 时会安装一系列工具和库，用于开发和运行 CUDA 加速的应用程序。这包括 CUDA 编译器（nvcc）、CUDA 库和 API，以及其他用于支持 CUDA 编程的工具。如果安装好了 CUDA Toolkit，则可以开发和运行使用 CUDA 的程序。

1．安装包准备

需要进入 NVIDIA 官网，如图 2-8 所示，找到需要下载的 CUDA 版本。

图 2-8

在 Linux 系统下，用户需根据自身系统配置与需求，依次选定合适的操作系统版本等参数。如图 2-9 所示，Linux 提供三种安装包选项以适应不同的部署情景。

（1）runfile（local）：本地安装，这是一种便捷的安装方式，将所有安装文件整合为一个单独的 runfile。用户下载完毕后，直接执行该文件即可启动安装进程，不需要额外的在线下载步骤，简化了安装流程。

（2）deb（network）：网络安装，适用于偏好通过网络安装的用户，需借助操作系统自带的包管理工具（如 APT）来添加 CUDA 的官方软件源。完成源的添加后，即可利用包管理工具直接搜索并安装 CUDA，此法便于后续的更新与维护。

（3）deb（local）：除网络安装外，用户同样可以选择事先下载 deb 包至本地，然后通过包管理器手动导入并安装，这种方式适用于网络条件受限或希望离线部署的场景。

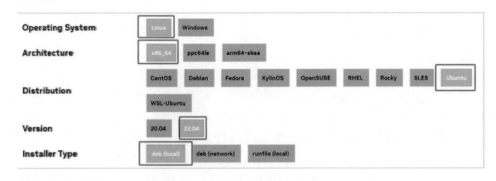

图 2-9

Windows 情况如图 2-10 所示，概述了两种可选的安装包。

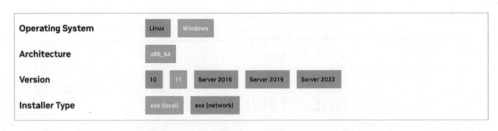

图 2-10

这两种可选的安装包如下。

（1）exe（local）：本地安装包，这是一个完整的 CUDA 安装包，包含所有必需的组件，以可执行文件形式提供，体积较大，大约占用 2GB 的存储空间。

（2）exe（network）：网络安装包，管理器作为另一种选择，该安装包的体积较小，约为 300MB，实质上是一个下载器，它会在安装过程中连接至网络下载所需的 CUDA 组件，适合那些希望节省初始下载带宽或仅需特定组件的用户。

2．Windows 系统

在 Windows 系统下，用户可通过在命令提示符下执行命令 nvcc -V 来检查 CUDA 的安装版本，以此验证 CUDA 是否已成功安装在系统中，如图 2-11 所示。

图 2-11

如图 2-12 所示，打开 CUDA 的安装目录：C:\Program Files\NVIDIA GPU Computing Toolkit\CUDA\。

图 2-12

若出现如图 2-12 所示的文件，说明已经安装，那么可以跳过该步骤。如果未安装，则执行以下步骤。

（1）双击下载的本地安装包，如图 2-13 所示。

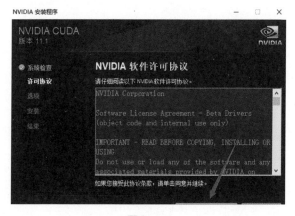

图 2-13

（2）选择需要安装的组件，如图 2-14 所示。

图 2-14

（3）选择安装位置，建议采用默认设置，如图 2-15 所示。

图 2-15

（4）添加环境变量，如图 2-16 所示，该环境变量有助于未来实现多版本 CUDA 的切换。

变量	值
CUDA_BIN_PATH	%CUDA_PATH%\bin
CUDA_LIB_PATH	%CUDA_PATH%\lib\x64
CUDA_PATH	C:\Program Files\NVIDIA GPU Computing Toolkit\CUDA\v11.1
CUDA_PATH_V11_1	C:\Program Files\NVIDIA GPU Computing Toolkit\CUDA\v11.1
CUDA_SDK_BIN_PATH	%CUDA_SDK_PATH%\bin\win64
CUDA_SDK_LIB_PATH	%CUDA_SDK_PATH%\common\lib\x64
CUDA_SDK_PATH	C:\ProgramData\NVIDIA Corporation\CUDA Samples\v11.1

图 2-16

（5）重新执行 nvcc -V 命令进行验证，如图 2-17 所示。

```
命令提示符

Microsoft Windows [版本 10.0.22631.3296]
(c) Microsoft Corporation。保留所有权利。

C:\Users\86136>nvcc -V
nvcc: NVIDIA (R) Cuda compiler driver
Copyright (c) 2005-2022 NVIDIA Corporation
Built on Wed_Jun__8_16:59:34_Pacific_Daylight_Time_2022
Cuda compilation tools, release 11.7, V11.7.99
Build cuda_11.7.r11.7/compiler.31442593_0

C:\Users\86136>
```

图 2-17

3．Ubuntu 系统

如图 2-18 所示，当运行 CUDA 应用程序时，通常是在使用与安装的 CUDA Toolkit 版本相对应的 Runtime API。这可以通过 nvcc -V 命令查询。

```
(base) egcs@gpuserver:/usr/local/cuda/bin$ nvcc -V
nvcc: NVIDIA (R) Cuda compiler driver
Copyright (c) 2005-2021 NVIDIA Corporation
Built on Thu_Jan_28_19:32:09_PST_2021
Cuda compilation tools, release 11.2, V11.2.142
Build cuda_11.2.r11.2/compiler.29558016_0
```

图 2-18

或者进入/usr/local 以查看是否有 cuda，如图 2-19 所示。

```
(base) egcs@gpuserver:/usr/local$ cd /usr/local/
(base) egcs@gpuserver:/usr/local$ ls
bin  cuda  cuda-11.2  cuda-11.4  etc  games  include  lib  man  sbin  share  src
```

图 2-19

如果已经安装，则可以跳过该步骤。如果发现未安装，则执行以下步骤。

（1）通过 apt install nvidia-cuda-toolkit 安装的是 Ubuntu 仓库中可用的 CUDA Toolkit 版本，它可能不是最新的版本，也可能不是特定需要的版本。该安装包主要用于本地 CUDA 开发（如果想直接编写 CUDA 程序或编译 CUDA 代码）。

如图 2-20 所示，根据当前官方给出的代码，在终端执行即可安装。

Download Installer for Linux Ubuntu 20.04 x86_64

The base installer is available for download below.

> Base Installer

Installation Instructions:

```
$ wget https://developer.download.nvidia.com/compute/cuda/repos/ubuntu2004/x86_64/cuda-ubuntu2004.pin
$ sudo mv cuda-ubuntu2004.pin /etc/apt/preferences.d/cuda-repository-pin-600
$ wget https://developer.download.nvidia.com/compute/cuda/11.7.1/local_installers/cuda-repo-ubuntu2004-11-7-local_11.7.1-515.65.01-1_amd64.de
b
$ sudo dpkg -i cuda-repo-ubuntu2004-11-7-local_11.7.1-515.65.01-1_amd64.deb
$ sudo cp /var/cuda-repo-ubuntu2004-11-7-local/cuda-*-keyring.gpg /usr/share/keyrings/
$ sudo apt-get update
$ sudo apt-get -y install cuda
```

图 2-20

（2）修改配置文件：执行命令 sudo vim ~/.bashrc，在文本的最后一行添加代码 2-6。

代码 2-6

```
$ export PATH=/usr/local/cuda-10.1/bin${PATH:+:${PATH}}
$ export LD_LIBRARY_PATH=/usr/local/cuda-10.1/lib64\
                        ${LD_LIBRARY_PATH:+:${LD_LIBRARY_PATH}}
```

（3）通过代码 2-7，检查 CUDA 是否安装正确。

代码 2-7

```
cat /usr/local/cuda/version.txt
```

2.1.5 安装 cuDNN

cuDNN 的安装过程相比 CUDA 而言更为简便，仅需以下几个步骤：首先，下载与你的系统及 CUDA 版本相匹配的 cuDNN 压缩包；然后，将解压后的文件复制到指定的系统目录中；最后，确保对这些文件设置正确的访问权限，以便系统能够顺利调用。通过以上操作，cuDNN 即可完成安装并准备就绪。

1. 安装包准备

访问 NVIDIA 官方网站，导航至 cuDNN 的专属下载页面。请注意，为获取下载权限，需要先登录账户并完成一份简短小问卷。根据图 2-21 的指示，根据 CUDA 版本进行选择，可直接单击相关链接，开始下载 cuDNN 的压缩包。

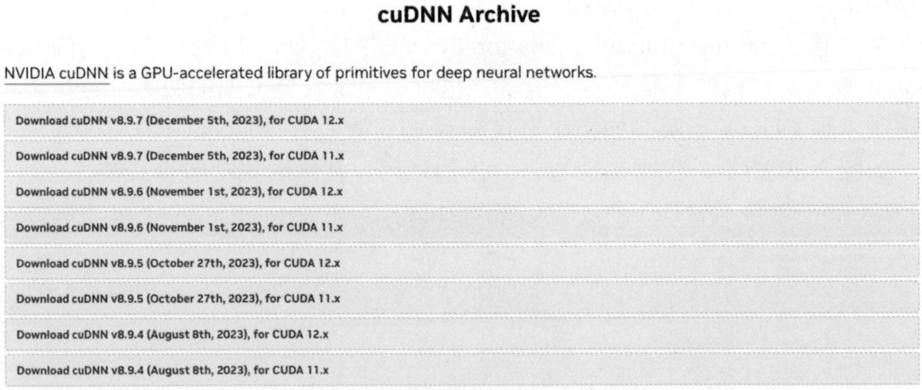

cuDNN Archive

NVIDIA cuDNN is a GPU-accelerated library of primitives for deep neural networks.

Download cuDNN v8.9.7 (December 5th, 2023), for CUDA 12.x

Download cuDNN v8.9.7 (December 5th, 2023), for CUDA 11.x

Download cuDNN v8.9.6 (November 1st, 2023), for CUDA 12.x

Download cuDNN v8.9.6 (November 1st, 2023), for CUDA 11.x

Download cuDNN v8.9.5 (October 27th, 2023), for CUDA 12.x

Download cuDNN v8.9.5 (October 27th, 2023), for CUDA 11.x

Download cuDNN v8.9.4 (August 8th, 2023), for CUDA 12.x

Download cuDNN v8.9.4 (August 8th, 2023), for CUDA 11.x

图 2-21

和 CUDA 的安装一样，如图 2-22 所示，官网提供了两种系统的不同安装方式，可根据你的系统进行选择。

NVIDIA cuDNN is a GPU-accelerated library of primitives for deep neural networks.

Download cuDNN v8.9.7 (December 5th, 2023), for CUDA 12.x

Local Installers for Windows and Linux, Ubuntu(x86_64, armsbsa)

Local Installer for Windows (Zip)

Local Installer for Linux x86_64 (Tar)

Local Installer for Linux PPC (Tar)

Local Installer for Linux SBSA (Tar)

Local Installer for Debian 11 (Deb)

Local Installer for Ubuntu20.04 x86_64 (Deb)

Local Installer for Ubuntu22.04 x86_64 (Deb)

Local Installer for Ubuntu20.04 aarch64sbsa (Deb)

Local Installer for Ubuntu22.04 aarch64sbsa (Deb)

Local Installer for Ubuntu20.04 cross-sbsa (Deb)

Local Installer for Ubuntu22.04 cross-sbsa (Deb)

图 2-22

2. Windows 系统

在 Windows 系统下，完成 cuDNN 压缩包的下载后，按照如图 2-23 所示的步骤进行操作：首先，将下载的压缩包解压缩；然后，将解压出的 bin、include 和 lib 这三个文件夹分别复制至 CUDA 工具包的 v11.1 版本目录下，目的是替换该目录中原有的 bin、include 和 lib 文件夹，以此完成 cuDNN 的安装过程。

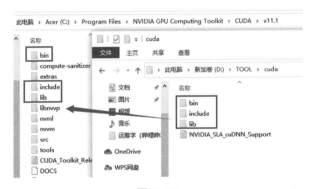

图 2-23

3. Ubuntu 系统

在 Ubuntu 系统下，完成文件下载后，需执行代码 2-8 中的操作：首先，将相关文件复制至系统指定目录；然后，通过执行适当的命令为这些文件赋予必要的权限，以确保后续操作能够顺利进行。

代码 2-8

```
sudo cp cuda/include/cudnn.h /usr/local/cuda-10.1/include
```

```
sudo cp cuda/lib64/libcudnn* /usr/local/cuda-10.1/lib64
sudo chmod a+r /usr/local/cuda-10.1/include/cudnn.h
sudo chmod a+r /usr/local/cuda-10.1/lib64/libcudnn*
```

2.2　深度学习环境准备

2.2.1　安装 Anaconda 环境

Anaconda 是一款专为科学计算设计的发行版，主要用于数据科学、机器学习、科学计算及工程等领域。它内置了大量常用的科学计算和数据科学相关的库，同时提供了强大的包管理器 Conda，用于方便地安装、管理和升级软件包。通过 Conda，用户可以轻松创建独立的 Python 环境，以解决版本和依赖关系的冲突问题。相较于单独安装 Python，Anaconda 更为方便和友好，尤其适合初学者和对 Python 与包管理器不太熟悉的用户。因此，为了满足运行大模型的需求，我们选择使用 Anaconda 来构建和管理 Python 环境。

在准备下载相关模型文件之前，必须确保你已经配置好了本地的 Python 环境。如果你在之前没有安装 Python，那么推荐使用 Anaconda 进行 Python 的安装。Anaconda 是一个广泛使用的科学计算平台，它集成了许多常用的科学计算组件，并且提供了 Jupyter 等流行的代码编辑器，让科学计算变得更加便捷。

总的来说，Anaconda 是一个流行的开源 Python 发行版，用于科学计算。它包含了数据科学和机器学习领域中常用的一系列工具与库。其安装的方式也非常简单，使得用户可以快速搭建起一个完备的科学计算环境。重要的集成模块如图 2-24 所示。

图 2-24

Navigator 是 Anaconda 发行版的 GUI，旨在提供直观的操作体验。用户可以通过 Navigator 管理环境、安装和更新包，以及启动数据科学和机器学习工具，如 Jupyter Notebook、Spyder 和 RStudio。Navigator 还提供了访问 Anaconda Cloud 和其他资源的途径，方便用户分享和发现工作成果。对于不熟悉命令行界面的用户，Navigator 尤其实用。它标注了关键的应用程序，可帮助用户快速找到所需的工具。这种直观、便捷的界面提高了 Anaconda 的易用性，使科学计算和数据分析更加高效。

1．安装包准备

为准备 Anaconda 环境的安装包，可访问 Anaconda 官方网站。单击图 2-25 右上角的"Free Download"按钮，以启动获取 Anaconda 安装程序的过程。

The Operating System for AI

The world's most trusted open ecosystem for
sourcing, building, and deploying data science and AI initiatives

Explore Anaconda Hub >

图 2-25

如图 2-26 所示，在 Anaconda 官网上进行安装程序的下载时，网站会智能识别用户的系统版本，并据此自动提供相匹配的安装程序，确保下载过程的便捷与兼容性。

图 2-26

2．Windows 系统

在 Windows 系统下，如图 2-27 所示，通过在命令提示符下执行命令 conda --version 来检验 Anaconda 是否已成功安装。如果显示已成功安装 Anaconda，则不需要进行后续的安装步骤，直接跳过。

图 2-27

（1）找到下载好的安装包，双击执行安装，如图 2-28 所示。

图 2-28

（2）逐步执行，建议保持默认的安装路径，如图 2-29 所示。

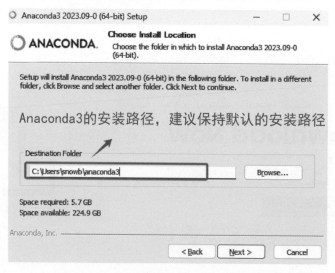

图 2-29

（3）选择将 Anaconda 添加到环境变量，如图 2-30 所示。

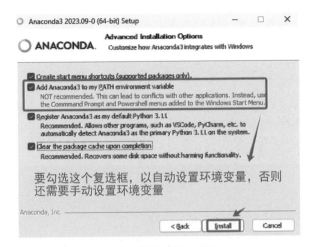

图 2-30

3. Ubuntu 系统

如图 2-31 所示，使用命令 conda --version 检查是否已安装 Anaconda。如果已安装，则直接跳过。

```
(base) egcs@gpuserver:~$ conda --version
conda 23.1.0
(base) egcs@gpuserver:~$
```

图 2-31

（1）如图 2-32 所示，进入终端，执行安装。

```
(base) egcs@gpuserver:~/Downloads$ ls
Anaconda3-2023.03-Linux-x86_64.sh  NVIDIA-Linux-x86_64-525.53.run
(base) egcs@gpuserver:~/Downloads$ bash Anaconda3-2023.03-Linux-x86_64.sh

Welcome to Anaconda3 py310_2023.03-0

In order to continue the installation process, please review the license
agreement.
Please, press ENTER to continue
>>>
```

图 2-32

如图 2-33 所示，等待安装完成后，会在对应的安装目录中出现 anaconda3 文件夹。

```
(base) egcs@gpuserver:~/anaconda3$ pwd
/home/egcs/anaconda3
(base) egcs@gpuserver:~/anaconda3$ ls
bin                etc          man          qml          translations
compiler_compat    include      mkspecs      resources    var
condabin           lib          phrasebooks  sbin         x86_64-conda_cos7-linux-gnu
conda-meta         libexec      pkgs         share        x86_64-conda-linux-gnu
doc                LICENSE.txt  plugins      shell
envs               licensing    pyodbc.pyi   ssl
```

图 2-33

（2）设置环境变量，执行代码 2-9 中的命令。

代码 2-9

```
vim ~/.bashrc
```

如图 2-34 所示，在打开的设置文件末尾添加代码 2-10，其中变量 PATH 等于
{Anaconda3 的实际安装路径}，设置完成后，输入: !wq 后按回车键进行保存并
退出。

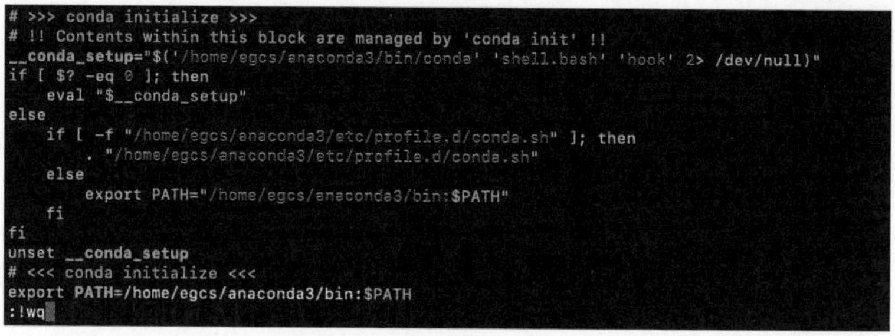

图 2-34

代码 2-10

```
# 我的 anaconda3 的安装路径是/home/egcs/anaconda3
export PATH=/home/egcs/anaconda3/bin:$PATH
```

使用 source ~/.bashrc 使环境变量的修改立即生效。

2.2.2　服务器环境下的环境启动

在图 2-35 中有一个重要组件即 Jupter Nodebook。Jupyter Notebook 具有交互
式笔记本界面，不仅能够方便地编写、运行代码，还能直接查看数据、文档和可
视化结果，极大地提升了开发效率与团队协作的便利性。特别是在生产环境中，
它允许数据科学家和工程师直接在服务器上进行模型的测试与调优，不需要频繁
地在本地和服务器之间迁移数据或代码，既保障了数据的安全性，也加速了从原
型到部署的整个流程，确保了项目的高效推进与模型性能的持续优化。

在 Windows 环境（有图形化界面）下启动 Jupyter Notebook 十分容易，只需
要执行命令 jupyter-notebook 即可，而在众多实际应用场景中，我们频繁面临在生
产环境部署复杂且规模庞大的机器学习模型的任务，而大多数生产环境的服务器采
用的是 Linux 系统。因此，在服务器启动 Jupyter Notebook 变得尤为重要。

（1）启动 Anaconda。

① 在有图形化界面的情况下本地启动 Anaconda。设置好环境变量后，在终
端输入 anaconda-navigator 即可打开 Anaconda，和在 Windows 系统下的操作基本
一致。如图 2-35 所示，单击右端的 Jupyter Notebook 的"Launch"按钮即可启动

Jupyter Notebook。

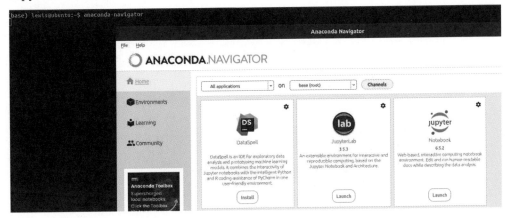

图 2-35

　　② 远程 ssh 连接服务器，而服务器可能并没有图形化界面，在这种情况下启动 Anaconda，需要远程连接服务器，在服务器中输入代码 2-11 中的命令启动 Jupyter Notebook。

代码 2-11

```
jupyter notebook --no-browser --port=8890
```

　　如图 2-36 所示，记录此时控制台打印的 Token（词元）。

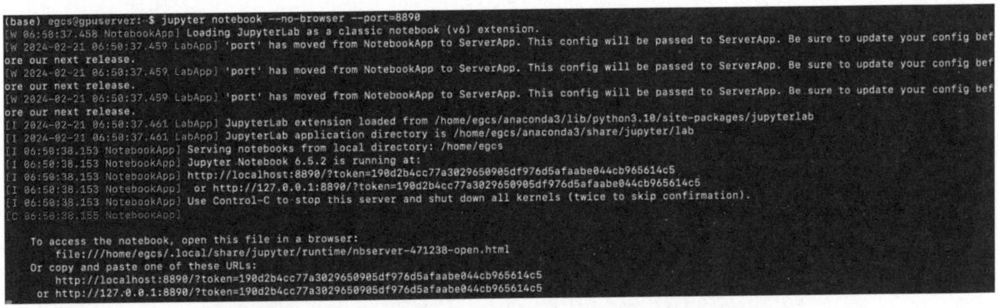

图 2-36

　　（2）在本地新建一个终端，输入代码 2-12 中的命令，之后会要求输入远程服务器的密码。

代码 2-12

```
ssh egcs@"服务器 IP 地址" -L127.0.0.1:8893:127.0.0.1:8890
```

　　（3）此时就可以通过本地浏览器启动远程服务器的 Jupyter Notebook 了，如图 2-37 所示，在本地浏览器的地址栏中输入 http://127.0.0.1:8893。

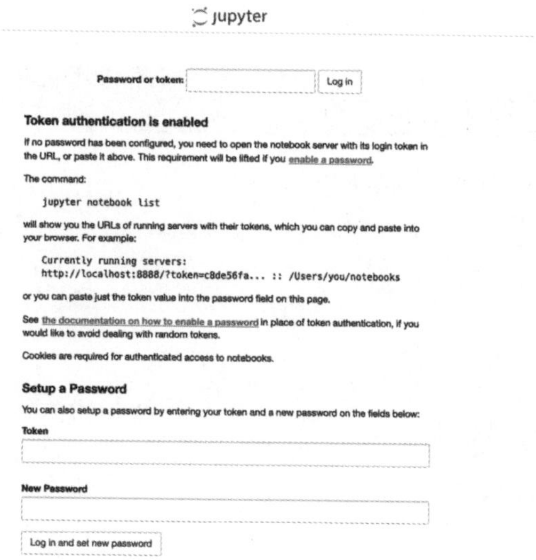

图 2-37

最后，输入图 2-36 中的 Token 即可远程启动 Jupyter Notebook。

2.2.3　安装 PyTorch

在大模型和复杂深度学习应用的开发领域，PyTorch 已成为广受青睐的首选框架。其动态图机制赋予研究者在构建和调试模型时无与伦比的灵活性，使得探索创新架构和快速迭代成为可能。加之 PyTorch 对 GPU 的高度优化和丰富的社区支持，使训练大语言模型、图像识别系统，以及其他高级的人工智能任务，都能够高效、便捷地实现，推动了大模型时代的研究与应用边界不断向前拓展。

（1）如图 2-38 所示，查看当前驱动最高支持的 CUDA 版本，我们需要根据 CUDA 版本选择 PyTorch 框架，先看一下当前的 CUDA 版本。

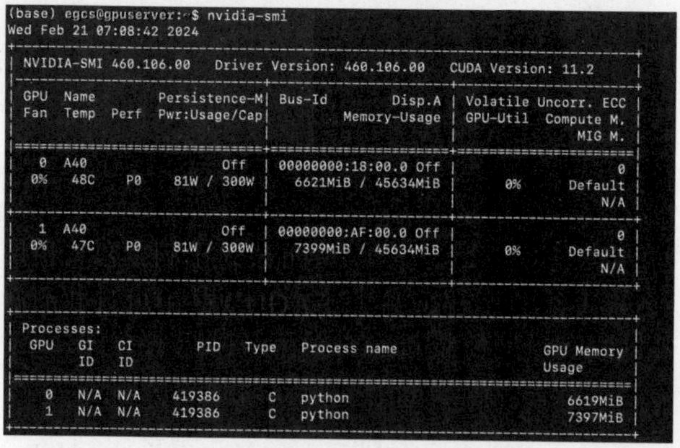

图 2-38

（2）如图 2-39 所示，在虚拟环境中安装 PyTorch，进入 PyTorch 官网。

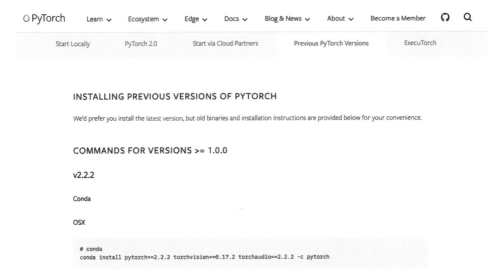

图 2-39

如图 2-40 所示，因为当前计算机的 CUDA 最高版本要求是 11.2，所以需要找到不低于 11.2 版本的 PyTorch。

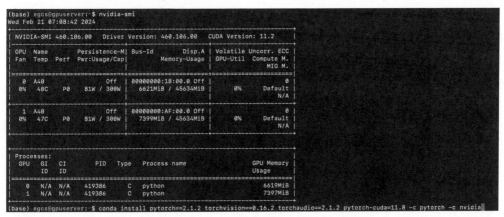

图 2-40

如图 2-41 所示，直接复制对应的命令，进入终端执行即可。这实际上安装的是为 CUDA 11.2 优化的 PyTorch 版本。这个 PyTorch 版本预编译并打包了与 CUDA 12.1 版本相对应的二进制文件和库。

v2.1.2

Conda

OSX

```
# conda
conda install pytorch==2.1.2 torchvision==0.16.2 torchaudio==2.1.2 -c pytorch
```

Linux and Windows

```
# CUDA 11.8
conda install pytorch==2.1.2 torchvision==0.16.2 torchaudio==2.1.2 pytorch-cuda=11.8 -c pytorch -c nvidia
# CUDA 12.1
conda install pytorch==2.1.2 torchvision==0.16.2 torchaudio==2.1.2 pytorch-cuda=12.1 -c pytorch -c nvidia
# CPU Only
conda install pytorch==2.1.2 torchvision==0.16.2 torchaudio==2.1.2 cpuonly -c pytorch
```

图 2-41

（3）验证 PyTorch 安装。

安装完成后，如果想检查是否成功安装了 GPU 版本的 PyTorch，则可以通过几个简单的步骤在 Python 环境中进行验证，输入代码 2-13。

代码 2-13

```
import torch
print(torch.cuda.is_available())
```

如图 2-42 所示，如果输出是 True，则表示 GPU 版本的 PyTorch 已经安装成功并且可以使用 CUDA；如果输出是 False，则表示没有安装 GPU 版本的 PyTorch，或者 CUDA 环境没有正确配置。此时，应根据教程重新检查自己的执行过程。

```
(langchain2) egcs@gpuserver:~$ python
Python 3.10.9 (main, Mar  1 2023, 18:23:06) [GCC 11.2.0] on linux
Type "help", "copyright", "credits" or "license" for more information.
>>> import torch
>>> print(torch.cuda.is_available())
True
>>>
```

图 2-42

2.3 GLM-3 和 GLM-4

2.3.1 GLM-3 介绍

GLM-3 是通用语言模型（General Language Model，GLM）架构的第三代。ChatGLM3 是在 GLM-3 的基础上专门为对话而设计的，是由智谱 AI 与清华大学

KEG 实验室于 2023 年 10 月联合推出的新一代对话预训练系列模型。其中，开源的 ChatGLM3-6B 继承了前代的流畅对话与部署难度低的特点，并新增以下强大功能。

（1）基础模型升级，采用更多数据、深度训练，成为 2023 年 10B 以下最强模型，在多领域测试中位居国内榜首。

（2）引入新 Prompt 设计，支持多轮对话、工具调用、代码执行等高级应用场景。

（3）开源范围广泛，包含基础与长文本模型，供学术界免费研究，商业使用需注册。

（4）性能卓越，ChatGLM3-6B 在 10B 量级中表现顶尖，推理力接近 GPT-3.5；功能全面革新，涵盖多模态处理、代码解析、在线互联及 Agent 优化等，紧追 GPT-4 标准。

图 2-43 展示的 AI Agent 是能自主完成任务的智能系统，擅长复杂问题分解、多阶段规划及动态调整，包括自编码调试和根据反馈学习。ChatGLM3-6B 开放的 Function Calling 能力，是大模型推理能力和复杂问题处理能力的核心体现，是本次 ChatGLM3 最为核心的功能迭代，也是 ChatGLM3 性能提升的有力证明。ChatGLM3 成了国内首个支持 Function Calling 的中文大模型。

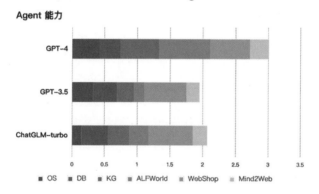

图 2-43

ChatGLM3 系列模型的开源引起了 AI 社区的广泛关注，标志着大模型领域又迎来了重要里程碑。开源的模型阵容包括三个版本：ChatGLM3-6B、ChatGLM3-6B-base 及 ChatGLM3-6B-32k。每个版本都具有特色，可满足不同应用场景的需求。

（1）ChatGLM3-6B 作为该系列的旗舰模型，凭借其庞大的 60 亿个参数的量，展现了卓越的语境理解和生成能力，能够进行深度、连贯且富有创造性的对话交流，适用于构建高端对话系统和复杂的语言生成任务。

（2）ChatGLM3-6B-base 在保证高性能的同时，对模型进行了适度精简，旨在为开发者提供一个更为轻便、易于部署的选择。它保留了核心的算法优势，适用于那些对资源消耗和响应速度有严格要求的应用场景。

（3）ChatGLM3-6B-32k 的特点在于采用了 32k（指可以处理 32000 个 Token）的词表，相较于标准词表配置，这一变化使其在处理特定领域或具有大量专有名词的任务时更为高效和精准，特别适用于满足行业定制化需求，能够更好地理解和生成专业领域内的文本内容。

总而言之，ChatGLM3 系列模型的此次开源不仅为研究人员提供了强大的研究工具，也为企业和开发者带来了高灵活性与多样化的选项，将进一步推动自然语言处理技术在各个领域的广泛应用与创新。

2.3.2 GLM-4 介绍

智谱 AI 于 2024 年 6 月初发布了 GLM-4 的开源，GLM-4 超越了 Llama-3，在综合性能上树立了新标杆。对国内中文开源大模型社群而言，这无疑是一个很好的资源。

一般而言，小于 100 亿个参数的模型多用于科研探索，而智谱 AI 推出的 GLM-4-9B 凭借其出色性能，在业内引起轰动，被视作中文开源大模型的最新技术巅峰。此次发布涵盖了该系列的 4 个版本：基础版（base）、对话优化版（chat）、多模态版（vision），以及特长文本处理版（支持 1M 上下文，远超常规的 32k 上下文或 128k 上下文限制）。

基础版保持未经指令优化的原始形态；对话优化版经过指令调整，擅长对话交互；多模态版融合多种模态信息；特长文本处理版的独特设计，相比较上一代 ChatGLM3 的 8k 上下文而言，这一代的模型极大拓展了处理范围。

自 2023 年初起，ChatGLM 系列成为中文开源大模型领域的热门话题，智谱 AI 依托清华大学团队的深厚积累，在 ChatGPT 引领的大模型浪潮中迅速反应，连续三代迭代至第四代 GLM。

GLM-4 经长期验证，表现出众，日均处理请求高达 4000 亿个 Token，吸引超过 50 万名开发者。在国内大模型技术生态中，GLM 系列占据核心位置。如今，GLM-4 的开源举措为开发者社群带来了福音，其不仅性能强大，且 9B 规模适配较小型算力环境，集成了最新一代模型的所有先进特性，是科研探索与企业项目预研阶段的理想选择。

2.4　GLM-4 私有化部署

在部署 GLM-4 时，根据官方说明，确保所需库的版本是至关重要的。具体而言，Transformers 库版本应为 4.40.0 及以上，Torch 库版本应为 2.3 及以上，Gradio

库版本应为 4.33 以上。这些规定旨在确保系统能够达到最佳的推理性能。因此，为了保证 Torch 库版本的正确性，建议严格遵循官方文档中的说明，安装相应版本的依赖包。这样做可以确保系统在运行时正常运行，并获得最佳的性能表现。

2.4.1　创建虚拟环境

Conda 的虚拟环境提供了一个独立、隔离的环境，用于管理 Python 项目及其依赖包。每个虚拟环境都包含了自己的 Python 运行时环境和一组特定的库，这意味着我们可以在不同的环境中安装不同版本的库而不会相互干扰。例如，可以在一个环境中使用 Python 3.8，而在另一个环境中使用 Python 3.9。对于部署大模型而言，推荐使用 Python 3.10 以上的版本，以确保系统能够充分利用最新的功能和优化性能。通过利用 Conda 创建虚拟环境，我们能够更加灵活地管理项目的依赖关系，并确保项目的稳定性和可靠性。创建的方式也比较简单，使用代码 2-14 中的命令创建一个新的虚拟环境。

代码 2-14

```
# myenv 是你想要给环境的名称，python=3.10 指定了要安装的 Python 版本。你可以根
据需要选择不同的名称和/或 Python 版本
conda create -n book python==3.10
```

创建虚拟环境后，需要激活它。使用代码 2-15 中的命令来激活刚刚创建的环境。

代码 2-15

```
conda activate book
```

如果成功激活，如图 2-44 所示，可以看到在命令行的最前方的括号中就标识了当前的虚拟环境"book"。

```
(base) egcs@gpuserver: $ conda activate book
(book) egcs@gpuserver: $ 
```

图 2-44

当然，也可以不创建虚拟环境，而使用最基础的 base。

2.4.2　下载 GLM-4 项目文件

GLM-4 的代码库和相关文档存储在 GitHub 平台上。GitHub 是一个广泛使用的在线代码托管平台，它提供版本控制和协作功能。

下载 GLM-4 项目文件需要进入 GLM-4 的 Github 地址，如图 2-45 所示。

图 2-45

在 GitHub 平台上将项目下载到本地通常有两种主要方式：克隆（Clone）和下载 ZIP 压缩包。

克隆（Clone）是使用 Git 命令行的方式。我们可以克隆仓库到本地计算机，从而创建仓库的一个完整副本。这样做的好处是，我们可以跟踪远程仓库的所有更改，并且可以提交自己的更改。如果要克隆某个仓库，可以使用命令 git clone <repository-url>，其中的<repository-url>是指 GitHub 仓库的 URL。

如图 2-46 所示，推荐使用克隆（Clone）的方式。对于 GLM-4 这个项目来说，我们首先在 GitHub 平台上找到其仓库的 URL。

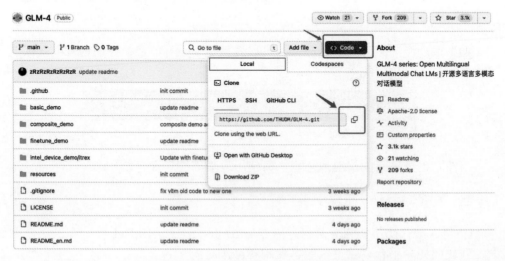

图 2-46

如图 2-47 所示，在执行命令之前，先安装 git 软件包。

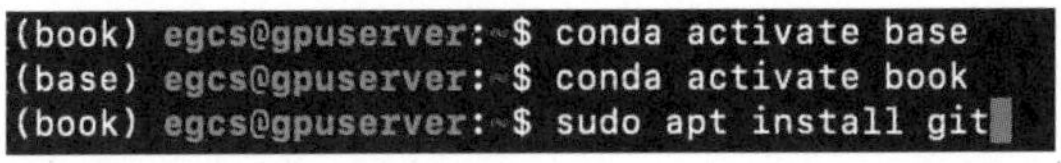

```
(book) egcs@gpuserver:~$ conda activate base
(base) egcs@gpuserver:~$ conda activate book
(book) egcs@gpuserver:~$ sudo apt install git
```

图 2-47

如图 2-48 所示，创建一个存放 GLM-4 项目文件的文件夹。

```
(book) egcs@gpuserver: $ sudo mkdir ~/project
mkdir: cannot create directory '/home/egcs/project': File exists
(book) egcs@gpuserver: $ cd project/
(book) egcs@gpuserver:~/project$
```

图 2-48

如图 2-49 所示，执行克隆命令，将 GitHub 平台上的项目文件下载至本地。

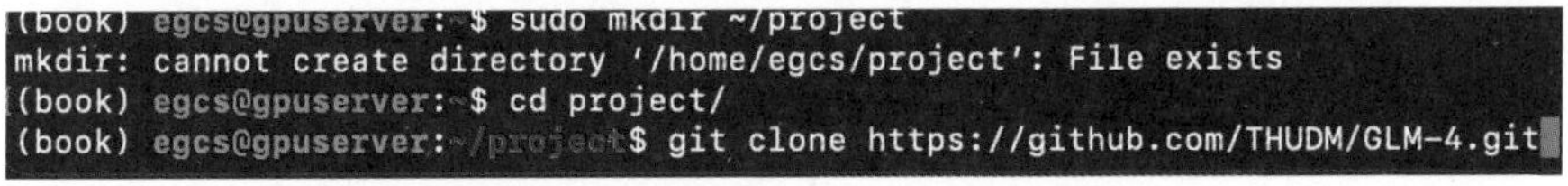

```
(book) egcs@gpuserver: $ sudo mkdir ~/project
mkdir: cannot create directory '/home/egcs/project': File exists
(book) egcs@gpuserver:~$ cd project/
(book) egcs@gpuserver:~/project$ git clone https://github.com/THUDM/GLM-4.git
```

图 2-49

如果克隆成功，本地应该出现如图 2-50 所示的文件内容。

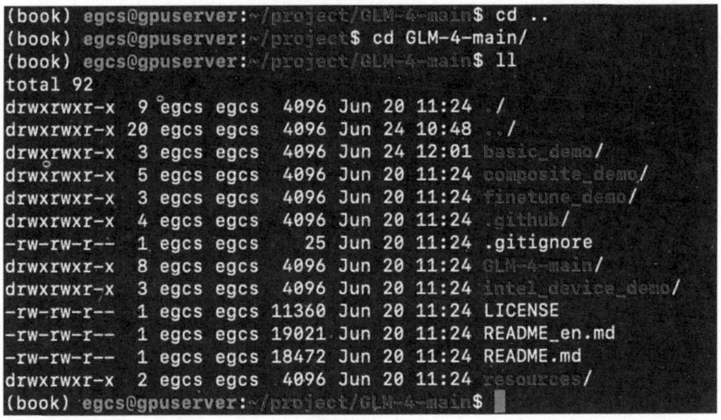

```
(book) egcs@gpuserver:~/project/GLM-4-main$ cd ..
(book) egcs@gpuserver:~/project$ cd GLM-4-main/
(book) egcs@gpuserver:~/project/GLM-4-main$ ll
total 92
drwxrwxr-x  9 egcs egcs  4096 Jun 20 11:24 ./
drwxrwxr-x 20 egcs egcs  4096 Jun 24 10:48 ../
drwxrwxr-x  3 egcs egcs  4096 Jun 24 12:01 basic_demo/
drwxrwxr-x  5 egcs egcs  4096 Jun 20 11:24 composite_demo/
drwxrwxr-x  3 egcs egcs  4096 Jun 20 11:24 finetune_demo/
drwxrwxr-x  4 egcs egcs  4096 Jun 20 11:24 .github/
-rw-rw-r--  1 egcs egcs    25 Jun 20 11:24 .gitignore
drwxrwxr-x  8 egcs egcs  4096 Jun 20 11:24 GLM-4-main/
drwxrwxr-x  3 egcs egcs  4096 Jun 20 11:24 intel_device_demo/
-rw-rw-r--  1 egcs egcs 11360 Jun 20 11:24 LICENSE
-rw-rw-r--  1 egcs egcs 19021 Jun 20 11:24 README_en.md
-rw-rw-r--  1 egcs egcs 18472 Jun 20 11:24 README.md
drwxrwxr-x  2 egcs egcs  4096 Jun 20 11:24 resources/
(book) egcs@gpuserver:~/project/GLM-4-main$
```

图 2-50

2.4.3　安装项目依赖包

一般项目中都会提供 requirements.txt 这样一个文件，如图 2-51 所示，该文件包含了项目运行所必需的所有 Python 包及其精确版本号。使用这个文件，可以确保在不同环境中安装相同版本的依赖包，从而避免因版本不一致出现的问题。我们可以借助这个文件，使用 pip 一次性安装所有必需的依赖包，而不必逐个手动安装，大大提高了效率。命令如下：pip install -r requirements.txt。

除了模型推理的基本依赖包，我们在第 5 章中模型微调使用的 PEFT 库和量化使用的 BitsAndBytes 库，需要额外安装。

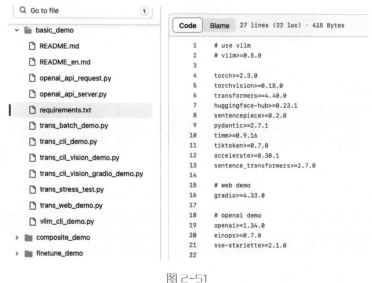

图 2-51

2.4.4 下载模型权重

经过上述的操作过程，我们只是下载了 GLM-4 的一些运行文件和项目代码，并不包含 GLM-4-9B-chat 这个模型。这里我们需要进入 Huggingface 下载。Huggingface 是一个丰富的模型库，开发者可以上传和共享他们训练好的机器学习模型。这些模型通常是经过大量数据训练的，并且很大，因此需要特殊的存储和托管服务。

GitHub 仅是一个代码托管和版本控制平台，托管的是项目的源代码、文档和其他相关文件；同时，对于托管文件的大小有限制，不适合存储大型文件，如训练好的机器学习模型。相反，Huggingface 是专门为大型文件而设计的，它提供了更适合大模型的存储和传输解决方案。下载路径如图 2-52 所示。

图 2-52

进入 Huggingface 页面，如图 2-53 所示，选择全部需要下载的模型文件进行下载。

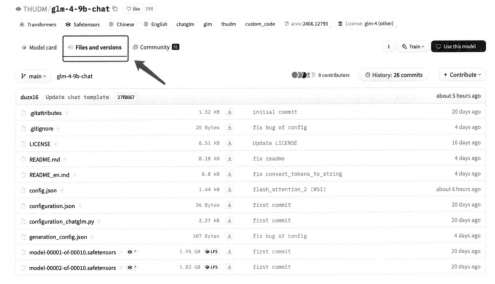

图 2-53

下载完后，请确保不缺少如图 2-54 所示的文件。

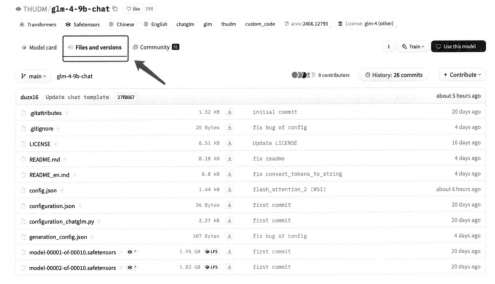

图 2-54

至此，我们就已经把 GLM-4 模型部署运行前所需要的全部准备完毕。

2.5　运行 GLM-4 的方式

GLM-4 项目附带了一系列简易应用演示，旨在供开发者体验与实践。下面按由浅入深的顺序逐一介绍这些示例。

2.5.1 基于命令行的交互式对话

基于命令行的交互式对话方式可以为非技术用户提供一个脱离代码环境的对话方式。如图 2-55 所示，对于这种启动方式，官方提供的脚本名称是：trans_cli_demo.py。

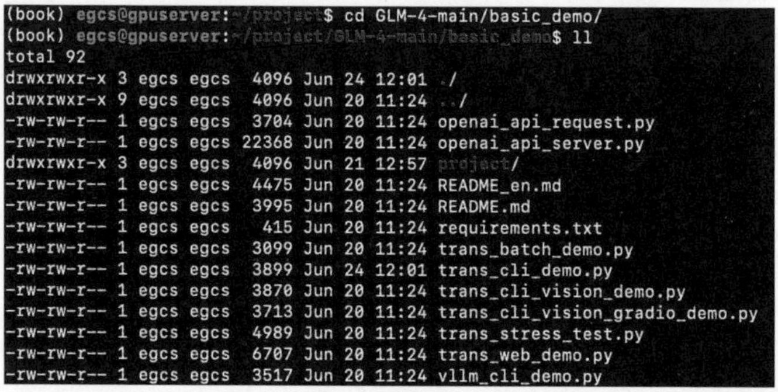

```
(book) egcs@gpuserver:~/project$ cd GLM-4-main/basic_demo/
(book) egcs@gpuserver:~/project/GLM-4-main/basic_demo$ ll
total 92
drwxrwxr-x 3 egcs egcs  4096 Jun 24 12:01 ./
drwxrwxr-x 9 egcs egcs  4096 Jun 20 11:24 ../
-rw-rw-r-- 1 egcs egcs  3704 Jun 20 11:24 openai_api_request.py
-rw-rw-r-- 1 egcs egcs 22368 Jun 20 11:24 openai_api_server.py
drwxrwxr-x 3 egcs egcs  4096 Jun 21 12:57 project/
-rw-rw-r-- 1 egcs egcs  4475 Jun 20 11:24 README_en.md
-rw-rw-r-- 1 egcs egcs  3995 Jun 20 11:24 README.md
-rw-rw-r-- 1 egcs egcs   415 Jun 20 11:24 requirements.txt
-rw-rw-r-- 1 egcs egcs  3099 Jun 20 11:24 trans_batch_demo.py
-rw-rw-r-- 1 egcs egcs  3899 Jun 24 12:01 trans_cli_demo.py
-rw-rw-r-- 1 egcs egcs  3870 Jun 20 11:24 trans_cli_vision_demo.py
-rw-rw-r-- 1 egcs egcs  3713 Jun 20 11:24 trans_cli_vision_gradio_demo.py
-rw-rw-r-- 1 egcs egcs  4989 Jun 20 11:24 trans_stress_test.py
-rw-rw-r-- 1 egcs egcs  6707 Jun 20 11:24 trans_web_demo.py
-rw-rw-r-- 1 egcs egcs  3517 Jun 20 11:24 vllm_cli_demo.py
```

图 2-55

在启动前，我们仅需要进行一处简单的修改，如图 2-56 所示，因为我们已经把 GLM-4-9B-chat 这个模型下载到了本地，所以需要修改模型的加载路径。

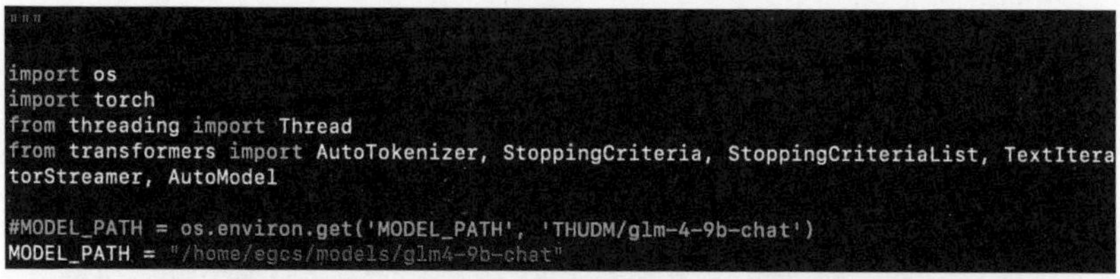

```
"""

import os
import torch
from threading import Thread
from transformers import AutoTokenizer, StoppingCriteria, StoppingCriteriaList, TextItera
torStreamer, AutoModel

#MODEL_PATH = os.environ.get('MODEL_PATH', 'THUDM/glm-4-9b-chat')
MODEL_PATH = "/home/egcs/models/glm4-9b-chat"
```

图 2-56

修改完成后，直接使用 python cli_demp.py 即可启动。如图 2-57 所示，如果启动成功，则会开启交互式对话。

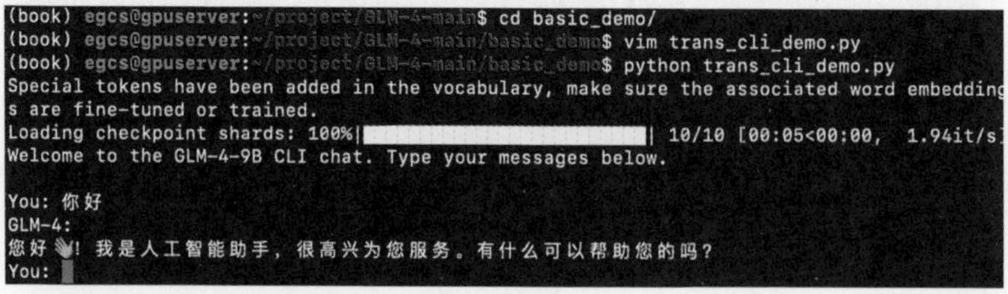

```
(book) egcs@gpuserver:~/project/GLM-4-main$ cd basic_demo/
(book) egcs@gpuserver:~/project/GLM-4-main/basic_demo$ vim trans_cli_demo.py
(book) egcs@gpuserver:~/project/GLM-4-main/basic_demo$ python trans_cli_demo.py
Special tokens have been added in the vocabulary, make sure the associated word embedding
s are fine-tuned or trained.
Loading checkpoint shards: 100%|██████████| 10/10 [00:05<00:00,  1.94it/s]
Welcome to the GLM-4-9B CLI chat. Type your messages below.

You: 你好
GLM-4:
您好👋！我是人工智能助手，很高兴为您服务。有什么可以帮助您的吗？
You:
```

图 2-57

2.5.2 基于 Gradio 库的 Web 端对话应用

基于网页端的对话是目前非常通用的大模型交互方式，GLM-4 官方项目组提供了两种 Web 端对话 demo，两个示例应用功能一致，只是采用了不同的 Web 框架进行开发。首先是基于 Gradio 库的 Web 端对话应用 demo。Gradio 库是一个 Python 库，用于快速创建用于演示机器学习模型的 Web 界面。开发者可以用几行代码为模型创建输入和输出接口，用户可以通过这些接口与模型进行交互。用户可以轻松地测试和使用机器学习模型，例如通过上传图片来测试图像识别模型，或者输入文本来测试自然语言处理模型。Gradio 库非常适合于快速原型设计和模型展示。

　　对于这种启动方式，如图 2-58 所示，官方提供的脚本名称是：web_demo_gradio.py。同样，我们只需要使用 vim 编辑器修改模型的加载路径，直接使用 Python 启动即可。

图 2-58

　　如果启动正常，则自动弹出 Web 页面，如图 2-59 所示，可以直接在 Web 页面上进行交互。

图 2-59

2.5.3　OpenAI 风格的 API 调用方法

　　GLM-4 提供了 OpenAI 风格的 API 调用方法。如今，在 OpenAI 几乎定义了整个前沿 AI 应用开发标准的当下，提供一个 OpenAI 风格的 API 调用方法，毫无疑问可以让 GLM-4 无缝地接入 OpenAI 开发生态。因为很多基于大模型的开源项目都是基于 OpenAI 的 ChatGPT 来进行开发的，所以如果 GLM-4 能够提供同样风格的调用，那么只修改小部分的代码就能实现开源项目的模型切换，从之前的 ChatGPT 切换为 GLM-4-9B-chat。

所谓的 OpenAI 风格的 API 调用，如图 2-60 所示，指的是借助 OpenAI 库中的 completions.create 函数进行 GLM-4-9B-chat 调用。现在，我们只需要在 model 参数上输入 GLM-4-9B-chat，即可调用 GLM-4-9B-chat。调用 API 风格的统一，无疑也将大幅提高开发效率。

```python
from openai import OpenAI
import os

api_key = os.getenv("OPENAI_API_KEY")
client = OpenAI(api_key=api_key)

response = client.chat.completions.create(
        model="gpt-3.5-turbo",
        messages = [
            {"role":"user","content":"hello,my name is lewis"}
        ]
    )
response.choices[0].message.content
```
你好

图 2-60

若想执行 OpenAI 风格的 API 调用，则首先需要安装项目中的 requirements.txt 的依赖包，其中最主要的依赖包是 openai 和 vllm。之后，运行 openai_api_server.py 脚本。具体执行流程如下。

如果想使用 API 持续调用 GLM-4-9B-chat，则需要启动一个脚本，如图 2-61 所示，该脚本位于 open_api_demo 中。

```
(book) egcs@gpuserver:$ cd project/GLM-4-main/basic_demo/
(book) egcs@gpuserver:/project/GLM-4-main/basic_demo$ ll
total 92
drwxrwxr-x 3 egcs egcs  4096 Jun 26 02:21 /
drwxrwxr-x 9 egcs egcs  4096 Jun 20 11:24 /
-rw-rw-r-- 1 egcs egcs  3704 Jun 24 13:04 openai_api_request.py
-rw-rw-r-- 1 egcs egcs 22415 Jun 24 13:03 openai_api_server.py
drwxrwxr-x 3 egcs egcs  4096 Jun 21 12:57 project/
-rw-rw-r-- 1 egcs egcs  4475 Jun 20 11:24 README_en.md
-rw-rw-r-- 1 egcs egcs  3995 Jun 20 11:24 README.md
-rw-rw-r-- 1 egcs egcs   415 Jun 20 11:24 requirements.txt
-rw-rw-r-- 1 egcs egcs  3099 Jun 20 11:24 trans_batch_demo.py
-rw-rw-r-- 1 egcs egcs  3899 Jun 24 12:01 trans_cli_demo.py
-rw-rw-r-- 1 egcs egcs  3870 Jun 20 11:24 trans_cli_vision_demo.py
-rw-rw-r-- 1 egcs egcs  3713 Jun 20 11:24 trans_cli_vision_gradio_demo.py
-rw-rw-r-- 1 egcs egcs  4989 Jun 20 11:24 trans_stress_test.py
-rw-rw-r-- 1 egcs egcs  6754 Jun 24 12:51 trans_web_demo.py
-rw-rw-r-- 1 egcs egcs  3517 Jun 20 11:24 vllm_cli_demo.py
```

图 2-61

安装完成后，如图 2-62 所示，使用命令 python openai_api_server.py 启动，第一次启动有点慢，需要耐心等待。如果想让程序在后台提供服务，则执行命令 nohup python openai_api_server.py &。

启动成功后，如图 2-62 所示，在 Jupyter lab 上执行如下代码，进行 API 调用测试。如果服务正常，则可以得到模型的回复。同时，在终端应用运行处也可以看到 API 的实时调用情况。

```
from openai import OpenAI

base_url = "http://127.0.0.1:8000/v1"
client = OpenAI(api_key="EMPTY", base_url=base_url)

response = client.chat.completions.create(
        model="glm-4-9b-chat",
        messages = [
                {"role":"user","content":"hello,my name is lewis"}
        ]
    )
response.choices[0].message.content
```
'Hello Lewis! Nice to meet you. Is there anything I can help you with today?'

图 2-62

除此之外，之后的章节会测试 GLM-4-9B-chat 的 Function Calling 等更高级的用法时的性能情况。

同时，我们推荐使用 OpenAI 风格的 API 调用方法是为了进行学习和尝试构造高级的 AI Agent，同时积极参与国产大模型的开源社区，共同增强国内在这一领域的实力和影响力。本书之后的模型调用大部分是基于 2.5.3 节中的 OpenAI 风格的 API 调用方法，小部分是基于 2.5.1 节中的调用方法。

2.5.4　模型量化部署

在针对 GLM-4-9B-chat 的部署实践中，系统默认配置下，该模型加载时采用了 FP16（半精度浮点数）的运算格式，这一选择旨在平衡计算效率与模型精度。值得注意的是，遵循这一默认设置执行相关代码操作，将会占用大约 20GB 的图形处理单元（GPU）显存资源。此数值对于资源需求而言并非微不足道，特别是考虑到不同应用场景下硬件配置的多样性。

本书的核心议题围绕在消费级显卡环境（包括 8GB 和 16GB 两种配置）下，实现大模型的经济高效与本地化部署策略。鉴于此，拥有 8GB 显卡的读者可以使用 ChatGLM3-6B 进行本书的阅读和实验，其部署步骤与上述模型相差无几，但该模型的微调需要 13GB 显存，仍然达不到消费级显卡即 8GB 的要求。我们关注并致力于解决那些面临 GPU 显存限制用户的挑战。认识到并非所有用户皆配备高端专业级硬件，探索内存优化方案显得尤为重要。为此，我们引入了一种创新策略——模型量化技术，作为缓解显存压力的有效途径。

如表 2-1 所示，FP16、INT8、INT4 是量化中常用的几种数值格式。

表 2-1　ChatGLM3-6B 不同量化等级下显存最低要求

量化等级	最低 GPU 显存（推理）	最低 GPU 显存（高效参数微调）
FP16（无量化）	13GB	14GB
INT8	8GB	9GB
INT4	5GB	7GB

（1）FP16（半精度浮点数）。

FP16 表示 16 位的浮点数，相比于 32 位的单精度浮点数（FP32），它占用的存储空间减半，可以显著减小模型尺寸和显存占用量。FP16 提供了比 INT8 更高的精度，通常用于那些对精度要求较高，但又希望减少计算资源消耗的场景。FP16 支持正负数、指数表示和尾数，尽管其精度低于 FP32，但通常足以维持许多模型的性能，接近原始 FP32 模型。

（2）INT8（8 位整数）。

INT8 表示 8 位的整数，通常用于定点表示法，这意味着没有小数部分，仅能表示整数值。量化到 INT8 可以进一步减小模型尺寸和提高推理速度，因为它占用的空间仅为 FP32 的四分之一。INT8 量化可能导致精度损失，但通过精心设计的量化策略（如量化的训练、对称/非对称量化等），可以在许多应用中达到可接受的精度水平。

（3）INT4（4 位整数）。

INT4 是最激进的量化策略之一，使用 4 位来表示权重和激活值。相较于 INT8，INT4 进一步减小了模型尺寸和显存占用量，但也带来了更多的精度挑战。INT4 量化特别适用于极低功耗、资源极度受限的设备，但在大多数情况下，可能会有明显的精度下降，除非模型本身对量化非常健壮或者采用了特殊的量化技术来补偿精度损失。

总的来说，FP16、INT8、INT4 的选择取决于对模型尺寸、计算效率和预测精度的不同需求。FP16 提供了较好的平衡，在多数情况下，INT8 能在可接受的精度损失下大幅提高效率，而 INT4 则适合极端优化需求的场景。如果配置满足需求，则下面就逐步执行本地化部署大模型。

对于拥有 8GB 显卡的读者，通过实施 4 位量化（权重和激活函数由原本的 FP16 降低至 INT4 表示），我们成功地将 ChatGLM3 的显存占用量大幅度缩减至仅为 5GB。这一显著缩减不仅标志着对资源利用效率的大幅提升，更关键的是，它完美适应了市面上绝大多数消费级显卡的标准配置，这些显卡普遍配备 8GB 或以上的显存容量。使用方法如代码 2-16 所示。

代码 2-16

```
model_name_or_path = "/home/egcs/models/chatglm3-6b"
model = AutoModel.from_pretrained(model_name_or_path, trust_remote_code=True).quantize(4).cuda()
```

此时，如图 2-63 所示，显存占用情况如下。

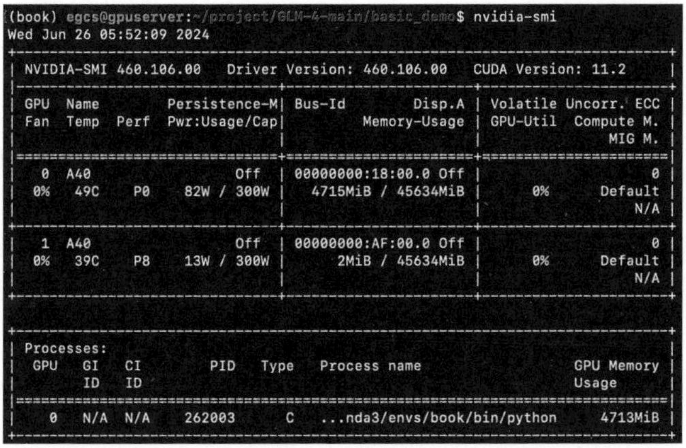

图 2-63

　　同时，对于拥有 16GB 显卡的读者，如代码 2-17 所示，GLM-4-9B-chat 同样可以使用量化模型来缓解显存压力，将显存要求降低到 16GB 的消费级显卡。

代码 2-17

```
model_name_or_path = "/home/egcs/models/glm4-9b-chat"
model = AutoModelForCausalLM.from_pretrained(
    model_name_or_path,
    low_cpu_mem_usage=True,
    trust_remote_code=True,
    load_in_4bit=True
).eval()
```

　　此时，显存占用情况如图 2-64 所示。

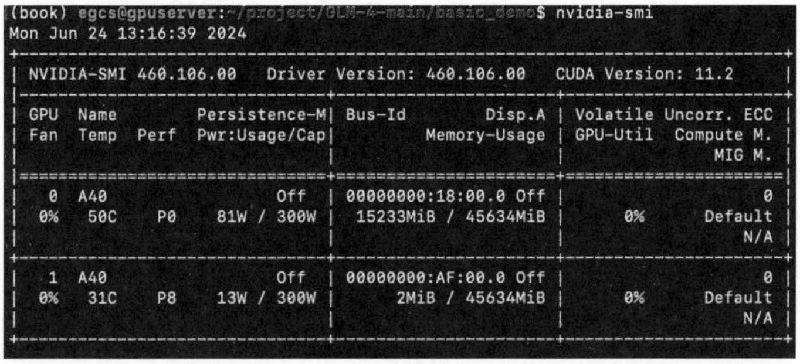

图 2-64

2.6　本 章 小 结

　　本章详细介绍了私有化部署大模型的全过程。首先，讨论了 CUDA 环境的准备工作，包括基础环境配置、大模型运行环境的设置、显卡驱动、CUDA 和 cuDNN 的安装步骤。接着，讲解了深度学习环境的准备，如安装 Anaconda 环境、在服务器环境下启动及安装 PyTorch 库的步骤。随后，介绍了 GLM-3 和 GLM-4 的基本情况，特别是对 GLM-4 的私有化部署进行了详细说明，包括创建虚拟环境、下载项目文件、安装依赖包和模型权重的下载。最后，介绍了运行 GLM-4 模型的多种方式，包括基于命令行的交互式对话、基于 Gradio 库的 Web 端对话应用、OpenAI 风格的 API 调用方法和模型量化部署。本章提供了全面的指导，以帮助读者成功部署和运行大模型。

第3章 大模型理论基础

在探索领域特定的算法架构之前，充分了解目标领域的数据特点和结构是至关重要的。数据特点和结构直接影响选择合适的算法与构建适用的模型。通过深入了解数据的属性、分布、关联性及可能存在的潜在模式，可以更好地把握问题的本质，有针对性地设计和调整算法架构，从而提高模型的性能和效果。因此，在进行算法研究和开发之前，对数据进行全面的分析和理解是必不可少的步骤，这有助于我们更好地把握问题的本质，并为解决方案的设计提供有效的指导。

本章将从数据开始，介绍自然语言处理（Natural Language Processing，NLP）中的时间序列格式数据及数据的预处理技术，包括分词、Token 和 Embedding 等大模型中常见的基础概念。Transformer 架构不是一蹴而就的，本章将从历史发展的角度讲述其来龙去脉，包括从最初的统计语言模型、神经网络模型到如今的大模型。

3.1 自然语言领域中的数据

3.1.1 时间序列数据

在深度学习领域，特定领域的算法和架构的设计是基于该领域内数据的独特特征。举例来说，在处理图像数据时，研究人员广泛采用卷积神经网络，以便有效地捕获图像的空间特征。相比之下，处理受到噪声干扰的数据，如文本数据，则常使用自动编码器结构，这种结构能够有效地处理噪声并生成清晰的输出数据。因此，深入理解特定领域的数据特点和结构对于设计该领域的算法架构至关重要。这一观点同样适用于自然语言处理领域。在探索领域特定的算法架构之前，充分了解目标领域的数据特点和结构尤为关键。

在自然语言处理领域，序列数据是至关重要的。与非序列数据不同，序列数据中的样本之间存在特定的顺序关系，这一顺序关系在很大程度上决定了数据的含义和解释。在处理序列数据时，样本的顺序不仅是一种表现形式，更是数据的本质特征之一。举例来说，在文本数据中，一句话中的词语顺序往往决定了句子的含义和语义逻辑。因此，无论是在序列标注、机器翻译、文本生成还是其他自然语言处理任务中，都必须考虑样本的顺序信息。相比之下，在非序列数据中，如在图像数据或结构化数据中，样本之间的顺序关系并不具备重要性，因为这些数据中的样本通常是相互独立的，其顺序变化或部分样本缺失不会对数据的含义产生显著影响。然而，在序列数据中，即使是微小的顺序变化或样本的缺失，都可能导致数据的含义发生巨大变化。因此，在处理序列数据时，必须特别注意样本顺序的保持和数据的完整性。

最典型的序列数据有以下几种类型。

（1）文本数据：包括句子、段落、文章等，其中词语的排列顺序对语义有重要影响。正如学生考试时，曾出现的试题（连词成句），若答题连词不当，一整句话都将被评为不得分。

（2）时间序列数据：包括股票价格随时间变化的数据，气象中的温度、湿度、风速等随时间变化的数据，心电图中的心率随时间变化的数据等。

（3）音频数据：音频信号中的波形数据，如语音信号、音乐等，其中音频的采样点是按时间顺序排列的。

（4）视频数据：视频是由一系列帧组成的，每帧都是图像数据，它们按照时间顺序排列以形成连续的视频流。

（5）DNA 序列数据：生物学领域中常见的 DNA 序列数据，包含基因序列、蛋白质序列等，它们的排列顺序对生物功能具有重要意义。

（6）符号序列数据：包括乐谱、密码等，其中符号的排列顺序决定了其含义和功能。

类似的数据还有很多。例如，在金融领域，股票交易数据是一种重要的时间序列数据。股票价格和交易量等变量的时间顺序对于预测股票价格趋势不可或缺。此外，社交媒体数据也是一种序列数据，每个用户发布的帖子、评论或互动都形成了一个个时间序列，理解这些序列数据有助于分析用户的行为模式和趋势。另外，传感器数据也是常见的序列数据类型，例如用于监控环境的温度、湿度和气压数据。在工业领域，机器运行状态的监测数据也是重要的序列数据，对机器的预测性维护至关重要。显而易见，处理序列数据时，我们需要确保算法不仅能够理解单个样本，还能够学习样本之间的关联。现今，这些能够学习样本之间关系的算法已经成为自然语言处理架构中重中之重的一部分。

3.1.2　分词

在自然语言处理中，文本数据的样本之间的联系，即词与词之间、字与字之间的联系是通过语义连接实现的。因此，在文字序列中，每个样本通常表示一个单词或一个字。对于英文数据而言，大多数情况下一个样本是一个单词，偶尔也可能是更小的语言单位，如字母或半词。在中文数据中，一个二维表通常对应一个句子或一段话，而单个样本则表示一个单词或字。

尽管原始文本数据大多是段落形式的，但在深度学习中，将文本数据的样本分割为词或字作为输入。因此，对文本数据通常需要进行分词处理，即将连续的文本划分为具有独立意义的词或词组。良好的分词可以降低算法理解文本的难度，并提升模型的性能。例如，将句子"轻舟已过万重山"分为"轻舟""已过""万重山"三个词，可能比将其分为"轻""舟""已""过""万""重""山"七个字更易于理解；且要求每个字都自带完整语义，实际上会带来一些困难。

由于不同语言具有不同的特点，因此每种语言所采用的分词方式也不同。例如，英文等拉丁语系的语言通常通过空格来分割单词，只需按照空格进行分词即可自然得到良好的结果。而中文、日文和韩文等语言没有空格用于分割，因此分词可能会面临挑战。特别是对于中文，甚至需要考虑断句对语义理解的影响，因为不同的分词结果可能导致不同的语义解读。

现在，对于不同语言的分词，我们都有丰富的操作手段。

1. 中文分词

中文分词是将连续的中文文本切分成有意义的词或词组的过程，是自然语言处理中的一个基础任务。以下是一些常见的中文分词方法。

（1）基于词典的分词方法：基于词典的分词方法使用预先构建的词典进行分词。文本中的词如果出现在词典中，则被认为是一个词，否则，将文本进一步细分为字或其他子单位。常见的词典包括哈工大、北大等机构提供的大型词典，以及一些开源的词典资源。

（2）基于统计的分词方法：基于统计的分词方法通常利用语料库中的统计信息来确定词语边界。其中，最常见的方法是最大匹配法，即从左到右或从右到左地在文本中寻找最长的匹配。另一种方法是隐马尔可夫模型（Hidden Markov Model，HMM），它通过学习词语出现的概率和转移概率来确定最可能的词语切分。

（3）基于规则的分词方法：基于规则的分词方法通过定义一系列规则来切分文本。这些规则既可以是基于语言学和语法规则的，也可以是基于模式匹配的。例如，利用中文的语法规则和词性信息来确定词语边界。

（4）基于深度学习的分词方法：近年来，随着深度学习的发展，基于深度学习的中文分词方法也逐渐流行起来。这些方法通常利用神经网络模型，如循环神经网络（Recurrent Neural Network，RNN）、长短期记忆（Long Short-Term Memory，LSTM）网络、卷积神经网络（Convolutional Neural Networks，CNN）或者自注意力（Self-attention）机制（Transformer），通过大规模数据学习中文文本的词语边界。

2. 常用工具

以下是一些常用的中文分词工具，它们具有不同的特点和适用场景，可以根据具体需求选择合适的工具进行中文分词。对于大部分应用，例如简单的文本预处理，一般使用 Jieba（结巴分词）就足够了。但是，如果需要更深入的语言学特性或高准确性的处理，可能需要考虑 THULAC 或 LTP 等更全面的工具。

（1）Jieba：Jieba 是一个常用的开源中文分词工具，具有简单易用、高效稳定的特点。它基于前缀词典实现，支持精确模式、全模式、搜索引擎模式等多种分词方式，并提供自定义词典和关键词提取等功能。

（2）THULAC：THULAC 是由清华大学自然语言处理与社会人文计算实验室开发的中文词法分析工具包，具有较高的分词准确率和效率。它采用基于词语和字符的联合标注模型，支持词性标注和命名实体识别等功能。

（3）哈工大 LTP：哈工大 LTP（Language Technology Platform，语言技术平台）是一个集成了多种自然语言处理工具的平台，其中包括中文分词器。哈工大 LTP 的分词器基于隐马尔可夫模型和条件随机场（Conditional Random Field，CRF）模型，具有较高的分词准确率和速度。

（4）NLPIR：NLPIR（其前身称为 ICTCLAS）是由中国科学院计算技术研究所开发的中文分词系统，具有较好的分词效果和稳定性。它基于词频统计和规则匹配的方法实现，支持多种分词模式和自定义词典。

（5）斯坦福分词器（Stanford Segmenter）：斯坦福分词器是由美国斯坦福大学开发的中文分词工具，它基于条件随机场模型，具有较高的分词准确率。它还支持英文分词和多语言分词等功能。

3. 英文分词

英文分词相对于中文分词来说，相对简单，因为英文单词通常以空格或标点符号分隔，但仍然存在一些特殊情况需要处理。以下是一些常用的英文分词方法。

（1）基于空格分词：最简单的英文分词方法是根据单词之间的空格进行分词。这种方法适用于大多数情况，但在一些特殊的文本中，例如在网页文本或非标准文本中可能存在连续的字符序列没有空格分隔。

（2）基于标点符号分词：在英文文本中，标点符号（如句号、逗号、分号等）通常表示句子的结束或分隔不同的短语。因此，可以先根据标点符号将文本分割成句子或短语，然后再对每个句子或短语进行单词级别的分词。

（3）词干提取（Stemming）和词形还原（Lemmatization）：词干提取和词形还原是一种将单词归约为其词干或原型的方法。词干提取通过去除单词的后缀来获取其词干，而词形还原则是将单词转化为其在词典中的原型形式。这两种方法通常用于处理单词的不同形态，以便统一表示同一概念的不同变体。

以上是常用的英文分词方法，可根据具体需求和应用场景选择合适的方法进行分词处理。

3.1.3 Token

Token（词元，其读音为[ˈtəʊkən]）是自然语言处理世界中的重要概念，这个概念没有官方中文译名，但我们可以根据该词语在众多论文中的语境对其进行如下定义：Token 是当前分词方式下的最小语义单元，根据分词方式的不同，对于英文，它可能是一个单词（如"upstair"）、一个半词（如"up、stair"）或一个字母（如"u、p、s、t、a、i、r"），也可能是一个短语（如"攀登高峰"）、一个词语（如"攀登、高峰"）或一个字（如"攀、登、高、峰"）。如前所述，分词是将连续的文本切分成一个个具有独立意义的词或词组的过程，本质上来说，分词就是分割 Token 的过程，因此文字数据表单中的一行行样本也就是一个个 Token。

Token 在自然语言处理中扮演着重要的角色。首先，它是语义的最小组成部分，也是深度学习算法处理输入数据的基本单元。Token 的数量反映了文本的长度和算法需要处理的数据量，直接影响算法的资源消耗和模型的性能。在 NLP 领域，OpenAI 等模型开发厂商常根据 Token 的使用情况来制定计价和使用限制。因此，Token 的使用量也成为衡量大模型性能的重要指标。随着大模型的不断发展，Token 已成为评估 NLP 模型吞吐量和数据量的标准单位。表 3-1 为 OpenAI API 收费标准（其官方可能会变更收费标准，以实际为准）。

表 3-1 OpenAI API 收费标准

API 版本	功能	收费方式
GPT-3.5	完成基础的 NLP 任务	每 10 万个 Token 收取 4 美分
GPT-4	提供更先进、精准的 NLP 功能	提供两个档位供开发者选择
ChatGPT	完成高质量的自然语言会话任务	基于使用情况的收费模式

在 OpenAI 的官方网站上，可以轻松地找到一个名为 Tokenizer 的工具，它用于计算文本中的 Token 数量。OpenAI 还提供了一篇详细的 GitHub 文档，专门介绍如何计算文本的 Token 数量，以及如何选择最经济的 Token 计算方式以节省成本。对此感兴趣的人可以查阅该文档以获取更多信息。

值得一提的是，在中文中，一个 Token 大致相当于三到五个字符的长度。实际上，Token 就是文本经过分词处理后的样本数量，只是在不同的分词方式下字符的长度会略有不同。

3.1.4 Embedding

长期以来，在自然语言处理领域，我们必须将文本序列编码成数字形式，以便算法能够理解和处理。这意味着文本数据需要经过特定的编码方式转换为数字形式。虽然存在多种编码方法，但它们的本质都是将单词或字符用数字或数字序列表示。在相同的编码规则下，相同的单词将始终被编码为相同的数字序列，是使用单个数字还是数字序列则取决于算法工程师的选择。

尽管编码的目的是将文本转换为数字形式，但其中涉及的复杂性远非表面看起来那么简单。首先，对于相同的词或字，它们必须在同一套规则下被编码为相同的数字序列或数字，这意味着必须存在一个完全一一对应的词典表来进行编码。然而，除这种直接的一一对应关系外，还有更高层次的境界，即语义编码。这意味着如果两个单词、两个字或两个词组在语义上相似，那么它们被编码成数字后，这些数字在数学上也应该相似。换言之，数字不仅是编码的唯一表示，而且必须代表词的语义信息。举例来说，在语义编码中，"女人"和"女孩儿"应该更接近。但需要注意的是，世界上并不存在唯一正确的语义空间，不同的编码方式会构建不同的语义空间。

为了实现这一目标，需要建立一个高维语义空间，在这个空间中，数学上相邻的点代表着语义上更接近的两个词。大部分与编码相关的研究都是围绕如何构建这样的语义空间展开的，因此编码的实现是具有一定难度的。

目前，深度学习中常见的编码方式包括以下两种。

（1）One-hot（独热）编码：将每个词或字符表示为一个稀疏向量，向量的长度等于词汇表的大小，其中对应于该词或字符的索引位置为1，其余位置为0。

（2）Word Embedding（词嵌入）编码：通过训练模型学习得到的词向量表示，将每个词映射到一个低维的实数向量空间中，保留了词之间的语义信息。

如图 3-1 所示，对句子分别进行 Word Embedding 编码和 One-hot 编码后产生的二维表单。

词	×1	×2	×3	×4	×5
小狗	0.5036	0.4943	0.4155	0.7221	0.9132
依偎	0.4716	0.9035	0.1671	0.4957	0.9929
在	0.8539	0.3560	0.7110	0.9761	0.2447
火炉	0.6010	0.7540	0.6639	0.4274	0.8514
旁	0.2665	0.4797	0.8628	0.2134	0.9215
因为	0.0872	0.8268	0.7835	0.3272	0.8871
小狗	0.8556	0.1318	0.2701	0.3320	0.7241
很	0.8781	0.5493	0.2159	0.5839	0.2512
冷	0.9900	0.7401	0.1414	0.4207	0.9985

Word Embedding 编码

词	×1	×2	×3	×4	×5	×6	×7	×8	×9
小狗	1	0	0	0	0	0	0	0	0
依偎	0	1	0	0	0	0	0	0	0
在	0	0	1	0	0	0	0	0	0
火炉	0	0	0	1	0	0	0	0	0
旁	0	0	0	0	1	0	0	0	0
因为	0	0	0	0	0	1	0	0	0
小狗	0	0	0	0	0	0	1	0	0
很	0	0	0	0	0	0	0	1	0
冷	0	0	0	0	0	0	0	0	1

One-hot 编码

图 3-1

3.1.5 语义向量空间

一个通过词嵌入训练得到的语义向量空间如图 3-2 所示。我们可能发现"国王"和"男人"、"女王"和"女人"在向量空间中是相似的。词嵌入通常通过大量的文本数据训练得到，目的是捕捉单词之间的语义关系。

经典的词嵌入方法包括以下 5 种。

（1）Word2Vec：由 Google 研究人员 Tomas Mikolov 等于 2013 年提出，通过训练神经网络模型来学习词向量，其中包括两种模型，即连续词袋（CBOW）和 Skip-gram。

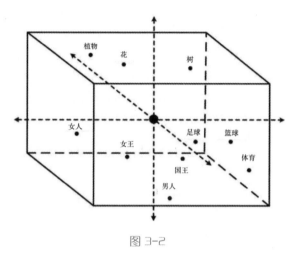

图 3-2

（2）GloVe（Global Vectors for Word Representation，全局向量的词嵌入）：由斯坦福大学的研究人员提出，它结合了全局语料库统计信息和局部上下文窗口中的词共现信息，通过矩阵分解的方式学习词向量。

（3）FastText：由 Facebook 提出，是基于 Word2Vec 的改进版本，通过考虑词的子词信息（字符 n-gram）来学习词向量，从而更好地处理稀有词和形态变化。

（4）固定编码：例如使用 BERT、GPT 等预训练的深度学习模型来编码文本。这些模型通常使用大量数据进行预训练，并可以为新任务进行微调。

（5）基于大模型进行编码：在 OpenAl 研发的大模型生态矩阵中，存在专用于构建语义空间的 Embedding 大模型。它是基于 GPT-3 训练出来的，是专门用于构建语义空间的大模型。

这些经典的词嵌入方法在自然语言处理领域得到了广泛的应用，并为文本表示和语义理解任务提供了重要的基础。

3.2　语言模型历史演进

3.2.1　语言模型历史演进

语言模型的发展可划分为以下三个关键阶段，如表 3-2 所示。

（1）统计语言模型：这一阶段的模型主要基于概率统计原理，通过计算词频、n-gram 等统计方法来预测文本中下一个词的概率，代表了语言模型的早期形态。

（2）神经网络语言模型：随着深度学习技术的兴起，神经网络开始被引入语言模型中，通过多层非线性变换捕捉词汇间的复杂关系，RNNLM（Recurrent Neural Network Language Model，循环神经网络语言模型）、LSTM 等模型在这一时期成为主流，显著提升了语言建模的准确性和流畅度。

（3）基于 Transformer 的大模型：此阶段以 Transformer 架构为核心，尤其是自注意力机制的引入，实现了并行处理和长距离依赖的有效捕获，使得模型规模得以指数级增长，如 BERT、GPT-3、Turing-NLG 等，这些模型不仅在语言理解与生成任务上取得了突破性进展，还展现了跨领域的应用潜力，开启了预训练语言模型的新纪元。

表 3-2　语言模型发展的三个关键阶段

阶段	定义	成果	限制
统计语言模型	初期的语言模型，依赖于统计分布和概率来预测单词。起源于信息论和早期计算机科学	（1）统计机器翻译。 （2）n-gram 模型和 HMM。 （3）最大熵模型	（1）难以捕捉长期依赖性。 （2）需要复杂的特征工程
神经网络语言模型	神经网络在捕捉复杂模式方面的优势使其成为语言模型的一个进步。包括 RNNLM 和 LSTM 在内的模型被用于捕捉序列数据中的依赖关系	（1）神经网络语言模型（RNNLM）。 （2）RNNLM 处理序列数据。 （3）LSTM 在语言模型中的应用	（1）计算效率和扩展性有限。 （2）梯度消失或爆炸问题
基于 Transformer 的大模型	Transformer 架构通过自注意力机制改进了长距离依赖问题的处理，并提高了并行化处理的效率	（1）Transformer 架构。 （2）BERT 模型。 （3）GPT 模型家族等	计算资源消耗大

如表 3-2 所示，第一阶段的统计语言模型可追溯至 20 世纪 50 年代，那时，运用统计学方法完成机器翻译的任务已初露端倪。此时期，统计学方法在该领域占据主导，其核心在于依托人类专家的知识体系；然而，这种方法的"理论上限"相对明确，本质上受限于人类认知能力的边界。相比之下，神经网络模型的兴起标志着一个转折点，它们依赖于海量数据与强大的计算能力，从而在诸多领域，包括视觉识别与自然语言处理领域，实现了对人类能力的超越。这种数据驱动的方法，不需要人工精心设计特征，也能在性能上取得显著突破。

统计语言模型的本质在于依据词语的分布特性和出现频率来进行预测，尽管这一策略在实践中展现出一定成效，但其进步长期受制于对人为特征工程的高度依赖，限制了模型的自主学习与发展潜力。

第二阶段的神经网络语言模型的核心思想是，将神经网络技术应用于语言模型构建中。这一阶段的显著特点是，机器学习，尤其是深度学习技术，充分展现了数据驱动的优势，通过强大的计算能力学习数据分布，从而超越了以往依赖人工设计特征的局限，突破了模型性能的天花板。神经网络语言模型有能力捕获文本中的复杂模式和隐含意，这与以往技术（如 One-hot 编码）形成对比，后者难以表达深层次的语义信息。

尽管神经网络语言模型带来了显著进步，但仍存在一定的局限性。在视觉任务中广泛应用的循环神经网络（RNN），其天生存在的问题之一在于顺序处理机制，即必须等待上一时间步的神经元输出后，才能处理下一时间步，这导致计算效率低下。另外，RNN 面临梯度消失/爆炸问题，限制了其捕捉长距离依赖关系的能力，例如，早期的基于 RNN 的语言模型往往仅能考虑相邻的几个词，这对于语言理解的深度和连贯性构成了一定阻碍。

第三阶段的基于 Transformer 的大模型目前是该领域的焦点所在。Transformer 的核心创新在于引入了自注意力机制，这一革命性改进有效地解决了长期依赖问题。用传统方法处理句子时，假设每个词语同等重要，导致模型必须均匀记忆所有信息；而自注意力机制使模型能够识别出关键信息——即便在扩展到 50 个或 100 个词语的更长序列中，模型也能精准聚焦于少数几个关键词语，极大地提升了信息处理的效率与针对性，体现了注意力机制的核心价值。此外，Transformer 架构促进了并行计算，进一步加速了处理速度。

然而，基于 Transformer 的模型也面临着显著挑战：推理成本高昂，主要是计算需求与输入序列长度呈现平方关系增长，导致生成长文本时资源消耗急剧上升。另外，这类模型通常直接从大量无标注数据中学习，缺乏明确的监督训练阶段，这意味着如果训练数据蕴含偏见，则模型不仅会吸收这些偏见，而且还可能在预测过程中将其放大，这是在当前研究与应用中亟须关注和解决的问题。

3.2.2　统计语言模型

自然语言处理（NLP）模型使用统计语言模型作为一种建模技术，旨在对自然语言数据的概率分布进行建模和预测。统计语言模型基于一系列统计学方法和概率模型，用于衡量给定一串单词序列的可能性或概率。其基本思想是根据从文本语料库中观察到的频率信息，推断出单词之间的概率分布和语言结构。

在 NLP 模型中，统计语言模型通常采用 n-gram 模型或者隐马尔可夫模型等。

n-gram 模型是一种基于上下文窗口的语言模型，它假设一个单词出现的概率仅与其前面 n-1 个单词相关，通过对大量文本数据进行统计，n-gram 模型可以计算出每个单词在给定上下文中出现的条件概率，从而实现对文本序列的建模。

隐马尔可夫模型即 HMM 是一种用于建模序列数据的统计模型。一个词出现的概率只和它前面出现的一个或有限几个词相关。在 NLP 中，HMM 通常用于词性标注和语音识别等任务，HMM 通过定义状态和状态之间的转移概率及观测状态的发射概率对序列数据进行建模。

统计语言模型在 NLP 中扮演着重要角色，它们可以用于完成语言生成、语言识别、文本分类和机器翻译等任务。通过对大量文本数据进行分析，统计语言模型能够捕捉到自然语言的规律和结构，为 NLP 提供有效的语言建模基础。然而，统计语言模型在处理复杂的语言结构和语义信息时存在一定的局限性，因此随着神经网络技术的发展，NLP 领域逐渐转向了基于神经网络的语言模型。

3.2.3　神经网络语言模型

NLP 模型从传统的统计语言模型过渡到神经网络语言模型标志着一种技术演进和转变。传统的统计语言模型主要基于规则的方法和统计概率模型，如 n-gram 模型和隐马尔可夫模型。这些模型依赖于人工设计的特征和规则，并且在处理复杂的语言结构和语义信息方面存在一定的局限性。

随着神经网络技术的发展和深度学习算法的出现，NLP 领域开始出现了基于神经网络的语言模型。神经网络语言模型通过大规模语料库的训练，利用深度学习模型自动学习语言的表示和结构特征，从而实现了更加准确和灵活的语言建模能力。

神经网络语言模型采用各种结构，如循环神经网络（RNN）、长短期记忆网络（LSTM）、门控循环单元（Gated Recurrent Unit，GRU）和注意力机制等，以捕捉输入序列的长期依赖关系和语义信息。这些模型能够自动学习语言的表示，不需要人工设计的特征，从而可以更好地适应不同类型和领域的语言数据。

与传统的统计语言模型相比，神经网络语言模型具有以下优势。

（1）更好的语言建模能力：神经网络语言模型能够更好地捕捉语言的复杂结构和语义信息，从而实现更准确和灵活的语言建模。

（2）端到端学习：神经网络语言模型可以通过端到端的方式进行学习，不需要手工设计特征和规则，简化了模型构建的过程。

（3）适应性强：神经网络语言模型可以通过大规模数据的训练，自动学习适应不同领域和类型的语言数据，具有更好的泛化能力。

（4）神经网络语言模型的出现和发展为 NLP 领域带来了革命性变革，推动了NLP 技术的发展和应用。

3.3　注意力机制

3.3.1　RNN 模型

1. 基本概念

RNN 模型作为一种先进的神经网络模型，专为处理序列数据而设计，在 NLP

领域展现出了广泛应用的潜力。RNN 的独特之处在于其内置的记忆功能，它能接纳可变长度的输入序列，并能依据序列内部的上下文逻辑进行学习与预测，这一特性使之在解析语言序列数据上表现出卓越的适应性。

在 NLP 的众多应用场景中，RNN 发挥着核心作用，涵盖了语言建模、情感分析、命名实体识别、文本生成及机器翻译等多种任务。其优势在于深刻捕捉文本的时间动态性和长期依赖特征，强化了对语言结构的理解和处理能力。例如，在语言建模场景下，RNN 能够基于历史词汇的上下文环境，预测序列中下一个词汇的出现概率；在情感分析任务中，则通过分析文本段落或句子的内在结构，输出对文本情感倾向的判断；在机器翻译任务中，RNN 能够实现源语言到目标语言的高效转换。

特别是，LSTM 作为 RNN 的一种关键演化形式，通过集成门控机制显著增强了模型捕获长距离依赖的能力，成功缓解了标准 RNN 在处理长序列数据时遭遇的梯度消失和梯度爆炸难题，进一步推动了 LSTM 在 NLP 任务中的广泛应用，并显著提高了模型的性能水平。

综上所述，RNN 及其变体如 LSTM 在 NLP 领域的应用，不仅为我们提供了一个强有力的工具来深入解析和理解语言序列数据，也为多样化的文本分析和处理任务带来了高效且有效的解决方案，标志着向高级人工智能交互迈出的重要一步。

2. RNN 架构

图 3-3 展现了经典 RNN 的基本架构。

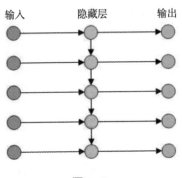

图 3-3

RNN 的输入是 input:$\{x_1, x_2, \cdots, x_t, \cdots, x_T\}$，输出是 input:$\{y_1, y_2, \cdots, y_t, \cdots, y_T\}$。

（1）输入层（Input Layer）：在初始阶段，系统接收的数据输入网络的输入层级。尤其是在自然语言处理的场景下，这些输入数据被转化为单词、字符或其他形式的语言单元编码以便于后续处理。

（2）隐藏层（Hidden Layer）：构成 RNN 核心部分的是其隐含层。在此结构中，每个时间步不仅包含新接收到的输入信息，还整合了前一时间步的隐含状态信息。通过这一机制，隐含层负责推算并更新当前时间步的隐含状态，该状态实质上保留了过往信息的痕迹，赋予网络记忆功能，使其能有效应对时间序列数据的复杂性。

（3）输出层（Output Layer）：隐含层经过处理产生的信息会进一步传输到输出层，旨在生成模型的终端输出。此输出可体现为对未来值的预测、类别归属的判定，或作为递归至下一时间步的内部状态，继续参与序列的解析与预测过程。

3. 缺陷

尽管 RNN 在应对时间序列数据分析方面展现出了一定的优势，但也存在若干局限性。其中两项主要的局限性如下。

（1）限定的等长要求：标准 RNN 架构受限于一个根本假设，即输入序列与预期输出序列需保持严格的时间步一致性。此设计缺陷意味着模型在未经过调整的情况下难以适应变长序列数据，往往强制要求通过补零或剪裁操作来统一序列长度，此举不仅在实际部署中可能削弱模型的灵活性，还可能导致信息的不必要损失或冗余累积，特别是在处理天然长度多样的数据集时。

（2）长序列依赖处理的挑战：RNN 在面对变长序列数据时，经常遭遇由梯度消失引发的长期记忆障碍。随着序列时间跨度的增长，反向传播过程中梯度倾向于急剧衰减，严重阻碍了模型捕获和利用远距离时间步间的关系。这种机制上的不足，直接限制了模型捕获序列中远期关键特征的能力，进而影响其决策质量和整体效能。

上述限制显著制约了基本 RNN 模型在序列数据分析领域的实用性和有效性。有鉴于此，研究界已探索并开发出一系列优化模型，如 LSTM 和 GRU。这些进阶架构通过创新性的门控机制与记忆单元设计，成功解决了梯度消失、序列长度差异的问题，从而大幅度增强了模型捕捉复杂序列模式、提升预测精度及泛化能力的潜力。

3.3.2 Seq2Seq 模型

1. 基础概念

Seq2Seq（Sequence-to-Sequence，序列到序列）模型作为一种革命性变体，源自 RNN 体系，其设计初衷在于突破传统 RNN 框架下对输入与输出序列等时长的严格约束。该模型的核心创新在于构建了双阶段（编码阶段与解码阶段）的处理流程，这一架构革新为此类模型赋予了接纳并处理不同长度序列数据的能力。

具体而言，Seq2Seq 模型的前半部分即编码器，完成将任意长度的输入序列转化成一个高维、固定长度的语境向量的任务。此向量被精心设计以封装源序列的全部语义精髓。随后，该语境向量作为桥梁，传递给模型的后半部分即解码器，解码器逐步推演出目标序列，直至信号指示终止或达到预设的最大输出长度。这一精妙设计不仅确保了模型对于序列长度变化的高度适应性，还极大地拓宽了其在自然语言处理领域的应用场景，涵盖了从机器翻译、文本摘要到对话系统生成等诸多复杂任务。

在实现上，编码器与解码器均可采纳多种神经网络架构，包括但不限于标准 RNN、LSTM 及 GRU，这样的灵活性进一步强化了模型处理序列数据的效能与精确度。总而言之，Seq2Seq 模型凭借其对变长序列数据处理的高效解决方案，在自然语言处理领域确立了其作为关键模型的地位，展现了广泛的应用价值与深远的影响。

2．Seq2Seq 架构

如图 3-4 所示，在 Seq2Seq 架构中，编码器（Encoder）把所有的输入序列都编码成一个统一的语义向量 Context，然后由解码器（Decoder）解码。在解码器解码的过程中，不断地将上一时刻 $t-1$ 的输出作为下一时刻 t 的输入，循环解码，直到输出停止符为止。

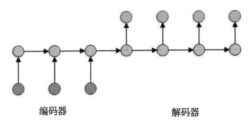

编码器　　　　　　　解码器

图 3-4

Seq2Seq 模型的训练通常使用教师强制（Teacher Forcing）方法，即将解码器的上一时刻的输出作为当前时间步的输入，直到生成完整的目标序列。训练完成后，该模型可以用于生成未见过的输入序列的对应目标序列，如将一种语言的句子翻译成另一种语言的句子。

3．Seq2Seq 架构的缺点

尽管 Seq2Seq 模型成功破除了输入与输出序列长度不匹配的障碍，但仍需面对若干挑战，主要包括效率问题、Context 限制问题及链式反应效应（蝴蝶效应）问题。

（1）效率问题：在处理延展的序列数据时，Seq2Seq 模型遭遇了效率瓶颈。该模型机制要求每个时间步均需综合考量整个输入序列的信息，致使其运算需求及内存占用随序列增长而急剧上升，从而显著延长了训练与推断周期，并加剧了资源消耗。

（2）Context 限制问题：由于 Context 包含原始序列中的所有信息，所以它的长度就成了限制模型性能的瓶颈。例如机器翻译问题，当要翻译的句子较长时，一个 Context 可能存不下那么多的信息，就会造成精度下降。

（3）链式反应效应（蝴蝶效应）问题：在 Seq2Seq 架构中，让上一时刻的输出作为下一时刻的输入进入网络，这种设计可能导致一个时刻输出的错误会影响后续所有时刻的输出。这是因为在模型的训练过程中，网络尚未完全收敛，因此即使在早期阶段产生的错误也会在后续时间步中逐渐累积和放大，从而导致整个输出序列的错误。轻微的预测误差可在时间序列中不断累积与放大，如同蝴蝶振翅引发的远端风暴，严重影响后续预测的准确性。尤其是在长序列任务中，这种累积错误效应更为显著，增加了模型学习正确模式的难度。

对于上述问题，学术界已探索多种策略以缓解这些问题，例如集成注意力机制以动态聚焦重要信息，利用残差连接保持信息流的连贯性，以及采用更为复杂的网络架构以增强对长期依赖关系的学习能力。这些策略共同作用旨在优化 Seq2Seq 模型处理序列任务时的性能稳定性和长期依赖管理，从而推动该技术边界的拓展。

3.3.3　Attention 注意力机制

如图 3-5 所示，针对 Seq2Seq 模型的优化策略，一个关键切入点在于通过充分利用编码器的所有隐藏层状态，来解决 Context 长度的局限性问题，并有效弱化链式反应效应（蝴蝶效应）。

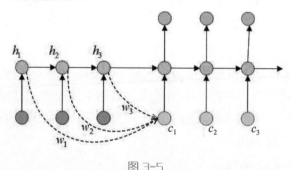

图 3-5

注意力机制作为一种在 Seq2Seq 模型中广泛应用的技术手段，旨在应对序列任务中面临的长距离依赖挑战及减缓信息传播中的细微偏差累积效应（蝴蝶效应）。该机制通过自适应地为输入序列的不同部分分配差异化的注意力权重，确保模型在生成每个阶段的输出时，能够聚焦于与该输出直接相关的关键输入信息，由此增强了模型的有效性和健壮性，减少了误差传播及信息衰减的问题。

图 3-6 直观展示了模型在未采用与采用注意力机制情况下的结构对比。

未采用注意力机制　　　　　　采用注意力机制

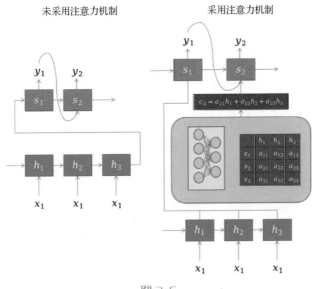

图 3-6

在图 3-6 中，x 表示输入序列，y 表示输出序列，h 表示输入编码器的隐藏层神经元，s 表示解码器中的隐藏层神经元。这些构成了原始 Seq2Seq 模型架构中待优化的核心参数。注意力机制作为一项补充，引入了一个新颖的中间层——注意力模型网络，其核心功能在于构建输入与输出隐藏状态之间的桥梁。

该注意力模型网络执行的关键任务是，通过量化评估每个输入位置对于生成当前输出位置的重要性，依据这一系列重要性评估值，对输入序列的不同组成部分实施加权平均运算，进而提炼出一个能综合反映输入序列与当前输出紧密度的加权上下文向量。此举有效增强了模型在处理序列信息时的关注焦点与上下文感知能力。

$$c_j = \sum_{i=1}^{T} a_{ij} h_i$$

式中，c 表示上下文信息向量，a 表示注意力权重参数，T 表示输入序列的长度。

在训练过程中，注意力机制会自动学习到不同输入位置之间的相关性，从而能够在生成输出时动态地调整注意力权重。这样，即使出现了错误的预测，模型也能够及时纠正，并且不会像传统的 Seq2Seq 模型那样将错误传播到整个输出序列。

此时，解码器的隐藏层神经元 s 的参数如下：

$$s_j = f(s_{j-1}, y_{j-1}, c_j)$$

神经元 s_j 与以下参数有关：上一个解码器隐藏层神经元 s_{j-1}、上一个解码器隐藏层的输出 y_{j-1}、上下文信息向量 c_j。

总的来说，注意力机制通过引入动态的上下文信息，使模型在生成输出时能够更加准确地关注输入序列中与当前输出位置相关的信息，从而有效地缓解了长距离依赖和蝴蝶效应问题。

因此，注意力机制的本质并非繁复难解，其旨在实现输出解码层级与输入编码层级的一种直接且动态的关联。此机制的核心之处在于引入一组经学习优化的权重，即注意力权重（Attention Weight），记作 a，用以量化表征 h（编码器隐藏层状态）与 s（解码器隐藏层状态）两者间的相关性。每项权重 a 均可视为双方交互作用强度的度量，整体架构则构成了注意力模型（Attention Model），此模型另有一个等价表述——对齐函数（Alignment Function），强调了它在跨序列元素匹配上的功能。

关于对齐函数的具体实现方式，论文 *An Attentive Survey of Attention Models* 中提及了几种典型范式，其直观展示参见图 3-7。

Function	Equation	References
similarity	$a(k_i, q) = sim(k_i, q)$	[Graves et al. 2014a]
dot product	$a(k_i, q) = q^T k_i$	[Luong et al. 2015a]
scaled dot product	$a(k_i, q) = \dfrac{q^T k_i}{\sqrt{d_k}}$	[Vaswani et al. 2017]
general	$a(k_i, q) = q^T W k_i$	[Luong et al. 2015a]
biased general	$a(k_i, q) = k_i(Wq + b)$	[Sordoni et al. 2016]
activated general	$a(k_i, q) = act(q^T W k_i + b)$	[Ma et al. 2017b]
generalized kernel	$a(k_i, q) = \phi(q)^T \phi(k_i)$	[Choromanski et al. 2021]
concat	$a(k_i, q) = w_{imp}^T act(W[q; k_i] + b)$	[Luong et al. 2015a]
additive	$a(k_i, q) = w_{imp}^T act(W_1 q + W_2 k_i + b)$	[Bahdanau et al. 2015]
deep	$a(k_i, q) = w_{imp}^T E^{(L-1)} + b^L$ $E^{(l)} = act(W_l E^{(l-1)} + b^l)$ $E^{(1)} = act(W_1 k_i + W_0 q) + b^l$	[Pavlopoulos et al. 2017]
location-based	$a(k_i, q) = a(q)$	[Luong et al. 2015a]
feature-based	$a(k_i, q) = w_{imp}^T act(W_1 \phi_1(K) + W_2 \phi_2(K) + b)$	[Li et al. 2019a]

图 3-7

最终，注意力机制可以抽象为以下公式。

$$A(q, K, V) = \sum_i p(a(k_i, q)) v_i$$

在注意力机制中，q、K、V 是三个核心概念，它们代表了注意力计算过程中的关键元素，其具体含义如下。

（1）q（Query）：q 代表当前的关注点或查询向量。在解码器的上下文中，q 通常来源于当前解码步骤的隐藏状态，反映了模型当前关注或查询信息的需求。它的功能是寻找与之最相关的部分，即在输入序列中哪里的信息对生成当前输出最为重要。

（2）K（Key）：K 可以理解为每个输入位置的代表性特征或索引量。在编码器的输出中，每个位置的 K 对应该位置的输入信息的某种编码表示，用于与 q 进行匹配。K 有助于确定哪些部分的输入与当前的 q 最为相关，就像数据库查询中的关键词一样。

（3）*V*（Value）：*V* 则是与 *K* 对应的实际内容信息或上下文信息向量，代表了输入序列中每个位置的详细信息。一旦通过 *q* 和 *K* 的交互确定了哪些部分是重要的（计算出注意力权重），这些权重就会被用来加权 *V*，从而生成一个加权后的上下文信息向量，这个向量包含了根据当前需求筛选出的、对下一步操作最有价值的信息。

注意力机制的工作流程大致可以描述为：首先，通过计算 *q* 与各个 *K* 之间的相似度（通常采用点积操作），得到未归一化的注意力分数；然后，应用像 softmax 这样的归一化函数得到注意力权重；最后，将这些权重应用于对应的 *V* 上进行加权求和，得到最终的上下文信息向量。这一过程使得模型能够动态、有选择性地集中处理输入信息中最相关的部分，从而提高处理序列数据的效率。

3.4　Transformer 架构

3.4.1　整体架构

图 3-8 展示的是神经网络中的 Transformer 架构。在著名的论文 *Attention Is All You Need* 中，编码器和解码器的层数 *h* 明确设定为 6 层。这一复合架构统称为 Transformer 架构。

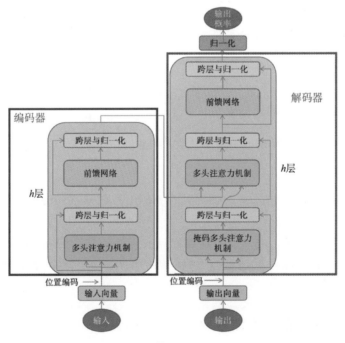

图 3-8

神经网络中的 Transformer 架构是一种先进的序列数据处理模型，最初在自然语言处理领域取得了突破性进展，后来被广泛应用于图像处理等其他领域。

Transformer 架构通过这些精心设计的模块协同工作，实现了对序列数据的强大处理能力，特别是在保留序列中长距离依赖信息的同时，提高了模型的效率和性能。下面介绍它是如何从序列对齐的 RNN 架构变成了 Self-Attention 的 Transformer 架构的。

3.4.2 Self-Attention

Self-Attention 是一种核心机制，其核心目标是解决在序列数据内部不同元素之间建立有效关联的问题，以捕捉并理解这些元素间的语义联系。具体来说，它试图揭示在一个句子"The Law will never be perfect, but its application should be just"中，"its"这个词究竟与哪个词语有着最密切的关联，而不单是简单地用于机器翻译，更多的是服务于深入理解文本的内在意义。通过这一机制，模型在学习了丰富的上下文信息后，能够逐渐掌握"its"是指向"Law"还是"application"这样的语义区分。

在多层的自注意力架构中，每层都在学习数据的不同层面的关联和特征，尽管它们关注的细节可能各异，但所有层的共同追求是提取和整合这些复杂的内在关联性，最终帮助模型整体上更好地理解语言的深层结构和语义。简而言之，自注意力机制的使命在于通过动态地为输入序列中的每个部分分配权重，强调与当前关注点最为相关的部分，从而提炼出关键的语义关系，增强模型的语境理解能力。

1. 公式

Self-Attention 最终的形式表达式如下：

$$\text{Attention}(Q, K, V) = \text{softmax}\left(\frac{QK^{\mathrm{T}}}{\sqrt{d_k}}\right)V$$

在这个公式中，

（1）Q 表示查询向量，通常是解码器的输出，用于询问编码器输出中的相关信息。

（2）K 表示键向量，与编码器的输出相关，用于与查询向量进行匹配。

（3）V 表示值向量，同样来源于编码器的输出，包含实际需要被加权求和的信息。

（4）d_k 是向量 K 的维度，通常在计算注意力得分前除以它的平方根进行缩放，以稳定 softmax 函数的计算并避免出现大的数值导致的梯度量级联乘积溢出问题。

（5）$\dfrac{\boldsymbol{QK}^{\mathrm{T}}}{\sqrt{d_k}}$ 计算得出了查询向量与所有键向量之间的相似度量分数。

（6）softmax 函数将这些相似度量转换为概率分布，确保注意力权重之和为 1，使得不同部分的信息可以被加权求和时有所侧重。

在图 3-8 中提到的多头注意力（Multi-Head Attention），会将上述过程多次并行进行，每个头可能关注输入的不同部分，然后将结果合并，以捕获更丰富的上下文信息。

2．缩放点积注意力

softmax 括号里的整体是它使用的对齐函数，这个函数也在图 3-7 中提到过，就是缩放点积注意力（Scaled Dot-Product Attention）。图 3-9 是它的具体模块。

缩放点积注意力的核心流程如下。

（1）计算 $\boldsymbol{Q}$、$\boldsymbol{K}$ 矩阵的点积，并进行逐元素除以 $\sqrt{d_k}$ 的操作（d_k 是 $\boldsymbol{K}$ 的维度），这一操作称为缩放，目的是在向量维度较大时稳定学习过程。

（2）可应用一个 Mask 操作来限制某些位置的注意力（例如，在处理时间序列数据时避免"未来泄露"）。

（3）对缩放后的结果应用 softmax 函数，以此获得每个 $\boldsymbol{Q}$ 位置上关于所有 $\boldsymbol{K}$ 位置的注意力权重分布。

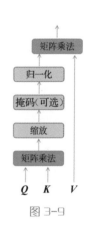

图 3-9

（4）将得到的注意力权重与 $\boldsymbol{V}$ 矩阵进行矩阵乘法，加权求和得到输出，即综合考虑最重要输入信息的上下文向量。这一系列步骤共同构成了 Attention 机制中的 $\boldsymbol{Q}$、$\boldsymbol{K}$ 和 $\boldsymbol{V}$ 变换过程。

3．Attention 与 Self-Attention

Attention（注意力机制）与 Self-Attention（自注意力机制）的差异如下。

（1）Attention：在传统的注意力机制中，模型根据 $\boldsymbol{Q}$ 与 $\boldsymbol{K}$ 之间的相似度来计算注意力权重，然后将这些权重应用于 $\boldsymbol{V}$ 以获取加权的表示。在这种情况下，查询和键通常是来自不同的源，例如编码器—解码器模型中的编码器隐藏状态作为键，解码器隐藏状态作为查询，用于生成上下文表示。

（2）Self-Attention：这是一种特殊形式的注意力机制，其中 $\boldsymbol{Q}$、$\boldsymbol{K}$ 和 $\boldsymbol{V}$ 都来自同一个源序列。这意味着模型可以在序列内部不同位置之间相互作用，并根据序列内部的语义信息来动态地调整权重。自注意力机制允许模型在同一序列中的不同位置之间建立依赖关系，从而更好地捕捉序列内部的长距离依赖关系。

总之，Self-Attention 可以看成 Attention 的一种特殊形式，其独特之处在于它允许模型在同一序列内部进行交互，从而更好地捕捉序列内部的长距离依赖关系。

3.4.3 Multi-Head Attention

选择缩放点积注意力作为对齐函数之后，Transformer 架构如图 3-10 所示。

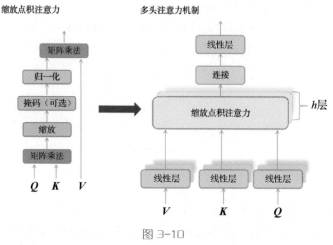

图 3-10

多头注意力机制（Multi-Head Attention）是 Transformer 架构中的一个核心概念，被频繁提及且至关重要。这里的"多头"指的是图 3-10 右侧的"h"，代表着并行存在的 h 个独立的缩放点积注意力模块或者对齐机制。每个头作为一个单独的注意力层，从不同的代表性子空间中捕获信息。这些头并非孤立工作，而是各自运算后，其结果通过连接（Concatenation）操作汇聚起来，随后经过一个权重矩阵 W^O 的变换，旨在整合来自各个注意力头的独特洞察。

这一过程不仅增强了模型捕获多样化特征的能力，还使得模型能够同时关注输入序列的不同方面或特征维度，每个头可能侧重于理解输入数据的不同特征组合或模式。因此，多头注意力通过这种并行且多样化的视角，提升了模型理解和综合信息的灵活性与深度，每个头相当于从一个略微偏移的角度审视输入，共同描绘出一个更为全面和细致的关注图谱。简言之，W^O 不仅用于形式上的整合，更是体现了如何平衡和利用这些多样注意力头产生的不同维度的重要性，共同为后续的计算提供更为丰富和精细的上下文信息。核心公式如下：

$$\text{MultiHead}(\boldsymbol{Q}, \boldsymbol{K}, \boldsymbol{V}) = \text{Concat}(\text{head}_1, \cdots, \text{head}_h)\boldsymbol{W}^O$$

$$\text{where head}_i = \text{Attention}(\boldsymbol{Q}W_i^Q, \boldsymbol{K}W_i^K, \boldsymbol{V}W_i^V)$$

3.4.4 Encoder

Transformer 的编码器（Encoder）部分是该模型架构中的关键组件，负责接收输入序列并对其进行多层编码处理，以生成对序列内容的丰富表示。具体而言，Transformer 编码器由多个相同的层堆叠而成，每个层又细分为两个主要子层：多头自注意力（Multi-Head Self-Attention）机制和前馈神经网络（Feed Forward Neural Network，FFNN）之间通常会插入一层归一化操作以稳定训练过程。

如图 3-11 所示，多头注意力机制是指红色箭头的右侧部分。具体而言，这一组件由 Multi-Head Attention 层紧接归一化处理，并随后串联一个全连接的前馈网络（FFN），共同构成了 Transformer 编码器的核心构造模块。

Transformer 编码器的详细描述如下。

（1）输入 Embedding 与位置编码：在进入多层编码结构之前，输入序列首先被转换为词嵌入（Word Embedding），以捕获词汇的语义信息。此外，为了使模型能够理解序列中元素的位置信息，还会添加位置编码（Positional Encoding），这是一种固定或可学习的向量，以确保模型知道输入序列中每个 Token 的相对位置。

（2）多头自注意力：每个编码器层的核心是多头自注意力机制，它允许模型在输入序列的不同部分之间灵活分配注意力，从而捕捉序列的长距离依赖关系。通过将输入分成多个并行的"头"，每个头执行独立的注意力计算，然后将结果合并，模型可以从多个角度并行地审视输入序列，增强其对复杂结构的理解能力。

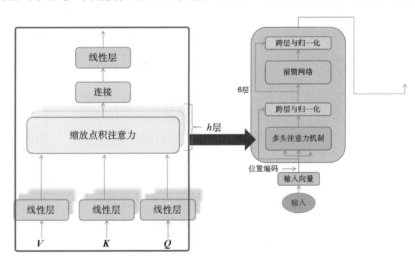

图 3-11

（3）跨层与归一化：为了缓解深度网络训练中的梯度消失问题，每个子层（多头自注意力和前馈神经网络）之后都会跟随一个残差连接（输入与输出相加），保留原始输入信息。随后，应用层归一化（Layer Normalization 或其他归一化技术），确保数据分布稳定，加快训练速度并提高模型性能。

（4）前馈神经网络：每个编码器层的第二个子层是一个全连接的前馈网络，通常包含两个线性变换层，中间夹着一个非线性激活函数（如 ReLU），为模型引入非线性表达能力，能够学习更复杂的特征表示。全连接的前馈网络 FFN 的公式如下：

$$FFN(x) = \max(0, xW_1 + b_1)W_2 + b_2$$

（5）重复堆叠：上述结构在整个编码器中重复多次（通常为 6 次），每次迭代都会对序列表示进行更深一层的加工，逐步提炼出更高层次的特征表示。每层的输出作为下一层的输入，通过这一系列的逐步提炼，模型能够构建出对输入序列极其丰富的表示。

Transformer 编码器通过一系列精心设计的层，高效地捕捉和编码输入序列的语义与结构信息，为后续的解码过程或其他下游任务提供强有力的基础表示。

3.4.5　Decoder

1．组成模块

Transformer 的解码器（Decoder）负责生成序列的输出，其结构设计独特，旨在保证预测的顺序性，并且能够有效地利用编码器产生的上下文信息。解码器同样由多个相同的层堆叠而成，每层包含三个关键模块，但与编码器相比，在多头自注意力机制的使用上有所差异。以下内容是解码器结构的详细说明。

（1）Masked Multi-Head Attention（掩码多头注意力）：解码器的第一部分是一个特殊的多头自注意力层，它引入了"未来遮蔽"（Future Masking）机制。这意味着在计算当前单词（或 Token）的注意力权重时，会阻止它看到未来的词，确保预测遵循自然语言的时序性。这一设计强制模型仅基于过去的词来预测下一个词，避免了信息泄露，保证了序列生成的正确顺序。

（2）Encoder-Decoder Attention（编码器-解码器注意力）：解码器的第二部分是另一个多头自注意力层，但这里有所不同。在这个层里，查询（Q）矩阵来自上一个解码器块的输出，而键（K）和值（V）矩阵则直接取自编码器的最终输出矩阵 C。这种设置使得解码器能够依据当前解码状态，有选择地从编码器捕获到的全局上下文中提取相关信息，为生成下一步的输出做准备。

（3）Feed Forward Network（前馈网络）：解码器的最后一个模块与编码器相同，是一个全连接的前馈网络。这个网络包含两层线性变换，中间夹着 ReLU 等非线性激活函数，用于进一步转换和丰富每个位置的表示，增加模型的表达能力。

和编码器一样，解码器的每层之间也通过跨层方法，如残差连接（Residual Connections）和层归一化（Layer Normalization）相连，以促进梯度流动并保持输出的稳定性。

总之，解码器通过这三个精心设计的模块协同工作，实现了有序地生成序列，同时有效融合了自身的先前输出，以及编码器提供的输入序列的上下文信息，展现了 Transformer 模型在序列生成任务中的强大效能。

如图 3-12 所示，编码器与解码器的最大不同之处是，解码器使用了红色箭头所指的掩码多头注意力机制。

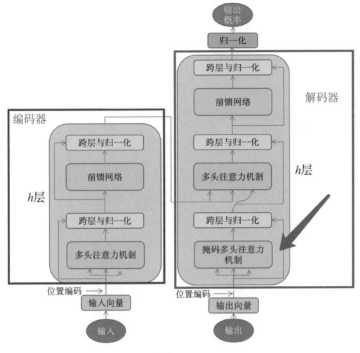

图 3-12

2．Masked Multi-Head Attention

Masked Multi-Head Attention 机制的特殊之处在于它引入了掩码（Mask）机制，以确保模型在处理序列数据时不会泄露未来信息。具体来说，掩码通常用于遮盖序列中当前位置之后的所有信息，使得模型只能基于当前位置之前的信息来进行预测或生成。

在注意力机制中，每个位置都可以与序列中的所有其他位置进行交互，因此掩码被用来限制这种交互只能发生在当前位置之前的位置上。这样做可以确保模型在预测时不会使用未来信息，从而使得模型更加合理和可靠。

总之，Masked Multi-Head Attention 是一种在 Transformer 架构中用于处理序列数据的注意力机制，通过引入掩码机制来确保模型在预测时不会泄露未来信息，从而提高了模型的效率和准确性。

3.4.6　实验效果

最终的模型是 6 层网络结构，将其展开如图 3-13 所示。

把 Transformer 架构庖丁解牛后，从整体上看，Transformer 架构也就这几类。将多个自注意力机制堆成多头注意力机制，加上归一化就构成了编码器（Encoder）。经过掩码操作后的 Masked Multi-Head Attention 加上 Encoder 同款结构，就构成了解码器（Decoder）。

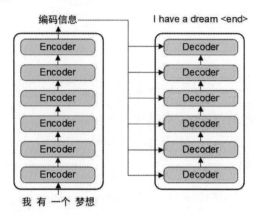

图 3-13

如图 3-14 所示，用这样一个简单的 Transformer 架构，不但训练速度比之前的模型更快，而且在 BLEU 这个英文到法文的测试集上，以及英文到德文的测试集上取得了最好的结果，其得分分别为 28.4 和 41.8，在各种模型中得分高。

Model	BLEU		Training Cost (FLOPs)	
	EN-DE	EN-FR	EN-DE	EN-FR
ByteNet [18]	23.75			
Deep-Att + PosUnk [39]		39.2		$1.0 \cdot 10^{20}$
GNMT + RL [38]	24.6	39.92	$2.3 \cdot 10^{19}$	$1.4 \cdot 10^{20}$
ConvS2S [9]	25.16	40.46	$9.6 \cdot 10^{18}$	$1.5 \cdot 10^{20}$
MoE [32]	26.03	40.56	$2.0 \cdot 10^{19}$	$1.2 \cdot 10^{20}$
Deep-Att + PosUnk Ensemble [39]		40.4		$8.0 \cdot 10^{20}$
GNMT + RL Ensemble [38]	26.30	41.16	$1.8 \cdot 10^{20}$	$1.1 \cdot 10^{21}$
ConvS2S Ensemble [9]	26.36	**41.29**	$7.7 \cdot 10^{19}$	$1.2 \cdot 10^{21}$
Transformer (base model)	27.3	38.1	$\mathbf{3.3 \cdot 10^{18}}$	
Transformer (big)	**28.4**	**41.8**	$2.3 \cdot 10^{19}$	

图 3-14

3.5 本 章 小 结

本章系统地介绍了大模型的理论基础。首先，讨论了自然语言处理领域中的各种数据类型，包括时间序列数据、分词、Token、Embedding，以及语义向量空间的概念。接着，回顾了语言模型的历史演进，从早期的统计语言模型到现代的神经网络语言模型的发展过程。随后，详细讲解了注意力机制，涵盖了 RNN 模型、Seq2Seq 模型，以及 Attention 机制的原理和应用。最后，深入解析了 Transformer 架构，包括其整体架构、Self-Attention、Multi-Head Attention、Encoder 和 Decoder 的设计，并展示了 Transformer 在实验中的效果。

本章为读者提供了扎实的理论基础，以方便理解大模型的工作原理和技术细节。

第 4 章 大模型开发工具

随着 Transformer 神经网络模型的兴起，Huggingface 这家虽成立于美国但具有法国背景的公司精准地捕捉了大模型时代的发展契机，逐步整合了大量尖端模型与数据集等前沿资源，为技术生态贡献了诸多富有价值的成果。该公司提供的 Transformers 库与开发者紧密结合，极大地促进了对先进模型的快速采纳与应用，因而日渐成为机器学习与深度学习领域内不可或缺的核心库之一。

本章将详尽剖析 Transformers 库的各组成模块，并通过一个完整的模型训练示例代码，展示迁移学习的实践全过程，以此彰显其在促进高效研发方面的优势。

Transformers 库以其高度的易用性和实用性，牢固确立了在机器学习及深度学习领域中的重要工具库的地位。Huggingface Hub 堪比大模型时代的 GitHub，汇聚并促进了开源合作的新高潮。除 Transformers 库与 Huggingface Hub 的显著贡献外，Huggingface 生态系统还涵盖了服务于其他关键任务的库，如针对数据集处理的 "Datasets 库"、模型性能评估的 "Metrics 库" 及用于交互式机器学习演示的 "Gradio 库"，共同构建了一个全面且强大的技术支撑体系。

4.1　Huggingface

4.1.1　Huggingface 介绍

Huggingface 是一家植根于美国纽约市的法美合资企业，专门致力于开发基于机器学习技术构建应用程序的高性能计算工具。该公司最为人称道的成就包括其专为自然语言处理（NLP）应用程序设计的 Transformers 库，以及一个综合平台，该平台使用户能够共享机器学习模型与数据集，并展示其应用成果。

起初，Huggingface 专注于开发面向青少年的聊天机器人应用。然而，在决定开源此聊天机器人背后的算法模型之后，其战略重心转移，着手打造一个服务于更广泛机器学习社群的平台。这一转型伴随着在 GitHub 上发布的 Transformers 库，尽管该公司的聊天机器人业务未能实现显著增长，但这一开源库迅速在机器学习领域赢得了广泛关注与赞誉，成为其标志性贡献。

1. Transformers 库

随着 Transformer 神经网络结构在人工智能领域的迅速崛起并成为研究与应

用的热点，其独特的自注意力机制和强大的序列数据处理能力赢得了广泛的认可与赞誉。Huggingface 敏锐地捕捉到了 Transformer 模型所带来的巨大潜力，决定将自己精心研发的工具库命名为 Transformers。这个名字既是对这一开创性架构的致敬，也清晰地传达了该库致力于提供 Transformer 模型及其衍生变体的强大支持。

然而，尽管名称上存在这种巧妙的联系，但我们仍应明确区分"Transformer 神经网络结构"本身与 Huggingface 的"Transformers 库"这两个概念。Transformer 作为一种核心的模型架构，是理论与算法的集合体，定义了如何通过自注意力机制处理输入序列，学习深层次的语义特征。而 Huggingface 的 Transformers 库，则是一个实用的软件工具包，它实现了 Transformer 架构及其众多先进变种（如 BERT、GPT 系列等），并提供了便捷的 API 接口、丰富的预训练模型，以及对模型微调、部署等全方位的支持。简而言之，Transformer 是一种理论模型，而 Transformers 库是其实现和应用的高效工具。这两者虽紧密相连，却各自服务于不同的目的，在自然语言处理的技术栈中扮演着不可或缺但有所区别的角色。

Transformers 库在初始阶段是一个专为机器学习应用设计的 Python 库，如图 4-1 所示，专注于提供文本、图像及音频处理任务中 Transformer 模型的开源实现。时至今日，该库已茁壮成长为全球领先的机器学习工具集，汇聚了顶尖的技术资源。它全面兼容业内主流的机器学习框架——JAX、PyTorch 和 TensorFlow，实现了与这些框架的无间协作，使用者能轻松地在一个框架下训练模型，并无缝切换至另一框架进行模型加载与推断，展现了高度的灵活性和便捷性。

图 4-1

评判一个开源项目的成功，其社区活跃度与更新时效性至关重要。在这方面，Transformers 社区展现出卓越的表现，持续快速集成最新的学术研究成果，确保了库的时效性与前瞻性，为研究人员与开发者提供了与时代前沿接轨的强有力支持。

简而言之，Transformers 库集成了多种预训练模型以适应多样化的任务需求，极大简化了模型的应用流程。该库囊括诸多大型预训练模型，用户几乎不需要进行大幅调整，仅需寥寥数行代码即可实现模型的快速部署，进而支撑广泛的人工智能应用场景，因而在新手开发者中享有极高的易用性声誉。此外，Transformers 库还支持模型自定义功能，即 Customer Model Definition，赋能用户根据特定需求灵活地扩展和优化模型结构。亲身体验后，不难发现该库的强大与便捷，实为人工智能领域中的一大利器。

2．Huggingface Hub

除 Transformers 库这一核心软件开发工具包（SDK）外，Huggingface Hub 作为人工智能领域的瑰宝库备受瞩目，常被誉为 AI 技术的兵工厂。该平台汇聚了丰富的开源资源，包括但不限于各类许可协议、模型实例与数据集，吸引了国内外众多顶尖模型开发商入驻并托管其模型作品。

Huggingface Hub 社区在生态系统中占据举足轻重的地位，目前它已累计分享超过 50 万个预训练模型及 10 万个数据集，从而成为机器学习领域内最负盛名的开源交流中心。该社区不仅资源丰富，而且活力充沛，众多参与者积极参与贡献与维护，共同推动知识库的迭代升级。

如图 4-2 所示，自发布以来，Transformers 库的发展轨迹已显著超越了最初专注于自然语言处理的范畴，正不断拓展其应用边界，日益加强对多模态处理、计算机视觉及音频处理等多元领域的全面支持，彰显了其作为综合性 AI 工具包的强大潜力与广阔前景。

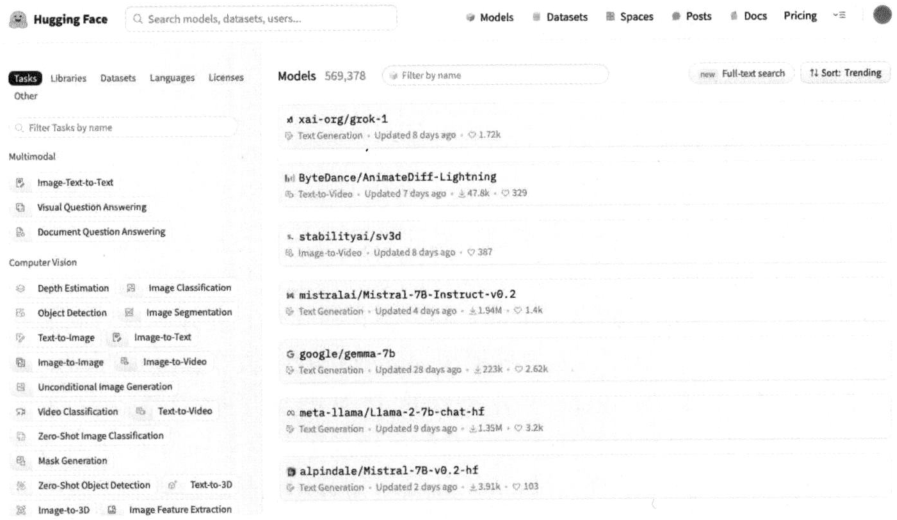

图 4-2

3. 其他库

如图 4-3 所示，Transformers 库已进一步衍生出一系列配套库，包括但不限于专用于数据集管理的 Datasets 库、聚焦模型性能评估的 Evaluate 库、旨在加速模型训练及部署流程的 Accelerate 库，以及优化模型性能的 Optimum 库等。该生态系统持续扩张，不断纳入新的工具与功能。后续章节将深入介绍其中用于模型微调的 PEFT 库，进一步阐述其在提升模型适应特定任务能力方面的应用与技术细节。

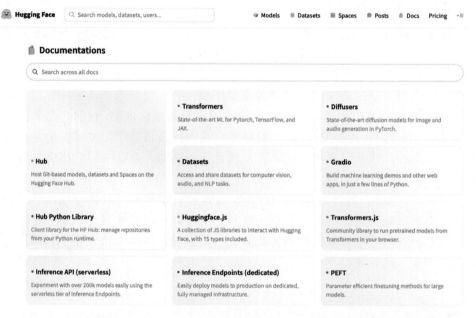

图 4-3

在此背景下，不少读者或许心存疑问：掌握大模型开发技艺，是否必须深入钻研 PyTorch、TensorFlow 等深层学习架构？若需掌握，应达到怎样的精通程度？

实际上，随着 Transformers 库实施了更高层次的抽象与封装，直接接触底层神经网络框架的 API 变得日益稀少。该库鼓励通过高层接口进行操作，并有意整合统一的接口设计，例如借助 AutoClass 抽象类来简化用户交互。这意味着开发者不需要具备人工智能（AI）、大规模模型、计算机视觉或音频处理领域的深厚专业技能，也不必对 PyTorch 等各类深度学习框架了如指掌。熟练运用 Transformers 库本身，便足以胜任前述提及的多样任务，有效部署各类 AI 服务。

Transformers 库的问世，极大降低了 AI 技术的应用门槛，使众多开发者即便不具备 AI 专业知识，也能轻松利用 AI 工具，普惠大众，共享智能科技带来的便捷与效率。

4.1.2　安装 Transformers 库

首先，安装 Transformers 库。

在第 2 章成功安装了英伟达显卡驱动、CUDA、CuDNN 及 PyTorch 之后，引入 Transformers 库的过程确实相对直接和简便。如代码 4-1 所示，通过在命令行界面执行 pip install transformers 指令，即可顺利完成该库的安装，不需要执行额外复杂的步骤。值得注意的是，Transformers 库设计灵活，不仅能够在配备 GPU 的系统上发挥高性能优势，而且也充分支持在无 GPU 的 CPU 环境下稳定运行，体现了良好的兼容性和实用性，满足了不同配置用户的需求。这样的设计确保了研究者和开发者能够聚焦于模型应用与创新，而不需要过分担忧硬件限制。

代码 4-1

```
pip install transformers            # 安装最新版本
pip install transformers == 4.0     # 安装指定版本
# 如果是 CONDA
conda install -c huggingface transformers  # 4.0 以后的版本才会有
```

通过一个简单的"Hello World"案例测试 Transformers 库是否安装完成。

如代码 4-2 所示，在第一行代码中，我们从 Transformers 库中导入了 AutoModel 类。在第 3 行代码中，通过向 from_pretrained 函数传递模型的指定名称 check_point 作为参数，能够便捷地获取到预训练好的模型实例。这一过程可形象地比喻为从 GitHub 上克隆一份代码仓库；同理，from_pretrained 函数则扮演了从 Huggingface Hub 平台上克隆预训练模型的角色。此函数接受的参数即模型名称，相当于 GitHub 项目中的唯一标识符或 URL，精准定位所需资源。借助 from_pretrained 函数，不仅能够下载模型的权重参数文件，还包括词汇表及所有相关的配置文件，为模型的即时部署与定制化调整奠定了基础。

代码 4-2

```
# 导入 AutoModel 类，该类允许自动从预训练模型库加载模型
from transformers import AutoModel
# 设置预训练模型的检查点名称，这里使用的是 THUDM 组织维护的 ChatGLM3-6B 模型
check_point = "THUDM/chatglm3-6b"
# 将可选的本地模型路径注释掉，如果需要从本地加载模型，则取消注释并指定正确的本地路径
# model_path = "/home/egcs/models/chatglm3-6b"
# 使用 AutoModel 的 from_pretrained 方法加载模型，信任远程代码意味着允许从模型
仓库执行未验证的代码
# 这对于加载那些包含自定义代码逻辑的模型是必要的
model = AutoModel.from_pretrained(check_point, trust_remote_code=True)
# 打印加载的模型对象，用于确认模型是否成功加载及查看模型的基本信息
print(model)
```

第一次执行时会自动下载。如果是 Windows 环境，模型则被下载到 C 盘的路径 C:\Users\[user_name]\.cache\huggingface\hub 中；如果是 Linux 环境，模型则被下载到~/.cache/huggingface/目录下。该路径是可被修改的。为了保证完成本书中所涉及的所有模型，读者应至少留出 100GB 的磁盘空间。

如图 4-4 所示，项目目录体系包含四个关键组成部分：datasets、metrics、models 和 transformers 文件夹。这些目录分别用于存放数据集、评估指标、模型架构及相关组件，为后续的数据处理、模型应用及性能评估提供了组织化的存储空间。

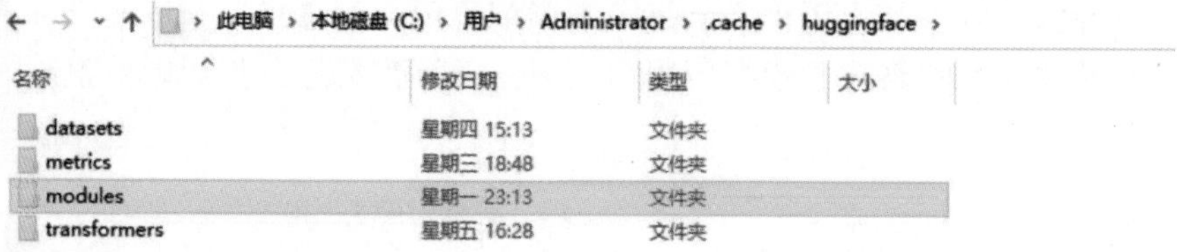

图 4-4

在代码 4-2 的第三行，通过执行 model = AutoModel.from_pretrained (check_point)指令，将指定的预训练模型下载至上述 models 目录之下。此处的 check_point 参数代表了预训练模型在 Huggingface Model Hub 上的唯一标识符，确保了模型的准确获取。

此外，考虑到网络环境可能存在不稳定因素，导致模型下载流程受阻，我们特别提供了另一种获取模型的途径。如图 4-5 所示，用户可直接访问 Huggingface 官方网站，通过输入模型名称进行搜索，随后进行模型文件的本地下载，存储于个人计算机的磁盘上。在实际应用时，只需通过设置 model_path 参数指向该本地模型路径，即可实现模型的调用。此举旨在确保用户在不同网络条件下均能高效、便捷地利用所需模型。

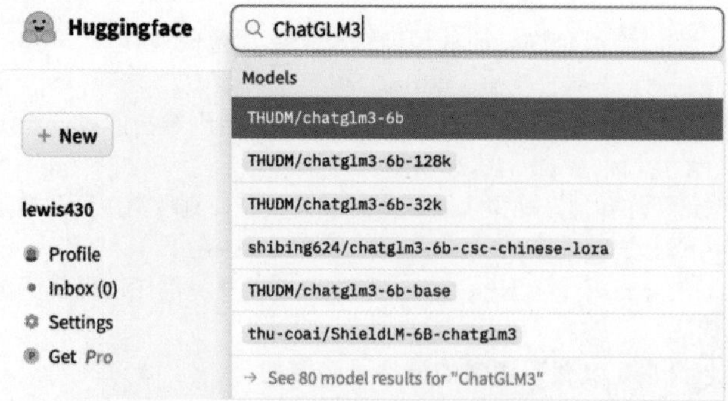

图 4-5

代码 4-2 的第四行代码，通过简单的打印语句 print(model)，我们尝试性地输出模型的架构信息，如图 4-6 所示。这一操作虽看似简单，实则是对模型下载是否成功及 Transformers 库安装有效性的一次直观验证。模型结构的正确显示不仅标志着模型下载与加载过程无误，同时也间接确认了 Transformers 库已被成功安装并能正常工作于当前环境之中，为后续深入的模型应用与研究奠定了坚实的基础。

```
Loading checkpoint shards: 100%                          8/8 [00:08<00:00, 1.05it/s]
ChatGLMForConditionalGeneration(
  (transformer): ChatGLMModel(
    (word_embeddings): Embedding(130528, 4096)
    (layers): ModuleList(
      (0-27): 28 x GLMBlock(
        (input_layernorm): LayerNorm((4096,), eps=1e-05, elementwise_affine=True)
        (attention): SelfAttention(
          (rotary_emb): RotaryEmbedding()
          (query_key_value): Linear(in_features=4096, out_features=12288, bias=True)
          (dense): Linear(in_features=4096, out_features=4096, bias=True)
        )
        (post_attention_layernorm): LayerNorm((4096,), eps=1e-05, elementwise_affine=True)
        (mlp): GLU(
          (dense_h_to_4h): Linear(in_features=4096, out_features=16384, bias=True)
          (dense_4h_to_h): Linear(in_features=16384, out_features=4096, bias=True)
        )
      )
    )
    (final_layernorm): LayerNorm((4096,), eps=1e-05, elementwise_affine=True)
  )
  (lm_head): Linear(in_features=4096, out_features=130528, bias=False)
)
```

图 4-6

一旦确认 Transformers 库已成功安装且模型下载无误，上述测试结果的呈现即标志着操作的准确性。此刻，我们得以目睹广受瞩目的 GLM 模型的内在网络结构，这是 Huggingface 对预训练模型的权重参数与复杂网络设计进行全面封装的直接体现。仅需一条简练的代码指令，用户就能轻松获得 GPT、BERT 等当前炙手可热的预训练模型，彻底摆脱了自定义搭建模型架构及训练权重参数的烦琐工作，转而专注于在这些预训练模型的基础上实现个性化的任务。

Huggingface 进一步通过一系列精心设计的 API，大幅度简化了模型微调的过程，使之更加易于执行。综上所述，依托于 Huggingface 的 Transformers 库进行大模型开发的实践已蔚然成风，成为当今业界广泛采纳的标准途径。

4.2　大模型开发工具

4.2.1　开发范式

当前，Huggingface 涵盖了丰富的应用场景，核心领域涉及多模态处理、计算机视觉、自然语言处理、音频处理、表格数据分析，以及强化学习等。特以自然语言处理（NLP）领域为例，如图 4-7 所示，该领域包含众多下游任务，如机器翻译、命名实体识别、文本摘要及对话系统生成等。

鉴于 NLP 领域下存在诸多细分任务，若要求使用者对每项子任务均从零开始设计实现流程，并全面掌握所有相关 API，这无疑会显著增加应用层面的复杂度与成本负担。

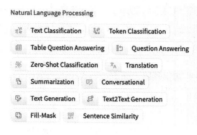

图 4-7

Transformers 库致力于构建一个统一的接口体系，旨在简化跨多种下游任务的开发流程。无论是在数据预处理阶段，还是在模型结构配置与搭建环节，该库遵循一套标准化的操作模式：处理原始数据、载入预训练模型、配置必要的参数、执行训练流程，并最终产出结果。此设计哲学体现在一个泛用性框架中，意在确保一旦开发者掌握了该框架的基本模板，便能借助同一套 API 逻辑，高效应对多样化的下游子任务挑战。

例如，一旦开发者成功运用此框架部署了命名实体识别（Named Entity Recognition，NER）任务，后续欲实施文本摘要任务时，凭借已熟悉的编程范式与 API 接口，可大幅度减少额外学习与调试的时间成本，进而迅速实现新任务的部署与应用。

4.2.2　Transformers 库核心设计

1. 开发范式

部署像 ChatGLM3-6B 这样的大模型，尽管过程可能涉及多个步骤，但通过 Transformers 库，其实现可以相当精练。代码 4-3 是一种典型的部署范式。

代码 4-3

```
from transformers import AutoTokenizer, AutoModel
# 指定模型和分词器的本地路径
model_path = "/home/egcs/models/chatglm3-6b"
# 分词器路径与模型路径相同
tokenizer_path = model_path
tokenizer      =      AutoTokenizer.from_pretrained(tokenizer_path,
trust_remote_code=True)
# 使用 AutoModel 的 from_pretrained 方法加载模型，并设置信任远程代码，以便于加
载可能包含的自定义逻辑
```

```
# .quantize(4) 对模型进行量化处理，这里的 4 代表量化比特数，通常用于减少模型的内
存占用和加速推理
# .cuda() 将模型转移到 CUDA 设备上运行，利用 GPU 加速计算
model = AutoModel.from_pretrained(model_path, trust_remote_code=True).
quantize(4).cuda()
# 将模型设置为评估模式（eval 模式），这对于生成任务是必需的，因为它决定了 dropout
层等是否生效
model = model.eval()
# 使用加载的模型和分词器进行对话生成，初始化历史记录为空列表
# "晚上睡不着应该怎么办" 是用户的输入问题
response, history = model.chat(tokenizer, "晚上睡不着应该怎么办",
history=[])
# 打印模型生成的回复
print(response)
```

输出结果如图 4-8 所示。

晚上睡不着，可以参考下述建议试着改善睡眠：
1. 放松：尝试放松自己，包括深度呼吸、肌肉松弛和冥想。这些方法有助于减少压力和焦虑，放松身体，让大脑更容易进入睡眠状态。
2. 改变环境：确保睡眠环境安静、舒适、黑暗、凉爽和干燥。例如，可以尝试使用耳塞和睡眠面罩来减少噪声和光线，保持室内温度适宜。
3. 避免刺激：避免在睡觉前食用刺激性食品和饮料，如咖啡、茶、可乐和巧克力。避免看电视或使用电脑和手机等屏幕，这些可能会刺激大脑并干扰睡眠。
4. 规律的睡眠时间：尽量保持规律的睡眠时间，尝试在同一时间上床和起床，即使在周末也要保持一致。帮助身体建立一个正常的睡眠节律。
5. 锻炼：适当的锻炼可以促进睡眠，但避免在睡觉前进行剧烈的运动。
6. 睡前习惯：尝试在睡前进行一些放松的活动，如阅读、听轻柔的音乐或冥想。这些习惯可以帮助减少压力和焦虑，使身体更容易进入睡眠状态。

如果这些方法不能帮助改善睡眠，可以考虑咨询医生或睡眠专家，获取更具体的建议和治疗方案。

图 4-8

主要步骤概括如下。

（1）环境准备：确保你的环境已配置好所有必需的依赖，包括 Python、PyTorch（或其他支持的框架）、Transformers 库，以及可能需要的 CUDA 和 CuDNN 以支持 GPU 加速。

（2）模型加载：使用 Transformers 库提供的 from_pretrained 方法加载预训练模型。这一步骤通常包括指定模型的名称或检查点路径，以及可能的额外参数来适应特定需求，如设备分配（CPU 或 GPU）。

（3）数据预处理：利用模型对应的分词器（Tokenizer）将原始文本转换为模型可接受的输入格式，这通常包括分词和编码。

（4）推理与生成：通过调用模型的预测方法来进行推理。对于生成任务，可能还需要设置一些特定的生成参数，如最大生成长度、温度参数等。

（5）服务部署（可选）：对于实际部署，可能还需要将此逻辑封装到一个 Web服务中，如使用 Flask 或 Django，以便其他应用程序可以通过 API 调用来访问模型的预测能力。

通过遵循上述范式，你可以快速地部署 ChatGLM3-6B 模型或其他类似的大模型，完成文本生成或问答等自然语言处理任务。需要注意的是，根据具体模型的大小和复杂度，实际部署时可能还需考虑资源优化、模型量化、服务容器化等

高级主题，以确保模型运行的效率与稳定性。

上述代码片段虽简明扼要，但实质上巧妙运用了 Transformers 库中的两项基石类：AutoModel 与 AutoTokenizer。这两类充分展现了 Transformers 库设计哲学的核心——自动化类别（Auto Classes）。自动化类别设计的目标是，借助统一的接口方法 from_pretrained()，达成依据模型名称或路径，自动化获取预训练模型、配置文件及词汇表等所有必要组件的高度抽象化操作，从而极大地简化了模型加载流程。

如图 4-9 所示，实际上，自动化类别范畴远比初步提及的两类更为宽泛，涵盖了自定义模型构建等一系列可扩展功能。本书聚焦点在于 AutoConfig、AutoModel 及 AutoTokenizer 这三个紧密相连且广泛应用于大模型开发的关键组件，它们共同构成了在 Transformers 库框架下实现语言模型应用开发的典范模式。

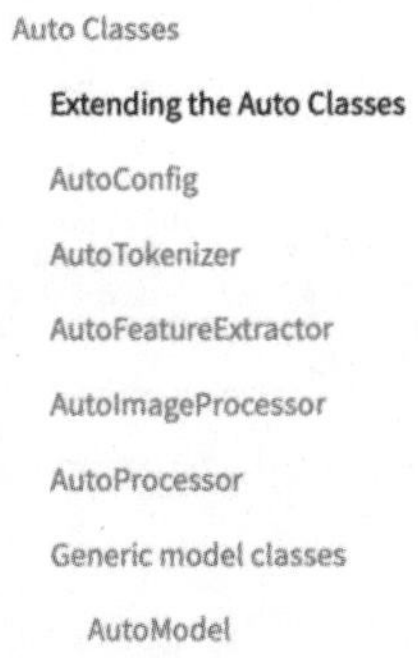

Auto Classes

Extending the Auto Classes

AutoConfig

AutoTokenizer

AutoFeatureExtractor

AutoImageProcessor

AutoProcessor

Generic model classes

AutoModel

图 4-9

2. AutoConfig

每个深度学习模型的运作都离不开精细且针对性的配置管理，这一需求促进了配置管理抽象类的诞生。在 Transformers 库中，AutoConfig 作为这一理念的集大成者，完美融入了自动化类别（Auto Classes）的设计哲学。它通过 from_pretrained 方法实现了配置对象的智能化、初始化，这一过程不仅彰显了极简主义编程的美学，也深刻体现了软件工程中的解耦原则。

具体而言，在利用 from_pretrained 方法实例化 AutoConfig 时，用户仅需提供模型的名称或本地路径作为核心参数。当提供的是一串模型名称时，Transformers 库会自动在 Huggingface Hub 这一全球最大的开源 AI 模型库中搜寻与之匹配的配置文件，确保了配置信息的即时性和准确性。这一机制极大地简化了模型配置的获取流程，让研究人员和开发者能够轻松接轨最新的模型进展。

而面对本地路径的输入，Transformers 库则展示了其灵活性与实用性，能够直接从用户的本地磁盘加载预训练模型的配置文件，这不仅方便了离线环境下的工作，而且也为那些希望基于特定配置版本进行实验的用户提供了便利。这种兼顾在线与离线资源的策略，进一步拓宽了模型配置管理的适用场景，体现了设计的周全性。

总之，AutoConfig 通过其智能且灵活的配置加载机制，不仅有效降低了模型配置管理的复杂度，还极大地促进了模型复用与定制化开发的便捷性，为基于 Transformers 库的大模型及其他类型模型的开发和应用树立了高效、规范的实践标准。

3．AutoModel

AutoModel 保持着与 AutoConfig 一致的设计哲学，同样遵循自动化检索的原则，允许用户仅需提供模型的名称或本地路径，即可自动定位并加载预训练模型。这一特性显著降低了模型加载的复杂度，确保了研究与应用开发的高效性。然而，AutoModel 的灵活性远不止于此，它在继承了通过 from_pretrained 方法实现模型初始化这一基本功能的同时，还提供了另一种实例化途径——利用 from_config 方法。

通过 from_config 方法实例化 AutoModel，用户首先需创建或获取一个模型配置对象（通常是通过 AutoConfig.from_pretrained 得到的）。这一过程为模型的初始化引入了额外的灵活性，因为它允许用户在加载模型前对配置进行细致的定制或修改，比如调整隐藏层尺寸、改变激活函数等，从而满足特定任务需求或进行模型结构的探索性研究。这种配置先行的实例化方式，不仅加深了用户对模型内部机制的理解，也为模型的微调与优化开辟了新的路径。

综上所述，AutoModel 不仅沿袭了 Auto Classes 家族的自动化加载优势，还通过 from_config 方法的引入，进一步增强了模型初始化的可控性和可定制性，为研究人员和开发者在模型部署与调优方面提供了更为细腻、强大的工具，展现了 Transformers 库在促进人工智能模型开发便捷性与灵活性的深远考量。

4．AutoTokenizer

类似于配置与模型之间的关系，在大模型的生态系统中，Tokenizer 扮演着一个同样不可或缺且独立的角色。模型本身是其网络架构与内部权重参数的结合体，加之特定的配置设定，共同构成了模型的基础框架。而 Tokenizer 作为一个专门服务于这些模型的组件，负责将原始文本数据转换为模型能够处理的数值向量形式，这一过程涵盖了从文本清洗、分词到词嵌入编码等多个步骤，确保模型能够理解和处理输入信息。

与 AutoConfig 相似，Tokenizer 的实例化也是通过 from_pretrained 方法实现的，这一过程依赖于模型的名称或路径来精确匹配相应的预训练分词器。这一做法背后的逻辑清晰明了：鉴于不同模型对输入向量的具体要求存在差异，不仅体现在向量维度的不同（如常见的 256 维、512 维等），还涉及模型架构对输入数据格式的具体规定。例如，某些模型可能要求特定维度的向量输入以匹配其内部机制，而其他模型则可能有所不同。

此外，不同语言背景下的模型对分词器有着特定的需求。例如，中、英文或其他语言的分词规则截然不同，这意味着用于训练 Tokenizer 的数据集及其处理逻辑必须与目标语言相匹配。因此，通过 from_pretrained 统一管理并加载预训练的分词器，是确保模型能够正确处理特定语言数据、维持高度专业性和兼容性的关键所在。这一机制不仅简化了模型部署的复杂度，还保障了跨模型、跨语言应用的一致性和效率，凸显了 Transformers 库设计的前瞻性和实用性。

5. 总结

在本书的深入探讨中，上述提及的三大自动化类别（Auto Classes）——AutoConfig、AutoModel 与 AutoTokenizer，将频繁出现并占据核心位置，因为整个模型的构建与应用均紧密围绕这一黄金三角展开。这三者构成了模型部署的基石，协同作业，确保了模型配置的精准性、模型权重参数的有效加载，以及文本数据到模型输入向量的无缝转换，形成了一个完善且高效的模型准备流程。

在此坚实基础上，后续章节将进一步探讨模型量化与微调等高级主题，这些进阶操作均是在 Auto Classes 所奠定的标准化、模块化框架上进行拓展和深化。量化旨在通过减小模型体积而不牺牲过多精度，提升模型的部署效率，特别是在资源受限的环境中；而微调针对特定任务对预训练模型进行调整，以更好地适应任务需求，提升模型性能。这两者都是基于 Auto Classes 提供的简便性与灵活性，进一步挖掘和优化模型潜力的关键手段。

因此，Auto Classes 不仅是 Transformers 库的核心构成部分，更是支撑起整个生态系统发展的基础架构。它们不仅简化了开发者的工作流程，提高了研发效率，还促进了模型复用与创新，推动了自然语言处理领域研究与应用的快速发展，成了连接理论与实践、过去与未来的桥梁。

4.3　Transformers 库详解

4.3.1　NLP 任务处理全流程

下面将深入探究 Transformers 库在自然语言处理（NLP）领域的应用流程。相较于计算机视觉领域的复杂性，NLP 的处理流程展现出一种相对简约而统一的风貌。在计算机视觉技术的发展中，各类网络架构层出不穷，不同研究流派各有其标志性成果，且各类模型的处理流程呈现出多样化的特点，这要求从业者对各类模型的细节有深入理解。相比之下，现代 NLP 领域几乎被 Transformer 神经网络架构所主导，这一架构以其强大的表达能力和优异的性能，引领了 NLP 技术的革新潮流，以至于 Huggingface 将其开源库直接命名为 Transformers，以强调该结构的重要性。

以知名的 BERT 模型为例，它作为一种预训练的 Transformer 模型，几乎成为 NLP 下游任务的"瑞士军刀"，广泛适用于包括机器翻译、情感分析、命名实体识别在内的众多应用场景。BERT 的成功，在很大程度上归功于其对大量文本数据的深度学习能力，以及能够通过微调适应特定任务的灵活性，这些特点极大地简化了 NLP 任务的处理流程，形成了一套较为固定且普遍适用的范式。

因此，当前 NLP 的实践流程，尤其是在基于 Transformer 架构的模型应用上，表现出高度的标准化和一致性，不同任务之间的处理步骤大同小异，这不仅降低了技术门槛，也加速了 NLP 解决方案的开发与部署进程，促进了整个领域的快速发展和广泛应用。

如图 4-10 所示，Transformers 库精心构建的 NLP 流程包含三个核心组件：①Tokenizer（分词器）；②Model（模型）；③Post Processing（后处理）。它们协同工作，共同构成了处理链路的基础框架。图 4-10 不仅直观呈现了各组成部分，还详细展示了第二层和第三层中数据的转换形态，以及每部分在实际应用中的示例场景。

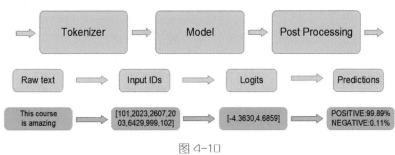

图 4-10

Tokenizer 作为流程的起始点，承担着将原始文本分割成有意义单元（如单词、子词）的重任，并进一步将这些单元转化为模型可以理解的数字向量，这一过程称为编码。通过这一转换，自然语言的复杂性得以降维，为后续的计算处理铺平道路。

Model 是基于 Transformer 架构的模型，利用先进的神经网络技术，对 Token 化后的输入向量进行深度分析，从中抽取关键的语义特征。模型的核心任务是计算并输出表示文本意义的概率分布，即 Logits，这一数值序列蕴含了对输入文本潜在含义的数学表达，是模型理解语言的直接体现。

Post Processing 利用模型产生的 Logits，依据特定 NLP 任务的需求，将其转换为最终的、可解释的结果。这一步骤包括但不限于应用 softmax 函数将 Logits 转化为概率分布，进行类别预测，或基于阈值判断情感倾向，以及自动为文本添加合适的标签等。无论是情感分析，旨在判断文本的情绪色彩，还是文本自动标注，用以识别文本中的特定实体或概念，后处理都是将模型输出转化为实际应用价值的关键环节。

综上所述，这一流程设计确保了从原始文本到可操作信息的高效转化，不仅体现了 Transformers 库在 NLP 任务处理上的系统性和高效性，也为开发者提供了一套标准化、易上手的工具集，促进了自然语言处理技术的普及与创新。

4.3.2　数据转换形式

在先前章节中，我们已经讨论过原始文本数据不能直接被模型采纳为输入的事实，转而需要借助嵌入（Embedding）技术将其转化为模型可识别的向量形式。这一转换过程，从技术实施和实际效用的双重角度审视，不仅是对语言知识的一种统一编码方式，而且在理论与实践上均展现出了非凡的意义。回溯至 2013 年的里程碑式研究——Word2Vec 论文，它通过卓越的表现力验证了这一技术的优越性，成功地将纷繁复杂的自然语言信息提炼为蕴含丰富语义的低维空间表示，如选用 512 维作为有效压缩信息的维度基准，既保持了信息的完整性，又大幅降低了处理的复杂度。

嵌入技术，实质上是一种高级的编码艺术，它超越了早期朴素的 One-hot 编码局限，逐步演进至今，旨在以相对较低的维度捕捉文本中最为核心的语义精髓。这一过程不仅提升了数据处理的效率，更重要的是，通过这些紧凑向量间的运算（如余弦相似度计算），能够有效地验证和利用所提取语义的关联性与相似性。一个广为人知的例子便是"国王与男人、女王与女人"的向量关系，它们在嵌入空间中展现出的几何关系直观地反映了词汇间深层的语义联系，证明了嵌入技术在语义捕获上的有效性。

更进一步，嵌入层的引入打破了语言的界限，使得跨语言的知识传递成为可能。无论是中文与英文之间，还是其他任何语言对之前，尽管它们的表征形式迥异，但通过共享的嵌入空间，不同语言中的相同或相似语义得以联结，展现了惊人的一致性。这不仅促进了跨语言信息检索、机器翻译等领域的发展，还为构建全球化的语言理解和生成模型奠定了坚实的基础。因此，嵌入技术不仅是文本向量化的一种手段，更是实现语言共通性、促进全球知识共享的关键桥梁。

因此，嵌入层的根本意义在于化解长久以来人类语言学累积创造的繁复符号系统。语言演进旨在发掘或创造词汇以精准捕捉世界的各类概念，而嵌入技术则执行相反操作，它从这些丰富的符号与文本表述中提取共通的语义内核，并在统一的高维向量空间中实现概念的同质化表达。例如，Word2Vec 及 OpenAI 的 Ada 模型均致力于此，在该空间中，每个独立向量象征着特定词汇的语义全貌。

如图 4-11 所示，概言之，这一转换过程使得原始文本得以转型为一个标准化的语义向量领域，其维度可根据需求定制，借以全面映射世间概念。此向量形式即模型接纳并解析的基本输入结构。

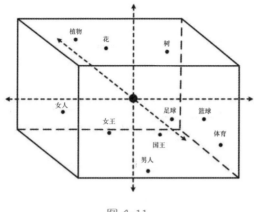

图 4-11

尽管不同模型依据其下游任务需求，采取各异的后续处理策略（后处理）；但在预处理层面存在一种广泛适用的模式——分词器（Tokenizer）。Tokenizer 作为预处理的核心机制，替代了传统预处理流程，负责将原始文本转换为模型兼容的词元（Token）。其运作包含两大步骤。

（1）分词，对英文等能自然分隔单词的语言，此步骤颇为直观；而对于中文等连续书写的语言，则需用 Tokenizer 实施精细的句子分割。

（2）将分好的词项映射至前述嵌入空间，实现词向量的生成。

这些向量作为输入，被导入模型中，经历神经网络的前向传播运算，转换成输出向量 *y*，*y* 实质上代表了一组未经解释的概率值（Logits）。这些概率值经由后续的后处理环节进一步提炼（例如在情感分析任务中），转化为具体的分类标签。像 ChatGLM 这样的自回归模型，其输出则是下一个最可能词汇的概率分布，模型选取概率最高者作为续接文本，从而确保对话的连贯性与自然度。

如图 4-12 所示，本文旨在深入探讨自然语言处理（NLP）流程末尾两个关键阶段中数据的呈现形态，细察数据如何随着流程推进而演变，最终达到其在算法处理与应用中的理想状态。

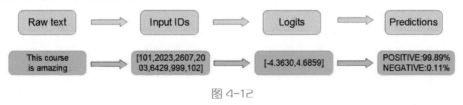

图 4-12

原始文本"This course is amazing"在历经 Tokenizer 处理后，转化为输入标识序列"[101,2023,2607,2003,6429,999,102]"。这一转换流程蕴含两个核心步骤。

（1）分词：将连续的文本切割为意义独立的词汇或短语，为算法理解文本铺平道路，显著提升模型效能。

（2）词嵌入：将分词结果映射到一个高维向量空间中，使得计算机能够理解并处理文本中的每个词，这是基于 Transformer 架构的现代 NLP 技术的基石，其中模型需要以词向量形式的输入及每个词对应的唯一 ID 作为操作基础，这正是 Huggingface 等框架要求输入为 Input IDs 的原因所在。

值得注意的是，无论是中文、英文还是其他语言文本，分词均是必不可少的预处理步骤。对于英文等能自然分隔单词的语言，分词过程相对直接，遵循空格划分即可；而对于中文、日文等不能自然分隔单词的语言，分词则显得尤为关键且复杂，准确的分词对于避免语义误读至关重要。

词嵌入过程通过将分词后的元素映射到高维空间中的向量，赋予了词语以可计算的形式，为机器学习模型提供了必要的输入格式。Input IDs 序列看似冗长，实则包含了文本分词后的词汇 ID、特殊字符标记（如起始符、终止符、标点符号及其他功能性标识符）等，这些特殊字符在不同的分词器中各有定义，用以指示文本的结构信息及语法特性。

随后，将 Input IDs 送入模型，模型依据其内部架构进行前向传播，产生预测概率 Logits。最后，通过 Post Processing 阶段，这些概率值被进一步解读和转换，以生成最终的、符合预期的输出结果，如分类标签、回答文本等，从而完成了从原始文本到模型输出的全过程转换。

4.3.3　Tokenizer

如图 4-13 所示，Transformers 模型由三个核心组件构成。Tokenizer 分词器承担两项基本职能：一是将文本切割成词语单元，即分词；二是将分好的词语映射为模型可识别的数字序列，实现文本向数值的转化。

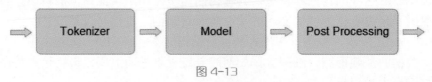

图 4-13

在前面章节中已广泛探讨了多种分词技术，如 Jieba、LTP 及 THULAC，同时触及了词嵌入领域的两种主流方法——Word2Vec 与 GloVe。而本节内容将转向实践应用，具体而言，我们将采用 Huggingface 库预先配置好的 Tokenizer 分词器。这一选择不仅简化了预处理流程，还确保了与先进 Transformer 模型的无缝集成，提升了自然语言处理任务的效率与效果。

在代码 4-4 中，利用 checkpoint 变量明确指定模型的名称，我们能够借助 AutoTokenizer 类的 from_pretrained 方法，实现自动化地查找并加载与该模型相匹配的预训练分词器。这一过程不仅彰显了自动化的便利性，还体现了设计者对用户友好性的考量，强烈推荐在后续实践中采纳这一高效策略。仅用一行简洁的代码，我们就能轻松获得一个高度优化、针对特定模型定制的 Tokenizer 实例，大大简化了准备阶段的工作流程，加速了从模型选择到实际应用的过渡，充分体现了现代自然语言处理工具集的高效与便捷性。

代码 4-4

```
# 导入 Transformers 库中的 AutoTokenizer 类，该类能够自动检测模型类型并加载
from transformers import AutoTokenizer
# 指定预训练模型的本地路径，这里使用的模型是 distilbert-base-uncased，
# 一个经过 distilled training 的 BERT 模型，适用于英文文本处理，且所有文本都被
小写化处理。
tokenizer_path = "home/egcs/models/distilbert-base-uncased"
# 利用 AutoTokenizer 的 from_pretrained 方法从指定的路径加载分词器。
# 这个方法会自动下载模型（如果模型尚未在指定路径）或者从本地路径加载。
# 参数 trust_remote_code 设置为 True，意味着允许从远端仓库执行代码，
# 这对于那些需要额外自定义逻辑的模型来说是必要的，但同时也要求用户对外部代码保持警
惕。
tokenizer  =  AutoTokenizer.from_pretrained(tokenizer_path, trust_
remote_code=True)
```

在本节中，我们使用 DistilBERT-base-uncased 模型作为演示模型，DistilBERT 是 BERT 模型的一个轻量级版本，通过知识蒸馏技术从 BERT-large 模型压缩而来，其参数量大幅减少，约为 BERT-base 模型的 60%，这使得 DistilBERT 在保持较高性能的同时，模型体积更加精简，易于部署和快速测试。这对于教学演示而言至关重要，因为它减少了资源需求，使得学习者能够在各种硬件配置上更快地运行实验，不需要担心资源限制。请读者按照之前提到的 ChatGLM3 模型的加载方法，下载好模型。

在代码 4-5 中，我们尝试调用 tokenizer 方法对 raw_inputs 编码，让我们细致地审视 tokenizer 方法接收的若干关键参数及其功能。

代码 4-5

```
# 定义一个原始文本列表，包含两条待处理的句子
raw_inputs = [
    "I've been waiting for a this course my whole life.",  # 示例句子 1
    "I hate this so much!",                                # 示例句子 2
]
# 使用之前初始化的 Tokenizer 处理 raw_inputs 列表中的文本
# 参数解析：
# - padding=True 表示对所有样本进行填充，使得它们具有相同的长度，较短的文本会用
特定的填充符号填满至最长文本的长度
# - truncation=True 表示如果输入的句子过长，将对其进行截断以满足最大长度限制，
```

避免模型处理过长序列
```
# - return_tensors="pt" 表示返回的张量类型为 PyTorch tensor，便于后续在
PyTorch 中使用
inputs = tokenizer(raw_inputs, padding=True, truncation=True, return_
tensors="pt")
# 打印处理后的 inputs，查看分词、填充及截断后的结果，以及转换为 PyTorch 张量后的
形状和数据类型
print(inputs)
```

（1）raw_inputs：此参数承载着待处理的原始文本信息，即未经处理的自然语言文本，其目的是进行后续的嵌入（embedding）处理，转换为模型可理解的向量形式。

（2）padding=True：这一设定旨在确保所有输入序列具有相同的长度，通过在较短序列后填充特定值（如 0），以达到批量处理数据时的维度一致性，这对于大多数深度学习框架而言是必需的，能够提升处理效率并简化模型输入的管理。

（3）truncation=True：意味着对过长的输入文本进行截断处理，以符合预设的最大序列长度。这一措施对于控制输入数据的规模、防止内存溢出及提高计算效率至关重要，同时也保证了模型训练或推理过程中的时间与资源管理。

（4）return_tensors="pt"：此选项指定了返回张量（tensors）的类型为 PyTorch（"pt"），反映出 Huggingface 库的高度灵活性与兼容性。如图 4-14 所示，Huggingface 以其广泛的框架支持著称，能够无缝对接包括 PyTorch 在内的多个主流深度学习框架，极大地方便了开发者根据项目需求选择最合适的开发环境，展现了其作为自然语言处理工具集的综合性优势。

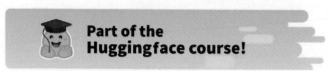

图 4-14

如图 4-14 所示，通过访问 Huggingface 的官方 GitHub 仓库可以明确得知，该库广泛支持多种底层计算库，涵盖了 JAX、PyTorch 及 TensorFlow，彰显了其在兼容性和灵活性方面的强大优势。这一特性允许用户根据自身项目的具体需求与技术栈偏好，自由选择最为适宜的后端框架。特别是，当提及"pt"这一标识时，它明确指示了用户采用 PyTorch 这一广受欢迎的深度学习框架作为模型及数据处理的底层实现格式。此灵活性不仅简化了跨平台的代码迁移与复用，还促进了不同技术社群之间的协作与交流，进一步巩固了 Huggingface 作为自然语言处理领域核心工具的地位。

如图 4-15 所示，展示输出结果时，我们观察到字典内 input_ids 对应的值采用了 PyTorch 框架中的张量（tensor）形式，这实质上代表了原始文本 "Raw text" 经过转换得到的输入标识序列。值得注意的是，两个张量的长度一致，这是因为在较短的序列后添加了填充元素（以 0 表示），确保了序列长度的统一性，便于模型处理。

```
{'input_ids': tensor([[ 101, 1045, 1005, 2310, 2042, 3403, 2005, 1037, 2023, 2607, 2026, 2878,
         2166, 1012,  102],
        [ 101, 1045, 5223, 2023, 2061, 2172,  999,  102,    0,    0,    0,    0,
            0,    0,    0]]), 'attention_mask': tensor([[1, 1, 1, 1, 1, 1, 1, 1, 1, 1, 1, 1, 1, 1, 1],
        [1, 1, 1, 1, 1, 1, 1, 1, 0, 0, 0, 0, 0, 0, 0]])}
```

图 4-15

Tokenizer 的设计巧妙实现了编码与解码的双向可逆性。例如代码 4-6，通过调用 tokenizer.decode([101, 1045, ... , 102])，我们能够将上述 ID 序列还原为原始文本 "[CLS] i've been waiting for a this course my whole life. [SEP]"。

代码 4-6

```
# 使用 Tokenizer 的 decode 方法将给定的 token ID 序列转换回原始文本。
# 这里的 ID 序列是模型内部使用的数字表示，每个 ID 对应词汇表中的一个词项。
# 下面的调用展示了如何将这些 ID 序列解码为可读的自然语言文本。
print(tokenizer.decode([
    101, 1045, 1005, 2310, 2042, 3403, 2005, 1037, 2023, 2607,
    2026, 2878, 2166, 1012, 102
]))
```

输出结果如图 4-16 所示，此过程中，特殊标记 "[CLS]" 和 "[SEP]" 的出现清晰表明了其各自的功能——"[CLS]" 常用于分类任务，指示模型对整个序列进行整体分类；而 "[SEP]" 作为分隔符，区分不同部分的内容，其后填充的 0 证实了 padding 机制的有效执行，同时揭示了特殊字符在编码过程中的必要性。

```
# 使用Tokenizer的decode方法将给定的token ID序列转换回原始文本。
# 这里的ID序列是模型内部使用的数字表示，每个ID对应词汇表中的一个词项。
# 下面的调用展示了如何将这些ID序列解码为可读的自然语言文本。
print(tokenizer.decode([
    101, 1045, 1005, 2310, 2042, 3403, 2005, 1037, 2023, 2607,
    2026, 2878, 2166, 1012, 102
]))
```

[CLS] i've been waiting for a this course my whole life. [SEP]

图 4-16

此外，attention_mask 作为一种位置编码机制，通过数字 1 和 0 来区分有效字符位置与填充位置，其中 1 指示该位置包含有意义的文本信息，0 则指示填充位置，无实际语义内容。这一机制对于模型在处理时忽略填充部分、集中注意力于有效信息至关重要，确保了计算资源的高效利用和模型推理的准确性。

4.3.4 模型加载和解读

模型（Model）构成了系统架构的中枢组件，并可细分为三种基本类型，旨在适应自然语言处理（NLP）领域多样化的任务需求。具体而言，这包括以下内容。

（1）编码器（Encoder）模型，如 BERT，它们在句子分类、命名实体识别及更广泛地应用于单词级别的分类任务中展现出卓越性能，并且也是抽取式问答任务的首选模型。

（2）解码器（Decoder）模型，以 GPT 及其迭代版本 GPT2 为代表，专精于文本生成任务，能够创造出连贯且富有意义的文本段落。

（3）序列到序列（Sequence-to-Sequence）模型，如 BART，此类模型擅长处理需要理解输入序列并生成新序列的任务，广泛应用于文本摘要、机器翻译及生成式问答等领域。

在系统初始化流程中，完成 Tokenizer 的配置加载后，紧接着的是模型的加载步骤。利用 AutoModel 类的 from_pretrained 方法，能够实现模型的自动化下载与加载过程，仅需指定模型名称即可。本次示例采用的是 DistilBERT-Base-uncased 模型，以此作为演示实例，展示了模型快速部署的便捷性与高效性。

代码 4-7 展示了模型的神经网络架构，其结果如图 4-17 所示，其整体设计逻辑持有一种简明之美，忠实遵循了标准 Transformer 架构的原理。该模型构成要素与我们惯常认知中的 Transformers 无异，具体包含以下几个关键层次。

代码 4-7

```
from transformers import AutoTokenizer, AutoModel
# 使用 AutoTokenizer.from_pretrained 方法加载预训练的分词器，此处选用
'distilbert-base-uncased'模型
tokenizer = AutoTokenizer.from_pretrained('distilbert-base-uncased',
trust_remote_code=True)
# 使用 AutoModel.from_pretrained 方法加载预训练的模型，模型路径指定为本地路径
'home/egcs/models/distilbert-base-uncased'
# 设置了 trust_remote_code=True 以允许执行远程代码
# 调用.half()将模型的权重从 float32 转换为 float16（半精度），这可以减少内存使用
并加速在支持的硬件上的推理
# .cuda()将模型移动到 CUDA 设备上，即 GPU，以便利用硬件加速
model = AutoModel.from_pretrained('home/egcs/models/distilbert-base-
uncased', trust_remote_code=True).half().cuda()
# 打印模型的概要信息，以确认模型是否正确加载及查看模型的一些基本信息
print(model)
```

（1）词嵌入（word_embedding）层：负责将输入词汇映射至连续向量空间。

（2）位置编码（position_embeddings）层：引入以捕捉序列中词语的位置信息。

（3）层归一化（LayerNorm）层：确保各层输入具有稳定的分布，促进训练稳定。

（4）dropout 层：作为一种正则化手段，随机舍弃部分神经元输出，增强模型泛化能力。

（5）基本 Transformer 架构：核心组件，执行自注意力（Query，Key，Value 机制）及前馈神经网络（FFN）操作，深化对输入序列的特征提取与信息整合。

深入至第 3 章的学习内容后，可以清晰辨认出，此模型明确采纳了编码器（Encoder）架构。通过循环迭代这一架构，模型最终产出一个维度为 768 的向量，该向量综合蕴含了输入序列的高层次语义信息。

```
In [5]: print(model)

DistilBertModel(
  (embeddings): Embeddings(
    (word_embeddings): Embedding(30522, 768, padding_idx=0)
    (position_embeddings): Embedding(512, 768)
    (LayerNorm): LayerNorm((768,), eps=1e-12, elementwise_affine=True)
    (dropout): Dropout(p=0.1, inplace=False)
  )
  (transformer): Transformer(
    (layer): ModuleList(
      (0): TransformerBlock(
        (attention): MultiHeadSelfAttention(
          (dropout): Dropout(p=0.1, inplace=False)
          (q_lin): Linear(in_features=768, out_features=768, bias=True)
          (k_lin): Linear(in_features=768, out_features=768, bias=True)
          (v_lin): Linear(in_features=768, out_features=768, bias=True)
          (out_lin): Linear(in_features=768, out_features=768, bias=True)
        )
        (sa_layer_norm): LayerNorm((768,), eps=1e-12, elementwise_affine=True)
        (ffn): FFN(
```

图 4-17

代码 4-8 进行一次验证性实验，将前期准备好的模型输入数据字典（inputs）导入模型进行处理，并随后展示模型输出的最终隐藏层状态。

代码 4-8

```
# 将前期准备好的模型输入数据字典（inputs）中的每个 tensor 移动到 GPU 上。
# 这通过遍历字典的每个条目（key-value 对），并将 value（tensor）使用.to("cuda")
的方法转移到 GPU 上实现。
inputs_on_gpu = {key: value.to("cuda") for key, value in inputs.items()}
# 使用已经移到 GPU 上的输入数据调用模型进行前向传播，**inputs_on_gpu 表示解包字
典为关键字参数形式传入函数。
# 这一步将触发模型的计算，生成预测或中间表示等输出。
outputs = model(**inputs_on_gpu)
# 打印模型最后的隐藏状态（last_hidden_state）的形状。
# 这个形状信息揭示了输出张量的维度，例如(batch_size, sequence_length,
hidden_size)，这有助于理解模型的输出结构。
print(outputs.last_hidden_state.shape)
```

输出结果如图 4-18 所示，结果显示为 torch.Size([2, 15, 768])。

```
In [19]: inputs_on_gpu = {key: value.to("cuda") for key, value in inputs.items()}
         outputs = model(**inputs_on_gpu)
         print(outputs.last_hidden_state.shape)

torch.Size([2, 15, 768])
```

图 4-18

这一结果维度的具体释义如下。

（1）数字 2 代表了批次（batch）大小，即同时输入模型进行处理的文本数量为两条。

（2）数字 15 指示了每个文本经过分词处理后生成的 Token 序列长度，体现了模型输入的结构维度。

（3）数字 768 则揭示了每个 Token 被转化成一个 768 维的向量表示，此乃模型编码层对文本信息进行深层次抽象的关键所在，体现了高维向量空间中词义的丰富表达能力。

4.3.5 模型的输出

随后，我们将执行模型的输出阶段。沿用前述实例，模型当前产生了一个维度为 768 的向量输出。面对如十分类的任务需求，我们只需要调整模型的顶层架构，以确保其输出转化成一个维度为 10 的向量，其中每个元素代表对应类别概率，实现了分类概率分布的建模。若意图拓展至词汇表大小的维度，每个向量元素则转而指示后续词预测的概率，从而在技术上简化了文本生成的实现过程。

通过实践验证，自然语言处理（NLP）领域的任务表现形式与计算机视觉任务展现出显著差异。在视觉任务领域，我们常见的是回归分析与分类任务；相比之下，NLP 领域并未直接采用"回归"这一术语，其核心在于各类分类任务的实施。针对多样化的分类需求，Transformers 库贴心地提供了多种 AutoModel 子类，旨在为不同分类任务提供专门化的模型支持。

在代码 4-9 中，我们载入了预训练模型 distilbert-base-uncased-finetuned-sst-2-english，该模型是基于斯坦福情感树库（SST-2, Stanford Sentiment Treebank）微调而成的专有模型。SST-2 数据集是一项专注于单句分类的挑战，涵盖了电影评论语料，其中每个句子均附有人工标注的情感倾向性。

代码 4-9

```
# 导入 Transformers 库中的 AutoModelForSequenceClassification 类,
# 该类允许自动从预训练模型加载对应的序列分类模型架构。
from transformers import AutoModelForSequenceClassification
# 定义预训练模型的检查点（checkpoint）名称,
# 本例中使用的模型是在英文情感分析任务（SST-2）上微调过的 DistilBERT 模型。
```

```
checkpoint = "distilbert-base-uncased-finetuned-sst-2-english"
# 从指定的 checkpoint 加载预训练好的序列分类模型。
# AutoModelForSequenceClassification.from_pretrained()方法会下载（如果
尚未下载）并加载模型权重。
model        =        AutoModelForSequenceClassification.from_pretrained
(checkpoint)
# 使用模型对前期准备好的模型输入数据字典（inputs，这里未显示定义）进行前向传播。
# **inputs 表示将 inputs 字典解包为关键字参数，这些参数通常包含 input_ids,
attention_mask 等模型所需的输入。
outputs = model(**inputs)
# 打印模型输出中的 logits（逻辑输出）部分的形状。
# logits 是未经激活函数（如 softmax）转换的原始输出值，形状揭示了批次大小和类别
数量。
#对于情感分类任务，比如 SST-2，logits 的最后一个维度通常为 2，对应于两个类别（正
面和负面）。
print(outputs.logits.shape)
```

此数据集的任务本质是对给定句子的情感极性进行判定，仅涉及两个情感类别：积极（positive，标记编码为 1）与消极（negative，标记编码为 0），并完全依据句子层面的标签进行分类，无须考虑更深层次的语法结构或上下文依赖。因此，本质上，这是一个二元情感分类任务，专注于从句子层次上区分积极和消极情感。

代码运行之后的结果如图 4-19 所示。

```
In [32]: # 打印模型输出中的logits（逻辑输出）部分的形状。
         # logits是未经激活函数（如softmax）转换的原始输出值，形状揭示了批次大小和类别数量。
         # 对于情感分类任务，比如SST-2，logits的最后一个维度通常为2，对应于两个类别（正面和负面）。
         print(outputs.logits.shape)

         torch.Size([2, 2])
```

图 4-19

该模型在 BERT 模型的基础框架上进行了针对性的优化调整，特别适配于二分类任务的需求。为了深入理解这种适应性调整，对比原始 BERT 模型与经过微调后模型的结构差异将颇为有益。

至此，我们已概览了标准 BERT 模型结构，接下来在图 4-20 中将标准 BERT 模型与二分类任务调整后的 BERT 模型进行对比。通过对比不难发现，原始 BERT 模型的输出维度为 torch.Size([2, 15, 768])，意味着处理两个样本，每个样本含有 15 个 Token，每个 Token 映射到一个 768 维的向量空间中。而专为二分类设计的 BERT 模型输出则简化为 torch.Size([2, 2])，直接为两个样本提供了二元分类的概率分布。

```
distilbert-base-uncased

(ffn): FFN(
  (dropout): Dropout(p=0.1, inplace=False)
  (lin1): Linear(in_features=768, out_features=3072, bias=True)
  (lin2): Linear(in_features=3072, out_features=768, bias=True)
  (activation): GELUActivation()
)
(output_layer_norm): LayerNorm((768,), eps=1e-12, elementwise_affine=True)

distilbert-base-uncased-finetuned-sst-2-english

(pre_classifier): Linear(in_features=768, out_features=768, bias=True)
(classifier): Linear(in_features=768, out_features=2, bias=True)
(dropout): Dropout(p=0.2, inplace=False)
```

图 4-20

导致这一变化的关键在于模型架构的调整：基础 BERT 模型的末端包含一个输出层归一化（output_layer_norm），其配置为 LayerNorm 层，参数为（768），伴随有 eps=1e-12 的微小值以防止除零错误，以及 elementwise_affine=True 表明执行了带有可学习参数的元素级仿射变换。相比之下，二分类 BERT 模型在此基础上新增了两个全连接层（fully connected layers），这一设计改动旨在将原先的高维特征向量映射至二维空间，以适应二分类任务的需求，从而有效地将复杂的语言表示转化为简单的情感极性判断。

随后在代码 4-10 中，我们将转入模型输出处理的关键环节，即后处理（Post-Processing）。

代码 4-10

```
# 导入 PyTorch 库，用于进行深度学习相关的操作。
import torch
# 使用 PyTorch 的 nn.functional 模块中的 softmax 函数，对模型输出的 logits（逻辑得分）进行转化，
# 使其变为概率分布。dim=-1 表示沿着 logits 的最后一维（通常是类别维度）进行操作。
predictions = torch.nn.functional.softmax(outputs.logits, dim=-1)
# 打印预测概率分布，每行为一个样本，列对应各个类别的概率。
print(predictions)
# 输出模型配置中的 id2label 属性，这是一个字典，映射类别 id 到其对应的标签名称。
# 这对于理解预测类别 id 的实际意义（如将类别编号转换为"positive"、"negative"等标签）非常有用。
print(model.config.id2label)
```

在模型生成预测输出，即 logits 之后，这些初始数值并不能直接诠释为概率；为了将其转化为易于理解的概率分布形式，我们必须施以 softmax 函数进行转换。如图 4-21 所示，具体实现上，我们利用 PyTorch 库的 nn 模块内置的 softmax 函数来处理 logits，确保运算沿 logits 的最后一个维度进行，由此产生的结果是一个归一化后的概率分布。一旦获取了这些概率值，下一步则是将之与实际的类别标签

建立关联，这一映射过程得益于模型自带的 id2label 函数，它能直接将预测的数字标识转换为相应的类别标签，极大地简化了后处理逻辑并提升了结果的可读性。

```
In [33]: # 输出模型配置中的id2label属性，这是一个字典，映射类别id到其对应的标签名称。
         # 这对于理解预测类别id的实际意义（如将类别编号转换为"positive"、"negative"等标签）非常有用。
         print(model.config.id2label)

tensor([[1.5396e-02, 9.8438e-01],
        [9.9951e-01, 5.4550e-04]], device='cuda:0', dtype=torch.float16,
       grad_fn=<SoftmaxBackward0>)
{0: 'NEGATIVE', 1: 'POSITIVE'}
```

图 4-21

4.3.6　模型的保存

接下来，我们将深入探讨模型保存的流程及其重要性。使用 save_pretrained() 方法，实现了对经过细致微调模型的持久化存储，这一操作不仅允许我们将模型文件安全地保存至本地系统，还便捷地支持了将其上传至 Huggingface Hub 这一广受开发者欢迎的模型共享平台，极大地促进了知识与技术的交流与复用。代码 4-11 将模型进行了保存。

代码 4-11

```
# 使用 model 的 save_pretrained() 方法将当前模型的所有权重和配置保存到指定的目录下，
# 在这个例子中，模型会被保存到当前目录下的"./"（表示当前工作目录）。
# 这包括模型的参数、配置文件等，以便于后续模型的恢复或部署。
model.save_pretrained("./")
```

如图 4-22 所示，当使用 save_pretrained() 方法时，系统将在所指定的目录下精心构建一系列核心文件，这些文件共同构成了模型的全部精髓，具体包括但不限于以下两项关键组件。

（1）config.json：此文件称为模型的配置文件，它扮演着模型架构蓝图的角色。它详尽记录了模型设计的每个细微之处，如 Transformer 网络的层数、每层的隐藏单元数量（特征空间维度）、自注意力头的数量等关键参数均在此文件中有所体现。这样的设计确保了模型的完整性和可复现性，使得研究者和其他开发者能够精准地复原模型架构，无论是在原始研究环境下还是在新的部署场景下。

（2）pytorch_model.bin：这是模型的状态字典文件，实质上承载了模型训练过程中习得的所有权重参数。在 PyTorch 框架中，该文件以二进制格式存储，确保了数据的高效存储与加载。简而言之，pytorch_model.bin 封装了模型的灵魂——那些经过无数迭代优化而来的参数值，是模型预测能力的直接体现。

通过这样的保存机制，研究者和工程师不仅能够方便地备份自己的工作成果，还能迅速分享给全球同行，促进模型的迭代升级与跨领域应用，为人工智能领域的进步贡献一份坚实的力量。

图 4-22

4.4 全量微调训练方法

4.4.1 Datasets 库和 Accelerate 库

在本节中，我们将迈入实践的新篇章，首次利用 Huggingface 的 Transformers 库进行全面的模型微调。在此之前，我们的讨论主要聚焦于 Transformers 库本身，该库无疑是 Huggingface 在自然语言处理领域的一大贡献。然而，值得注意的是，Huggingface 生态系统远不止于此，它围绕大型预训练模型的开发与应用，孕育了一系列辅助库，共同构建了一个全方位、高效的开发环境。

为了实现模型微调的最终目标，除 Transformers 库外，如图 4-23 所示，还有其他几个不可或缺的库扮演着关键角色。通过深入探索 Huggingface 的 GitHub 仓库，我们不难发现，该项目不仅局限于 Transformers 库，实际上它精心设计了四大核心模块，形成了一个协同工作的技术矩阵。其中，对 Transformers 库与 Tokenizers 两大模块已有所了解，它们分别负责模型架构的实现与文本的预处理。

图 4-23

接下来，我们将视线转向生态系统中的第三个重要模块——Datasets 库。此模块在模型训练与评估过程中发挥着举足轻重的作用，它不仅简化了大规模数据集的获取与处理流程，还通过高效的数据加载机制及强大的数据处理功能，有力支持了模型的微调与实验。Datasets 库能够直接加载多种格式的数据集，包括但不限于常见的基准测试数据集，并且支持灵活的数据转换和预处理，确保数据以最适宜的形式供给模型训练，极大提升了开发者的工作效率与模型训练的质量。

1. Datasets 库

Huggingface 的愿景远不止于提供 API 服务，其志在构建一个全面且自洽的生态系统。首要解决的便是数据获取与管理的痛点问题。在自然语言处理行业内，存在众多经典且公开的数据集及伴随的学术论文。以往，研究者和开发者需亲自经历数据集的下载与预处理步骤，尤其在复现论文实验时，手动预处理每个数据集成为一项既耗时又耗力的任务，往往需要编写定制化脚本来适配源代码所要求的数据格式，这一过程烦琐且低效。

Huggingface 的 Datasets 库应运而生，从根本上改变了这一现状。它不仅预先整理并提供了诸多公开数据集，还允许用户上传个人项目中的专属数据集，极大丰富了数据资源库。借助于 Datasets 库，研究者得以轻松触及大量开源数据集，覆盖音频处理、计算机视觉及自然语言处理等多个领域，仅需一条简洁的代码指令即可实现数据集的快速加载，与 Transformers 库中熟知的 from_pretrained 方法类似，Datasets 库同样采用了直观的 load_dataset 接口以简化数据集的访问流程。

如图 4-24 所示，Huggingface Hub 作为一个集中式平台，现拥有近 12 万个独特数据集，均可通过 API 直接调用，极大地促进了研究与开发的便利性和效率，彰显了其致力于打造数据与模型一体化生态的宏伟蓝图。

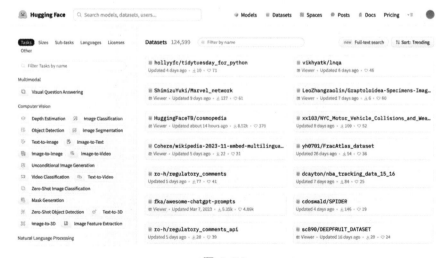

图 4-24

Datasets 库扮演着双重角色：既是高质量数据集的汇集地，又确保了数据以统一的格式呈现。从其实现细节中可观察到，其结构设计如同一个高度组织化的字典，巧妙地区分了训练集（Train Set）与测试集（Test Set），乃至其他可能的数据分割。在这个精巧的结构内部，每份数据集都封装了'features'（特征）和'num_rows'（行数）等关键属性，类似电子表格般清晰定义了数据的结构维度，即数据的列属性与行数，便于用户直观理解与操作。通过直观的下标索引机制，使用者能轻松地访问数据集内的任意记录，增强了数据处理的灵活性与效率。

Datasets 框架进一步促进了多种类型数据集的构建，包括但不限于训练数据（Training Data）、验证数据（Validation Data）及测试数据（Test Data），满足了机器学习项目周期中不同阶段的需求。尤为重要的是，所有托管于平台的数据集在上传时已按照预设比例进行了划分，如图 4-19 所示，这意味着用户在下载时即可直接获得已分割好的数据集，不需要额外进行烦琐的数据切分步骤，大大节省了时间和资源。

数据格式的标准化与统一，是 Datasets 库对用户的核心价值之一。如代码 4-12 所示，这不仅简化了数据的准备工作，降低了上手门槛，而且实现了真正的"即取即用"（Plug-and-Play），使得研究人员与开发者能够将更多精力聚焦于模型开发与算法优化，加速了从数据到洞察的转化过程。

代码 4-12

```
# 导入 Datasets 库中的 load_dataset 函数，该函数用于加载 Huggingface 的数据集。
from datasets import load_dataset
# 使用 load_dataset 函数加载位于"home/egcs/datasets/yelp-review-full"路径下的数据集。
# yelp-review-full 是一个大型数据集，包含 Yelp 网站上关于企业和服务的大量用户评论，常用于情感分析等 NLP 任务。
dataset = load_dataset("home/egcs/models/datasets/yelp-review-full")
# 打印加载的数据集对象，以查看数据集的基本结构和组成部分。
print(dataset)
# 访问数据集中"train"部分的第一个样本（索引为 0）并打印出来。
# 这将展示训练数据集中的一个典型条目，帮助理解数据格式和内容。
print(dataset["train"][0])
```

代码的运行结果如图 4-25 所示。

2. Accelerate 库

Huggingface 推出的 Accelerate 库，其设计初衷是为了大幅度简化并加速深度学习模型从训练到推理的整个生命周期管理。该库的核心价值在于它为研究者和开发者提供了一套高度抽象化的工具集，使得利用分布式计算资源与混合精度训练技术变得轻而易举，从而在不牺牲模型准确性的前提下，显著缩短训练周期。

混合精度训练通过结合单精度和半精度浮点运算，减少了内存占用并加速了计算过程，是当前提升训练效率的关键策略之一。

```
DatasetDict({
    train: Dataset({
        features: ['label', 'text'],
        num_rows: 650000
    })
    test: Dataset({
        features: ['label', 'text'],
        num_rows: 50000
    })
})
{'label': 4, 'text': "dr. goldberg offers everything i look for in a general practitioner.  he's nice and easy to t
alk to without being patronizing; he's always on time in seeing his patients; he's affiliated with a top-notch hosp
ital (nyu) which my parents have explained to me is very important in case something happens and you need surgery;
and you can get referrals to see specialists without having to see him first.  really, what more do you need?  i'm
sitting here trying to think of any complaints i have about him, but i'm really drawing a blank."}
```

图 4-25

Accelerate 库的另一项突出贡献是，它实现了与主流深度学习框架如 PyTorch 和 TensorFlow 的紧密整合，这种无缝对接不仅限于软件层面的兼容，更重要的是在硬件层面上打通了壁垒。用户不需要担心底层硬件差异带来的复杂性，无论是利用单一 GPU 的计算能力，还是在高性能 TPU 上进行大规模运算，乃至跨越多 GPU 环境下的并行训练，Accelerate 库都能确保模型部署的平滑过渡与高效执行。这种灵活性极大地拓宽了模型应用的场景，无论是科研实验、产品原型开发，还是生产环境的部署，都能从中受益。

此外，Accelerate 库还内置了一系列实用功能，如自动化资源分配、故障恢复机制，以及对大规模模型并行化的支持，这些特性进一步降低了大规模机器学习项目的实施难度，让开发者可以更加专注于模型架构的创新与业务逻辑的实现，而不是被技术实现的细枝末节所牵绊。综上所述，Accelerate 库是推动深度学习领域发展的重要驱动力之一，它通过降低技术门槛、提升开发效率，为实现更快速、更广泛的 AI 应用部署奠定了坚实的基础。

4.4.2　数据格式

继续我们的任务进程，在成功安装了 Datasets 库之后，我们将注意力转向自然语言处理（NLP）领域内极具代表性的数据集——GLUE（General Language Understanding Evaluation，通用语言理解评估）。GLUE 堪称 NLP 领域的经典数据集，不仅因其小巧的数据规模易于上手，更因为它综合涵盖了多项经典任务，成了衡量 NLP 模型性能的基准之一。

在 GLUE 的众多子数据集中，我们特选了 MRPC（Microsoft Research Paraphrase Corpus，微软研究院释义语料库），这一数据集源自微软研究院，精心构建自在线新闻资源。MRPC 本质上是一个句子对集合，其中的每对句子均经过人工标注，用于判断它们在语义上是否等价。这种设计不仅挑战了模型对语言细微差别的理解能力，也为评估模型的文本相似度和语义解析能力提供了宝贵的资源。

运行代码 4-13。

代码 4-13

```
# 导入 Python 内置的 warnings 模块，用于警告管理。
import warnings
# 配置警告过滤器以忽略所有警告。这将阻止在脚本运行期间显示警告信息，
# 对于那些不影响程序运行但可能会干扰输出的警告特别有用。
warnings.filterwarnings("ignore")
from datasets import load_dataset
# 使用 load_dataset 函数加载"glue"数据集中的"mrpc"子任务。
# GLUE（General Language Understanding Evaluation）是一组用于评估自然语言
理解任务的基准，
# 其中的 MRPC（Microsoft Research Paraphrase Corpus）任务是关于句子对的语
义等价性判断。
raw_datasets = load_dataset("glue", "mrpc")
# 打印加载的原始数据集对象。这将展示数据集的结构，包括训练集、验证集等划分，
# 以及每个部分的几个示例，有助于了解数据集的组织方式和内容。
raw_datasets
```

运行代码 4-13 后的结果如图 4-26 所示，可以查看 raw_datasets 的结构。

```
DatasetDict({
    train: Dataset({
        features: ['sentence1', 'sentence2', 'label', 'idx'],
        num_rows: 3668
    })
    validation: Dataset({
        features: ['sentence1', 'sentence2', 'label', 'idx'],
        num_rows: 408
    })
    test: Dataset({
        features: ['sentence1', 'sentence2', 'label', 'idx'],
        num_rows: 1725
    })
})
```

图 4-26

完成数据集的下载后，系统将自动将其保存至预设的磁盘路径下，即之前指定的 datasets 目录中。随后，通过执行打印命令，我们可以直观地检查数据集的结构与格式，确保其符合预期并便于后续的分析与处理。

图 4-27 呈现了两项关键信息：一对示例句子及其关联性标签。此图旨在展示一个文本对评估任务的基础框架，其中心目的是判定两个句子之间是否存在逻辑上的联系或语义上的关联性。例如，句子对"天下雨了"与"我带了伞"被标注为"相关"，意味着根据上下文理解，第二个句子可能是对第一个句子情境的回应或衍生，二者在语境中形成了连贯的对话脉络。

相反地，句子对"天下雨了"与"今天晚上我要吃啥"则被明确标记为"不相关"，凸显了这两句在主题或意图上缺乏直接的联系，体现了日常交流中话题的转换或独立性思考的情景。

```
In [5]: raw_train_dataset = raw_datasets["train"]
        raw_train_dataset[0]
Out[5]: {'sentence1': 'Amrozi accused his brother , whom he called " the witness " , of deliberately distorting his evidenc
         e .',
         'sentence2': 'Referring to him as only " the witness " , Amrozi accused his brother of deliberately distorting his
         evidence .',
         'label': 1,
         'idx': 0}
```

图 4-27

此外，图 4-27 中还引入了一个重要概念——"idx"，即每个数据记录的唯一标识符。这个索引值在处理大规模数据集时显得尤为关键，它不仅便于数据的追踪与管理，还能确保在数据分析、模型训练及后续查询过程中迅速且准确地定位到特定的样本，增强数据处理的效率与灵活性。通过这样的标注体系和索引设计，研究者、开发者能够有效地构建和优化文本匹配、语义理解等自然语言处理任务的模型，进而深入探索语言数据中的复杂关联模式。

4.4.3　数据预处理

数据预处理流程可划分为两大核心步骤。

（1）实施具体的数据处理操作，此环节通常依托于分词器（Tokenizer）来执行。分词器的作用在于将原始文本数据细致分割为词汇单元，并进一步执行词汇到数字的映射及编码过程，最终将文本信息转化成计算机可直接处理的向量（Vector）形式。这一系列转换不仅大幅降低了数据的维度复杂性，也为后续的机器学习算法提供了必要的输入格式。

（2）预处理逻辑经过明确界定后，需通过规模化应用至整个数据集上来发挥其效用。实现这一目标的普遍做法是采用 map 函数，它能够系统化地将先前定义好的处理函数应用于数据集的每个元素，确保所有数据实例均经过统一且高效的预处理流程。此举不仅提升了数据处理的自动化程度，还保障了处理结果的一致性和准确性，为后续模型训练阶段奠定了坚实的数据基础。

在代码 4-14 中，利用 Transformers 库，通过模型名称加载分词器。

代码 4-14

```
from transformers import AutoTokenizer
# 设置预训练模型对应的本地路径，这里是 DistilBERT 模型的一个变体，专为处理英文文
本设计，所有文本预处理为小写形式。
tokenizer_path = "home/egcs/models/distilbert-base-uncased"
# 使用 AutoTokenizer 的 from_pretrained 方法，从指定的本地路径加载预训练好的分
词器。
# 参数 trust_remote_code 设置为 True，表明如果模型或分词器配置中包含需要从远程
执行的代码（如自定义逻辑），则允许其执行。
tokenizer = AutoTokenizer.from_pretrained(tokenizer_path, trust_remote_
code=True)
```

在对模型进行微调与训练的场景下，数据预处理环节至关重要。这包括对输入数据的加工处理，并确保这些处理后的数据能够适配大模型的需求。所有模型在训练前均有对数据进行预处理的基本需求，其根本原因在于神经网络算法对输入数据的结构有严格的维度规定，唯有数据符合预设的维度标准，方能顺利执行矩阵运算这一核心步骤。若经嵌入（Embedding）处理后的 Token 向量长度与模型所需维度不符，则需采取两种策略进行调整：填充（Padding）或截断（Truncation），以保证数据与模型结构的兼容性。

针对数据预处理，目前实践中有两种主流方法：①利用 Pandas 等数据分析库手动进行数据清洗与格式化；②采用 Huggingface 平台所提供的 map 方法来定义一个自定义的 tokenize_function。值得注意的是，Huggingface 官方更倾向于推荐使用第二种方法，原因在于该方法内置了多种性能优化技术，极大提升了数据处理的效率与速度，从而为模型训练的前期准备提供了更为高效、便捷的解决方案。

在代码 4-15 中，tokenize_function 的设计宗旨在于处理一批示例（example）数据，该数据集以字典形式组织，其中每个示例包含两个关键字段："sentence1"和"sentence2"。此函数通过访问 example["sentence1"]来提取所需文本信息，进行预处理操作。在预处理流程中，特别强调了 truncation 截断机制的应用，以适配模型对输入序列长度的限制；同时，依据具体任务需求，也可灵活加入 padding 策略以保持数据的一致性。需明确的是，每个 example 实例均为携带"sentence1"和"sentence2"字段的字典结构。

代码 4-15

```
# 定义一个名为 tokenize_function 的函数，用于将输入的例子进行分词处理。
# 函数接受一个 example 字典作为输入，其中包含句子 1 和句子 2。
# 使用之前定义好的 tokenizer 处理 example 中的'sentence1'和'sentence2',
# 并启用 truncation 参数来确保句子过长时会被截断，以适应模型的最大输入长度。
def tokenize_function(example):
    return    tokenizer(example["sentence1"],    example["sentence2"],
truncation=True)
# 应用 map 函数将 tokenize_function 应用到 raw_datasets 上。
# 这里使用 batched=True 参数意味着对数据集进行批处理，而非单个样本处理，
# 这样可以显著提高处理大数据集时的效率。
tokenized_datasets = raw_datasets.map(tokenize_function, batched=True)
# 打印出经过分词处理后的数据集，查看处理后的数据结构和示例情况。
print(tokenized_datasets)
```

定义完 tokenize_function 后，利用 map 方法对其数据集执行批量处理，确保每份样本均历经此函数的转化。尤为重要的是，map 方法提供了一个便利选项 batched=True，允许用户不需要深入多线程编程细节即可享受到自动化的并行处理加速优势，显著提升了数据预处理的效率。

尤其是在面对海量数据集时，例如数据记录数达到亿级规模，传统的处理工具如 Pandas 可能因单线程处理而显得效能低下。相比之下，Huggingface 库通过其高度优化的 map 功能，实现了 Tokenizer 对大数据集的高效并行处理，极大地缩减了数据预处理的时间、成本，展现出其在大规模自然语言处理任务中的优越性能与实用性。

图 4-28 展示了数据经过预处理阶段后的成果，这一过程生成了三个核心字段：input_ids、token_type_ids 及 attention_mask。这些新生成的字段被直接整合至原有的数据集中，未做任何改动，从而丰富了数据集的内容。至此，一个崭新的、富含预处理信息的 Datasets 库得以构建完成。

```
Out[8]: DatasetDict({
            train: Dataset({
                features: ['sentence1', 'sentence2', 'label', 'idx', 'input_ids', 'token_type_ids', 'attention_mask'],
                num_rows: 3668
            })
            validation: Dataset({
                features: ['sentence1', 'sentence2', 'label', 'idx', 'input_ids', 'token_type_ids', 'attention_mask'],
                num_rows: 408
            })
            test: Dataset({
                features: ['sentence1', 'sentence2', 'label', 'idx', 'input_ids', 'token_type_ids', 'attention_mask'],
                num_rows: 1725
            })
        })
```

图 4-28

或许用户会疑惑：预处理完毕后，原始数据是否仍需保留？实践中，鉴于数据体量通常极为庞大，为了高效利用存储资源，常规做法是直接以预处理后的数据覆盖原始数据。此举不仅简化了数据管理的复杂度，同时也是对存储空间的一种优化策略，确保系统能够更加专注于处理和分析处理后的高质量数据集，而非维护两套数据。因此，预处理之后的数据存储实则是对原始数据的一种有目的性升级与替代。

如代码 4-16 所示，Huggingface 库引入了 DataCollator 这一高级数据预处理组件，其核心功能在于将原始的训练数据集精心编排为结构化的批次数据（Batched Data），专为神经网络模型的高效训练而设计。这一过程是深度学习实践中的关键一环，通过将数据集划分为多个小规模的批次，不仅优化了内存使用，还促进了计算资源的高效分配，进而加速了模型训练的迭代速度与收敛效率。

代码 4-16

```python
# 导入 Transformers 库中的 DataCollatorWithPadding 类，
# 这个类用于在批量处理数据时自动对齐（填充）不同长度的序列，以便模型输入。
from transformers import DataCollatorWithPadding
# 实例化 DataCollatorWithPadding 对象，传入之前创建的 tokenizer 作为参数。
# 这个操作会使得在对数据集进行批次处理时，自动根据 tokenizer 的设置对序列进行填充
# 确保每个批次内的所有样本具有相同的长度，满足模型的输入要求，特别是对于像 BERT 这
# 样的模型来说是必需的。
data_collator = DataCollatorWithPadding(tokenizer=tokenizer)
```

特别是，DataCollator 实现了智能化的 withPadding 机制，该特性进一步增强了数据准备的灵活性与实用性。当启用 withPadding 时，DataCollator 会自动检测并分析每个批次内样本的长度差异，巧妙地运用填充技术（Padding）来统一各批次内序列的长度。这一操作对于自然语言处理（NLP）等任务尤为重要，其中不同样本的文本序列可能因句子长短不一导致形状不一致，通过在较短序列后添加特定值（通常是 0 或特殊标记）进行填充，可确保所有样本在维度上的一致性，从而可以直接应用于矩阵运算密集的深度学习框架中，无须担心因形状不匹配导致的计算障碍。这一巧妙设计不仅简化了数据预处理流程，还保障了模型训练的顺利进行，是迈向高质量模型产出的重要一步。

4.4.4 模型训练的参数

Transformers 库致力于使模型微调过程变得极为简便。然而，模型训练本身固有的复杂性不容忽视。在追求模型优化的实践中，存在着多种精细调节策略与大量超参数配置的考量，其中包括但不限于批次大小（batch_size）、优化器步长及学习率等关键要素。这些核心配置项均被整合于 TrainingArguments 这一结构中，旨在为用户提供一个集中且高效的参数管理界面。

如图 4-29 所示，详尽罗列了 TrainingArguments 所涵盖的所有参数配置，这一概览不仅揭示了模型训练背后的复杂性，也彰显了 Transformers 库在抽象化复杂性、促进用户友好性方面的努力，为研究人员和开发者提供了一个清晰、全面的微调与训练模型的控制面板。

TrainingArguments

```
class transformers.TrainingArguments                                   <source>

( output_dir: str, overwrite_output_dir: bool = False, do_train: bool = False, do_eval: bool = False,
do_predict: bool = False, evaluation_strategy: Union = 'no', prediction_loss_only: bool = False,
per_device_train_batch_size: int = 8, per_device_eval_batch_size: int = 8, per_gpu_train_batch_size:
Optional = None, per_gpu_eval_batch_size: Optional = None, gradient_accumulation_steps: int = 1,
eval_accumulation_steps: Optional = None, eval_delay: Optional = 0, learning_rate: float = 5e-05,
weight_decay: float = 0.0, adam_beta1: float = 0.9, adam_beta2: float = 0.999, adam_epsilon: float = 1e-
08, max_grad_norm: float = 1.0, num_train_epochs: float = 3.0, max_steps: int = -1, lr_scheduler_type:
Union = 'linear', lr_scheduler_kwargs: Union = <factory>, warmup_ratio: float = 0.0, warmup_steps: int =
0, log_level: Optional = 'passive', log_level_replica: Optional = 'warning', log_on_each_node: bool =
True, logging_dir: Optional = None, logging_strategy: Union = 'steps', logging_first_step: bool = False,
logging_steps: float = 500, logging_nan_inf_filter: bool = True, save_strategy: Union = 'steps',
save_steps: float = 500, save_total_limit: Optional = None, save_safetensors: Optional = True,
save_on_each_node: bool = False, save_only_model: bool = False, no_cuda: bool = False, use_cpu: bool =
False, use_mps_device: bool = False, seed: int = 42, data_seed: Optional = None, jit_mode_eval: bool =
False, use_ipex: bool = False, bf16: bool = False, fp16: bool = False, fp16_opt_level: str = 'O1',
half_precision_backend: str = 'auto', bf16_full_eval: bool = False, fp16_full_eval: bool = False, tf32:
Optional = None, local_rank: int = -1, ddp_backend: Optional = None, tpu_num_cores: Optional = None,
tpu_metrics_debug: bool = False, debug: Union = '', dataloader_drop_last: bool = False, eval_steps:
Optional = None, dataloader_num_workers: int = 0, dataloader_prefetch_factor: Optional = None,
past_index: int = -1, run_name: Optional = None, disable_tqdm: Optional = None, remove_unused_columns:
Optional = True, label_names: Optional = None, load_best_model_at_end: Optional = False,
```

图 4-29

　　TrainingArguments 配置全面而详尽，旨在适应多样化的应用场景及个性化需求，尽管其参数众多，但调试难度相对有限。Transformers 库预先设定了合理的默认参数值，使得用户仅需关注并调整少数常用参数，即可启动模型训练流程。在遇到特定场景需求时，用户可随时参照官方文档进行参数查询与调整。具体的使用方法如代码 4-17 所示。

代码 4-17

```
# 引入 Transformers 库中的 TrainingArguments 类，该类用于配置训练过程中的各项参数。
from transformers import TrainingArguments
# 设置模型保存的根目录路径，这里是本地的 "home/egcs/models/bert-base-uncased"目录。
model_dir = "home/egcs/models/bert-base-uncased"
# 初始化一个 TrainingArguments 对象，用于存储和管理训练参数配置，包括：
# output_dir：模型训练完成后保存的目录路径，通过 f-string 插值语法动态生成绝对路径。
# logging_dir：训练日志文件的保存目录，同样使用 f-string 插值语法生成。
# logging_steps：模型训练时的日志记录频率，即每进行多少步保存一次训练日志，默认设置为每 100 步。
training_args = TrainingArguments(
    output_dir=f"{model_dir}/trainer",          # 模型训练输出的目录位置
    logging_dir=f"{model_dir}/trainer/runs",    # 训练日志文件的保存目录
    logging_steps=10                            # 训练过程中的日志记录间
隔，每 100 步记录一次日志
)
```

　　以下是对部分关键参数的简要说明。

　　（1）Output Directory (output_dir)：指定模型检查点（checkpoint）的保存位置，即模型训练成果的存放路径。

　　（2）Overwrite Output Directory (overwrite_output_dir)：当设置为 True 时，允许训练完成后覆盖指定的输出文件夹，便于迭代实验与结果更新。

　　（3）Do Training (do_train) & Do Evaluation (do_eval)：这两项参数分别控制是否执行训练与评估流程，以及 Evaluation Strategy (evaluation_strategy)，决定了验证过程是在每个固定步数（steps）后进行，还是在每个训练周期（epochs）结束后进行，以监控模型性能。

　　（4）Number of Training Epochs (num_train_epochs)：设定模型训练的总周期数，影响模型学习的深度与广度。

　　（5）Learning Rate (learning_rate) & Weight Decay：前者确定了模型参数更新的速度，后者则是控制学习率随时间逐渐减小的策略，共同作用于优化模型收敛过程。

（6）Logging Steps (logging_steps)：指定训练过程中每隔多少步记录并输出训练日志，包括损失（loss）等关键指标，有助于实时监控训练进展。

4.4.5　模型训练

如代码 4-18 所示，导入模型。

代码 4-18

```
from transformers import AutoModelForSequenceClassification
checkpoint = "home/egcs/models/distilbert-base-uncased-finetuned-sst-2-english"
model = AutoModelForSequenceClassification.from_pretrained(checkpoint, num_labels=2).cuda()
```

在导入预训练模型的过程中，通过明确指定 num_labels=2 参数，实质上是对模型的输出层进行了定制化调整，旨在将其重塑为适用于二分类任务的结构。这一操作精巧地改变了模型的最终输出维度，确保其能够输出两个概率值，分别对应两个互斥的类别，从而满足正负情感分析、二元决策等典型二分类问题的需求。同时，与之前不同，不能使用 half 对模型进行量化

接下来，关于模型训练的详细步骤，首先涉及数据的预处理阶段，包括文本清洗、分词、向量化等，确保原始数据转化为模型可接受的格式。随后，利用精心构造的数据集，结合适当的优化器、损失函数及学习率策略，开展模型的迭代训练。在训练过程中，还需密切关注训练损失与验证集上的性能表现，适时调整学习率或采用早停策略以避免过拟合，确保模型泛化能力。

此外，利用交叉验证、学习曲线分析等技术监控训练过程，对于优化模型性能、提升分类准确率至关重要。最后，通过评估在测试集上的表现来检验模型的有效性，完成整个模型训练流程，并可根据实际应用需求，对模型进行微调或部署。这一系列综合措施共同构成了从模型导入定制、到有效训练直至最终评估的完整实践路径。

如代码 4-19 所示，Transformers 库中的 Trainer 组件旨在大幅度简化神经网络模型的微调与训练流程。其实现过程可概括为三个核心步骤。

代码 4-19

```
from transformers import Trainer, TrainingArguments
# 初始化 TrainingArguments 对象，传入一个参数"test-trainer"作为输出目录的基础名称。
# 这将配置基本的训练参数并默认设置输出目录等。
training_args = TrainingArguments("test-trainer")
# 创建 Trainer 实例，该实例负责模型的实际训练过程，需要以下参数：
# model：待训练的模型实例，这里直接引用了之前定义好的模型对象。
```

```
#training_args：上面创建的 TrainingArguments 对象，包含了所有训练参数的配置。
# train_dataset：训练数据集，此处使用之前处理并分词后的数据集`tokenized_
datasets["train"]`。
# eval_dataset：验证数据集，用于在训练过程中评估模型性能，来源于`tokenized_
datasets["validation"]`。
# data_collator：数据收集器，用于在批量处理数据前对数据进行必要的预处理操作，如
填充、masking 等。
#tokenizer：分词器对象，用于文本预处理，确保数据集中的文本能转换成模型所需格式。
trainer = Trainer(
    model=model,                                    # 要训练的模型实例
    args=training_args,                             # 训练参数配置
    train_dataset=tokenized_datasets["train"],      # 训练数据集
    eval_dataset=tokenized_datasets["validation"],  # 验证数据集
    data_collator=data_collator,                    # 数据批量处理函数
    tokenizer=tokenizer                             # 分词器，用于文本预处理
)
# 调用 Trainer 对象的 train()方法启动模型的训练过程。
# 这个过程会根据配置的参数执行模型训练、评估及日志记录等工作。
trainer.train()
```

（1）初始化 Trainer 对象：首要任务是创建 Trainer 类的实例，需向构造函数传递一系列关键参数。这包括已加载的预训练模型（model）、详细的训练配置（argument，通常封装在 TrainingArguments 对象中），用以指导训练过程的策略与日志记录；训练与验证所必需的数据集，以及一个可选的 compute_metrics 函数，该函数负责定义评估模型性能的关键指标，也可嵌入数据集定义中以实现度量标准的定制化。下一节对该函数在进行了定义。

（2）配置相关依赖：在实例化 Trainer 之前，需确保所有将作为 Trainer 输入的对象均已正确实例化。例如，模型应已完成加载并配置好对应的参数，数据集需完成预处理，以及根据需求定制的评估指标函数也已准备就绪。

（3）执行微调训练：最后，通过调用 Trainer 实例的 train 方法，即可一键启动模型的微调过程。此步骤自动执行数据加载、批次处理、前向传播、反向传播、参数更新等一系列训练操作，直至达到预定的训练轮次或停止条件。

如图 4-30 所示，欲深入了解 Trainer 的高级用法及其丰富的配置选项，可参考官方文档提供的详尽指南。该文档不仅详述了 Trainer 类的各个参数及其功能，还涵盖了如何通过精细配置来优化模型训练的各个方面，为用户实现高效、定制化的模型微调提供了全面支持。

启动模型训练进程是通过执行 trainer.train()代码实现的。运行结果如图 4-31 所示，在此过程中，系统会按照预设的记录频率动态地输出训练损失信息，这一频率可通过参数 logging_steps 灵活自定义，让用户能够根据实际需求调整训练过

程中的信息反馈密度，从而实现对模型学习进展的适时监控。

Trainer

图 4-30

图 4-31

此外，为了防止训练过程中的成果丢失并便于后续的模型评估与调优，训练策略中还包括了模型检查点的自动保存机制。这一机制允许用户设定模型保存的间隔，无论是基于固定的训练周期（epoch）数量，还是其他自定义条件，系统都将自动在达到预设的保存周期时，将当前训练状态的模型持久化存储。这样的设计不仅确保了训练资源的高效利用，还为模型迭代与比较提供了便利，用户可以在任意检查点恢复训练或进行推断实验，极大地增强了训练流程的可靠性和灵活性。

4.4.6　模型评估

与 Datasets 库相似，如图 4-32 所示，模型评估领域也得益于一个专门的库设计，其目标在于极度简化评估流程，在理想情况下，用户仅需编写一行简洁的代码指令，即可轻松调用并执行广泛的评估方法。这个库整合了多种评估技术与指标，覆盖了从基本的准确性测量到复杂的性能分析，旨在为研究人员和开发者提供一个统一且高效的评估工具集。通过抽象化底层复杂性，它使高度专业化的评估任务能变得触手可及，极大地促进了模型性能分析的标准化与可比性，加速了从模型开发到部署的迭代周期。

评估，作为模型性能检验的核心环节，在大模型及广泛机器学习领域占据着举足轻重的地位。其本质是，基于数据集中的标签信息（label）或通过训练与验证集的精确标注，系统化地分析和衡量模型预测结果的准确度与可靠性。评估不仅限于监督学习范畴，而且在非监督及强化学习等多种学习范式中同样扮演关键角色。

A library for easily evaluating machine learning models and datasets.

With a single line of code, you get access to dozens of evaluation methods for different domains (NLP, Computer Vision, Reinforcement Learning, and more!). Be it on your local machine or in a distributed training setup, you can evaluate your models in a consistent and reproducible way!

Visit the 🤗 Evaluate <u>organization</u> for a full list of available metrics. Each metric has a dedicated Space with an interactive demo for how to use the metric, and a documentation card detailing the metrics limitations and usage.

Tutorials	How-to guides

图 4-32

评估策略可归纳为以下两大类。

（1）直接借助目标函数（objective function）与损失函数（loss function）来量化模型表现，计算得到的损失值（training_loss）直观反映了模型预测与实际结果之间的偏离程度。在理想状况下，随着超参数（hyperparameters）的精细调校与模型训练的深入，损失值应逐步逼近零，标志着模型对训练数据的拟合度不断提升，学习过程趋向收敛。

（2）聚焦于各类评估指标（metrics），如准确率（accuracy）、F1 分数（F1 score）等，这些经典评估标准广泛应用于衡量模型分类或回归任务的性能。它们从不同维度综合评判模型效能，相较于单一的损失值，能够提供更丰富、多维的性能反馈。尤为值得一提的是，许多数据集处理工具如 Datasets 库内建了 load_metric 函数，极大简化了开发者应用标准评估指标的流程，仅需一行代码即可加载并应用这些预定义的评估方法，大大提升了工作效率与评估的标准化水平，确保了模型评估的便捷性与严谨性。

在代码 4-20 中，先将验证集交给模型进行预测，然后通过 argmax 函数从 predictions.predictions 中找到每个样本最可能的预测类别。np.argmax(..., axis=-1) 函数用于沿着指定轴找到数组中最大值的索引。在这里，axis=-1 意味着在最后一个维度上操作，即对每个样本的所有预测类别中的概率值寻找最大值的索引位置。这个索引位置实际上就代表了该样本最可能的预测类别（因为通常情况下，概率最高的类别被认为是模型的预测选择）。

代码 4-20

```python
# 导入 NumPy 库，用于进行数值计算和操作，尤其是处理数组的功能强大。
import numpy as np
# 使用 Trainer 对象的 predict 方法对验证数据集(tokenized_datasets["validation"])
进行预测。
# 这将返回一个 Predictions 对象，包含模型在验证集上的预测输出和真实标签 ID。
predictions = trainer.predict(tokenized_datasets["validation"])
# 打印出预测的形状和真实标签 ID 的形状，以检查二者是否对应且理解数据结构。
print(predictions.predictions.shape, predictions.label_ids.shape)
# 使用 Numpy 库中的 argmax 函数沿着最后一个轴（axis=-1）找出预测概率最大的类别索引，
# 即预测的类别标签。这是将模型的输出（通常是概率分布）转换为类别预测的常见做法。
preds = np.argmax(predictions.predictions, axis=-1)
# 打印出最终的类别预测结果，这些是模型在验证集上每个样本上的预测类别。
print(preds)
```

结果如图 4-33 所示，preds 会是一个一维数组，其长度与样本数量相同，包含了每个样本对应的预测类别索引。

```
(408, 2) (408,)
[1 0 0 1 0 1 0 1 1 1 1 0 0 1 1 0 1 0 1 1 0 1 1 1 1 0 1 1 1 1 1 1 1 1 1 1 0
 0 1 1 0 0 1 0 0 1 1 0 1 1 1 1 1 1 1 1 1 1 1 1 1 1 1 1 0 1 1 0 1 1 0 1 1
 1 1 1 1 1 1 1 1 0 1 1 1 1 1 1 1 1 1 0 1 1 1 1 1 1 1 1 1 0 0 1 1
 1 1 1 1 1 1 1 1 0 1 1 1 1 1 1 0 1 1 1 0 1 1 1 0 1 1 0 1 0 1 1
 1 1 0 1 1 1 1 1 1 1 1 1 1 1 0 1 0 0 1 1 1 1 0 1 1 0 1 1 1 1 1
 1 0 0 0 1 1 0 0 1 0 1 1 1 1 0 1 1 0 1 1 0 0 0 1 1 0 1 1 1 0 1 1
 0 1 1 1 1 1 1 1 0 1 1 0 1 1 0 1 1 1 1 1 0 1 1 0 0 1 0 1 1 1
 0 1 0 1 1 1 1 1 0 1 0 1 1 1 0 1 1 1 1 0 1 1 0 1 1 0 1 1 0 1 0
 0 1 1 1 1 1 1 0 1 1 0 1 0 1 1 1 0 1 1 1 1 0 0 0 0 1 1 1 1 1 1 1 1
 1 1 1 1 1 1 1 0 1 0 1 1 1 1 1 1 0 1 1 0 0 1 1 1 1 0 1 1 0 1 1 1 1 0 0
 1 1 1 0 0 1 0 1 1 1 1 0 1 1 1 1 1 0 1 1 1 1 1 1 1 1 1 0 1 1 0 1 1 1
 1]
```

图 4-33

一旦模型训练完成，紧随其后的关键步骤便是利用验证集对模型性能进行评估，以获取其在未见过数据上的泛化能力表现。这一评估阶段不仅对于理解模型的有效性至关重要，而且也是优化模型参数、避免过拟合的重要依据。目前，我们已经成功实施了模型训练流程，并能够实时监控训练过程中的损失值。但是，随之而来的问题是如何进一步丰富评估指标，例如加入准确率（accuracy）和特定评分指标（score values）等，以便更全面地掌握模型的学习进展和性能。

值得庆幸的是，Datasets 库预见性地提供了 load_metric 方法，这一功能强大的工具使得用户能够轻松集成广泛认可的评估指标至训练流程中。无论你的需求是经典的准确率、查准率、查全率，还是更为复杂的 F1 分数、AUC-ROC 曲线下的面积等，Huggingface 生态系统几乎囊括了所有你能想到的评估标准。这意味着，用户无须从零开始编写评估逻辑，而是可以直接调用这些预置的高效函数，将精力更多地集中在模型架构的创新和业务逻辑的优化上。如代码 4-21 所示，通过这种方式，Huggingface 极大地简化了机器学习项目中评估阶段的复杂度，同时也确保了评估过程的专业性和准确性，让研究人员和开发者能够快速迭代、对比不同模型版本，加速达到理想的模型性能。

代码 4-21

```
# 导入 Datasets 库中的 load_metric 函数，用于加载评估指标以度量模型性能。
from datasets import load_metric
# 使用 load_metric 函数加载名为"glue"数据集中的"mrpc"子任务所对应的评估指标。
# GLUE（General Language Understanding Evaluation）是一系列自然语言理解任
务的集合，而 MRPC（Microsoft Research Paraphrase Corpus）
# 是其中的一个任务，用于评估两个句子是否具有相似的语义。
metric = load_metric("glue", "mrpc")
# 调用加载的 metric 的 compute 方法来计算模型在验证集上的性能。
# 参数 predictions 传入之前计算得到的预测类别（preds），references 传入真实的标
签 ID（predictions.label_ids）。
# 这将根据 MRPC 任务的具体要求评估模型预测的准确性。
metric.compute(predictions=preds, references=predictions.label_ids)
```

下面将深入探讨 metric 功能的实用价值及其在自然语言处理（NLP）任务中的应用。load_metric 作为一个核心功能，其主要职责是从预设的评估库中加载成熟的评估准则。这一过程简化了评估步骤，用户只需指定所需的评估标准名称，系统便会自动加载相应的算法。该函数要求提供两组关键数据作为输入：predictions 代表模型对数据的预测输出，而 references 则是对应的真实标签或目标值，基于这两者，该方法能够高效地计算并返回关键指标，如准确率，以直观反映模型的表现。

通过上述代码可以对验证集的结果进行评估，评估结果如图 4-34 所示。

```
In [29]: # 导入Datasets库中的load_metric函数，用于加载评估指标以度量模型性能。
from datasets import load_metric
# 使用load_metric函数加载名为"glue"数据集中的"mrpc"子任务所对应的评估指标。
# GLUE (General Language Understanding Evaluation) 是一系列自然语言理解任务的集合
# 是其中的一个任务，用于评估两个句子是否具有相似的语义。
metric = load_metric("glue", "mrpc")
# 调用加载的metric的compute方法来计算模型在验证集上的性能。
# 参数predictions传入之前计算得到的预测类别（preds），references传入真实的标签ID（pr
# 这将根据MRPC任务的具体要求评估模型预测的准确性。
metric.compute(predictions=preds, references=predictions.label_ids)

Out[29]: {'accuracy': 0.8382352941176471, 'f1': 0.8896321070234114}
```

图 4-34

至于为何倾向于使用预定义的评估标准而非自行设计，原因在于 NLP 任务具有较强的模式性。无论是词汇分类、句子情感判断、文档主题分类，还是语言模型的下一个词预测、文本摘要生成乃至对话系统的响应质量评估，这些任务通常遵循既定的评估框架。因此，针对这些典型任务，社区已发展出一系列成熟且广泛接受的评估方法，直接调用这些标准不仅能节省开发时间，还能确保评估结果

的可比性和通用性。

除此之外，我们在训练过程中也可以指定评估方法。在将选定的评估方法融入模型训练流程时，推荐的做法是将评估逻辑封装在一个独立的函数中，遵循固定的编写模式。在代码 4-22 中定义好 compute_metrics 函数，负责接收模型在验证集或测试集上的预测输出（通常为概率分布），并将其转换为具体的类别标签（通过如 argmax 操作），进而计算并汇总各项评估指标。具体实现时，只需将此函数作为参数传递给 Trainer 类的实例化过程，如 trainer = Trainer(..., compute_metrics=compute_metrics)，如此一来，Trainer 将在训练结束后自动执行该函数，产出模型性能的详尽报告。

代码 4-22

```python
def compute_metrics(eval_preds):
    """
    计算评估指标的函数，这里特指处理 GLUE 数据集中 MRPC 任务的评估。
    参数：
    eval_preds：一个元组，其中包含从模型得到的预测 logits（未经过 softmax 处理
的输出）和真实的 labels。
    返回：
    一个字典，包含了评估结果的各类指标，如准确率等，具体由 MRPC 任务的评估标准决定。
    """
    # 加载入 GLUE 数据集中的 MRPC 任务所使用的评估指标，用于后续的性能度量
    metric = load_metric("glue", "mrpc")
    # 解包输入的 eval_preds 元组，获取 logits（模型输出）和 labels（真实标签）
    logits, labels = eval_preds
    # 使用 numpy.argmax 沿 logits 的最后一维找到概率最大的索引，即预测的类别
    predictions = np.argmax(logits, axis=-1)
    # 根据加载的评估指标计算模型性能，传入预测的类别和真实的标签，执行评估并返回结果
    return metric.compute(predictions=predictions, references=labels)
```

总而言之，通过利用 load_metric 加载标准化评估方法，并将自定义的 compute_metrics 函数整合入训练流程，我们可以高效、准确地监控和评估模型在不同阶段的表现，为模型优化与选择提供坚实的量化基础。

定义完 compute_metrics 之后，通过代码 4-23 再重新进行训练。

代码 4-23

```python
from transformers import Trainer,TrainingArguments
training_args = TrainingArguments("test-trainer",evaluation_strategy=
"epoch")
# compute_metrics：一个函数，定义了如何从模型预测中计算评估指标，这里是之前定
义的 compute_metrics 函数。
trainer = Trainer(
```

```
model,
training_args,
train_dataset=tokenized_datasets["train"],
eval_dataset=tokenized_datasets["validation"],
data_collator=data_collator,
tokenizer=tokenizer,
compute_metrics=compute_metrics                    # 计算指标的函数
)
trainer.train()
```

如图 4-35 所示，在模型训练进程的上下文中，对引入 compute_metrics 函数前后的差异进行细致比较，揭示了一个显著的扩展趋势在评估指标的多样性上。在未集成此函数之前，模型训练的监控主要集中于基础的损失（Loss）指标，这是衡量模型预测错误程度的一个关键量度。然而，随着 compute_metrics 功能的融入，评估体系得到了丰富与深化。

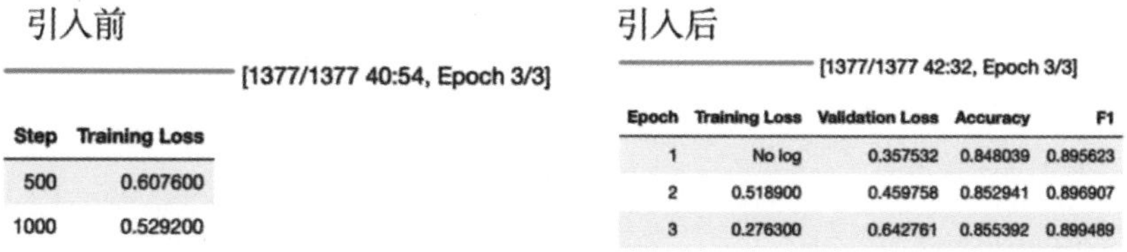

引入前

[1377/1377 40:54, Epoch 3/3]

Step	Training Loss
500	0.607600
1000	0.529200

引入后

[1377/1377 42:32, Epoch 3/3]

Epoch	Training Loss	Validation Loss	Accuracy	F1
1	No log	0.357532	0.848039	0.895623
2	0.518900	0.459758	0.852941	0.896907
3	0.276300	0.642761	0.855392	0.899489

图 4-35

具体而言，除了继续追踪模型训练过程中的损失值，系统开始同时报告准确率（Accuracy）与 F1 分数（F1 Score）。准确率作为最直观的性能指标之一，直接反映了模型预测正确的比例，对于许多分类任务而言，它是评价模型效能的基本尺度。而 F1 分数，则是一种更为均衡的度量方式，它综合了精确率（Precision）与召回率（Recall）的优点，尤其适用于类别分布不均的数据集，为模型评估提供了更为全面的视角。

因此，通过在模型训练流程中加入 compute_metrics 函数，不仅能够获得更广泛、多维度的性能反馈，还能够更精细地洞察模型在不同方面的表现力，从而为调优策略的制定与实施提供了坚实的数据支撑。这一改进不仅提升了训练过程的透明度，也强化了对模型优化方向的指导能力，是迈向高性能模型开发实践的重要一步。

4.5　本 章 小 结

本章详细介绍了大模型开发工具及其应用。首先，介绍了 Huggingface 平台，包括其基本概念和安装 Transformers 库的步骤。然后，讨论了大模型开发工具的开发范式和 Transformers 库核心设计，帮助读者了解如何有效地使用这些工具进行模型开发和应用。随后，深入解析了 Transformers 库的详细功能，包括 NLP 任务处理的全流程、数据转换形式、Tokenizer 的使用方法，以及模型的加载、输出和保存操作。最后，介绍了全量微调训练方法，涵盖了 Datasets 库和 Accelerate 库的使用、数据格式、数据预处理、模型训练的参数设置、实际训练过程和模型评估的步骤。本章为读者提供了丰富的工具和技术内容，以帮助其掌握大模型开发的核心方法和实施步骤。

第 5 章　高效微调方法

随着大语言模型（Large Language Models，LLM）引领人工智能领域的最新变革，我们见证了这一领域的空前繁荣与进步。从数万至数十万个参数的初级模型，跃升至现今动辄数十亿乃至上百亿个参数的庞然大物，这一演变历程的背后，是自 2018 年以来在自监督学习框架下对海量数据的不断挖掘与模型规模的持续扩张。与之相伴，"微调"作为提升模型特定任务性能的关键手段，其重要性日益凸显，这主要归因于大模型的高昂训练成本，使得全量微调成为多数研究者与机构难以逾越的障碍。于是，高效微调技术应时代需求而生，为解决资源约束与模型效能之间的矛盾提供了新的路径。

传统全量微调，即对模型所有参数进行全面调整的策略，已难以适应 LLM 的规模与复杂度。特别是在普通硬件环境下，大模型的资源消耗令人望而却步，寻求一种既能保持模型效能又能大幅降低资源需求的解决方案变得迫在眉睫。高效微调技术恰逢其时，通过仅调整少量新增或特定参数，同时保持预训练模型参数不变，实现了成本与性能间的微妙平衡，为大模型的广泛应用开辟了新天地。

本章将聚焦于 QLoRA 技术及其在微调 GLM 模型中的应用，探讨 QLoRA 如何在众多微调技术中脱颖而出，其独特优势何在。我们将循序渐进，从 2021 年的技术背景出发，逐步剖析至 2023 年的技术演进，展现 QLoRA、LoRA、P-Tuning、Prefix Tuning 及 P-Tuning V2 等技术的发展脉络。简而言之，LoRA 以其调整效果见长，P-Tuning 则以效率领先，而 Prefix Tuning 与 P-Tuning V2 则在效率与效果之间取得了平衡。通过深入探索这些技术的特性和演进，我们旨在为读者构建一个清晰的微调技术图谱，为未来的研究与实践提供指导与启示。

5.1　主流的高效微调方法介绍

5.1.1　微调方法介绍

1. 微调方法分类

图 5-1 将高效微调技术粗略分为三个大类：Additive（增加额外参数）、Selective（选取一部分参数更新）、Reparametrization-based（引入重参数化）。

（1）Additive。

Additive 主要分为 Adapters（适配器）和 Soft Prompts（软提示）两个小类。

① Adapters 至今仍是参数效率微调（Parameter-Efficient Fine-Tuning，PEFT）领域的一项主流技术。简而言之，适配器设计涉及在前馈神经网络（Feed Forward Neural Network，FFNN）模块内部增添一个辅助模块，以此实现对模型的针对性增强，而无需全面调整原有架构。

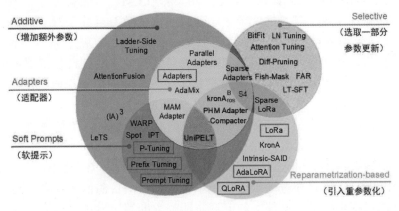

图 5-1

② Soft Prompts 包括 Prompt Tuning、Prefix Tuning 及 P-Tuning 等。Soft Prompts 的显著特点是，绕过对庞大预训练模型权重的直接调整，转而专注于优化模型的响应机制，仅通过对提示（Prompts）的精心设计与调整，即可有效引导大模型产生期望的输出变化。

Additive 不仅囊括了适配器及软提示技术，还涵盖了其他多种策略。其核心思想是，针对特定的下游任务需求，通过添加小型辅助模型或精选的新参数集来对基础模型进行扩展，初期适配器的应用即在既定模型架构基础上集成小型功能模块的实例。采用此类增量模型或参数的方法，能够高效地对大模型进行微调，确保其充分适应目标任务要求。

（2）Selective。

Selective 聚焦于有选择性地对模型现有的参数集合进行细微调整。调整依据可涉及模型层次的深度、不同类型的功能层，乃至具体参数的重要性，旨在实现精准且高效的参数优化。

（3）Reparametrization-based。

其中，LoRA 是这一类中的一个典型代表。该方法通过变换预训练模型的参数配置，乃至对网络架构本身进行适度改造，力求以较小规模的模型或参数调整来逼近并复制大模型的性能表现，其精髓在于利用参数的重新组织与优化来达到高效微调的目的。

2. 主要技术路线与相关论文

本节主要介绍两条主要技术路线的微调技术：①Soft Prompt 中的 Prefix Tuning、Prompt Tuning、P-Tuning V1 和 P-Tuning V2；②Reparametrization-based 中的 LoRA、AdaLoRA 和 QLoRA。

第一条技术路线中的技术的发布时间和相关论文如下。

（1）Prefix Tuning（*Prefix-Tuning: Optimizing Continuous Prompts for Generation*, 2021 Stanford）。

（2）Prompt Tuning（*The Power of Scale for Parameter-Efficient Prompt Tuning*, 2021 Google）。

（3）P-Tuning V1（*GPT Understand, Too*, 2021 Tsinghua, MIT）。

（4）P-Tuning V2（*P-Tuning V2: Prompt Tuning Can Be Comparable to Fine-tuning Universally Across Scales and Tasks*, 2022 Tsinghua, BAAI, Shanghai Qi Zhi Institute）。

第二条技术路线中的技术的发布时间和相关论文如下。

（1）LoRA (*LoRA: Low-Rank ADAPTATION OF LARGE LAN-GUAGE MODELS*, 2021 Microsoft)。

（2）QLoRA (*QLoRA: Efficient Finetuning of Quantized LLMS*, 2023 University of Washington)。

（3）AdaLoRA (*ADAPTIVE BUDGET ALLOCATION FOR PARAMETER-EFFICIENT FINE-TUNING*, 2023 Microsoft, Princeton, Georgia Tech)。

5.1.2　Prompt 的提出背景

1. 早期研究结果

如图 5-2 所示，在 GPT-3 研究的初步阶段，科研团队惊奇地揭示了这一预训练模型蕴含的一项非凡特质，其后被学术界正式冠名为"上下文学习"（In Context Learning，ICL）。此概念的核心逻辑围绕于从实例中推导类比的认知机制，标志着人工智能领域的一项重要进展。

上下文学习的核心理论根基在于模仿与泛化的艺术，它摒弃了传统意义上对模型进行专门针对新任务的再训练的需求。具体而言，经过大规模预训练的 GPT-3 模型，在面临未曾遇见的任务挑战时，仅需通过一种简洁而高效的途径便能迅速适应，即通过输入包含任务说明的文本段落，辅以数个与目标任务紧密相关的实例作为示范，紧随其后加入待求解的问题或查询。这些精心构造的信息，共同构成了模型输入的完整包络，犹如一串密钥，解锁了模型内在的知识宝库，引导其无须额外训练，直接产出与最后一个查询最为匹配的答案。

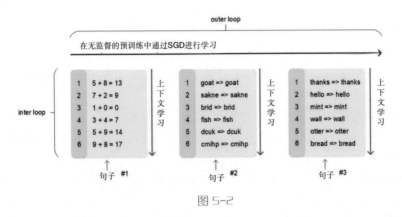

图 5-2

上下文学习的优势在于其灵活性与即时性，它不仅极大地缩减了模型调整的时间成本与计算资源需求，还展现了人工智能在理解和处理复杂情境中的深刻洞察力。这一特性不仅深化了我们对于语言模型泛化能力的理解，也为未来构建更加智能化、自适应的学习系统奠定了坚实的基础。因此，上下文学习不仅是 GPT-3 的一大技术亮点，更是通往更加高效、智能的人工智能应用的重要里程碑。

2. 新的微调道路

上下文学习的引入为微调领域铺设了一条创新路径，尤其是在 GPT-3 阐述其概念之前，学术社群面临着大模型微调方法的空白。彼时，两大难题制约着大模型的优化：一方面，高昂的训练成本及对庞大算力资源的需求使得全面加载并运算大模型成为奢望；另一方面，大模型因参数量级巨大且解释性欠佳，确定哪些参数需针对性调整成为一个未解之谜。

当时，多数人工智能领域的研究者深陷于如何有效微调大模型的困境之中。GPT-3 所倡导的上下文学习理念带来了颠覆性的见解：实现卓越性能不需要传统意义上的微调，仅需引导大模型直接响应精心设计的 Prompt，即可产出高质量的输出。这一洞见催生了 Soft Prompt 策略的兴起，其中包括即将探讨的 Prefix Tuning 与 Prompt Tuning 等技术分支。此策略的本质在于保持模型参数不变，仅通过对输入 Prompt 的巧妙设计与调整，便能显著提升模型在各类任务中的表现。

通过 Prompt 导向的方法，研究者得以规避为每项下游任务单独训练完整模型的传统做法，转而采用统一的、预训练完成且参数固定的母体模型。这一策略不仅实现了模型在多元化任务间的复用，还极大地提升了效率，因为仅需维护和存储少量的 Prompt 参数，相较于整个模型参数集的训练与存储，无疑在成本与资源占用上占据了显著优势。

3. Prompt 分类

在微调技术的范畴内，Prompt 策略被细分为以下两大类，各自承载着独特的设计理念与应用挑战。

（1）Hard Prompt（硬提示）：又称为离散 Prompt，Hard Prompt 体现了直观且直接的干预方式，它是由研究者手动精心构造的一系列具有明确语义的文本标记。Hard Prompt 直接以自然语言形式存在，构成易于人类理解与审阅的实际文字符号序列，通常涵盖中文或英文词汇。Hard Prompt 的优势在于其高度的可解释性和直观性，允许领域专家直接基于领域知识定制化设计。然而，这一过程也伴随着显著的局限——创造一个既高效又能精准引导模型输出的 Hard Prompt，往往需要深厚的专业洞察力与大量的试错工作，是一个劳动密集且可能效果不确定的任务。

（2）Soft Prompt（软提示）：Soft Prompt 常被称为连续 Prompt。这一策略摒弃了直接的人工构造路径，转而采用一种更为灵活且自动化的优化手段。Soft Prompt 实质上是一种可学习的向量表示，即一系列在向量空间中通过算法优化得到的张量，它们与模型的输入嵌入层紧密相连，能够随训练数据集的具体需求动态调整。优化过程可通过梯度下降等高级算法驱动，旨在探索最适配模型行为的虚拟标记空间。尽管 Soft Prompt 在适应性和性能上展现出显著优势，但其不足之处在于缺乏直观的人类可读性。由于这些"虚拟词元"并非直接映射到具体的自然语言词汇，对于研究人员而言，解读和调试 Soft Prompt 背后的逻辑与效果构成了一项额外的挑战，要求深入理解机器学习内部机制及其与数据的交互作用。

5.2　PEFT 库快速入门

5.2.1　介绍

PEFT 完美体现了 Huggingface 在命名上的直白与创意——直接将这一技术理念的英文缩写"PEFT"用作其开源库的标识。面对传统全参数微调所带来的高昂成本与资源挑战，PEFT 库应运而生，它是一个专为大型预训练模型设计的 Python 库，致力于在保留模型性能的同时，大幅降低微调过程中的计算资源消耗与存储需求。

PEFT 的核心价值在于其开创了一系列精妙的策略，允许用户在无须触碰模型全部参数的前提下，仅通过微调一小部分（有时是新增的）参数，就能实现模型在多种下游任务上的高效迁移与定制。这一创新不仅大幅度削减了训练成本，还奇迹般地维持了与全量微调模型相媲美的性能水平，从而使大模型（LLM）的训练与部署在普通消费者级别的硬件设施上成为可能，极大地拓宽了前沿 AI 技术的应用边界。

如图 5-3 所示，PEFT 库与业界知名的 Transformers 库、Diffusers 库及 Accelerate 库紧密集成，这一协同不仅优化了大型模型的加载流程，还简化了训练与推理的执行步骤，为研究人员和开发者搭建了一套快速、简便的工作流程。通过这些集成，用户能够以前所未有的速度与效率驾驭复杂模型，推动 AI 技术在各个领域的深度应用与创新。

PEFT

📖 PEFT (Parameter-Efficient Fine-Tuning) is a library for efficiently adapting large pretrained models to various downstream applications without fine-tuning all of a model's parameters because it is prohibitively costly. PEFT methods only fine-tune a small number of (extra) model parameters - significantly decreasing computational and storage costs - while yielding performance comparable to a fully fine-tuned model. This makes it more accessible to train and store large language models (LLMs) on consumer hardware.

PEFT is integrated with the Transformers, Diffusers, and Accelerate libraries to provide a faster and easier way to load, train, and use large models for inference.

图 5-3

在完成第 4 章的学习之旅后，读者已经熟练掌握了 Transformers 库中诸多核心组件的应用，为深入探索高级模型调优技术奠定了坚实的基础。第 5 章将聚焦于实现各类高效微调方法的实战编码，但在深入探析每种具体策略之前，首要任务是熟悉 Transformers 库内与 PEFT 相关的关键模块。这些模块构成了实现高效微调不可或缺的工具箱，为接下来的实践操作铺平道路。

得益于第 4 章中对 Transformers 库的深入学习，读者应当已具备了扎实的理论基础与实践经验，这为过渡到第 5 章的 PEFT 技术学习创造了极其顺畅的衔接。本章内容设计注重连贯性，旨在确保先前所学知识能够自然延伸至 PEFT 领域的知识探索中，即使面对更高级的微调技巧，也能轻松上手，无障碍推进学习进程。通过逐步剖析 Transformers 库中与 PEFT 相关的 API 与工具，我们旨在巩固既有知识的同时，开启通往模型优化与性能提升的新篇章。

5.2.2　设计理念

1．一脉相承的设计

PEFT 库秉承了 Transformers 库一贯的设计哲学，追求高度的整合性与易用性。在 Transformers 这一基石库中，构建任何复杂模型的框架均奠基于三大核心抽象组件：Config（配置）、Tokenizer（分词器）与 AutoModel（自动模型）。这些组件构成了模型的骨架，使得用户能够便捷地将预训练完成的大模型集成至其项目中，无论是配置模型参数、文本预处理还是模型本身的加载，皆能一气呵成。

迈进高效微调的领域，PEFT 库沿袭了 Huggingface 所推崇的简洁性与易用性原则，未过度堆砌新的概念体系，而是在现有的 Transformer 框架之上巧妙扩展，引入了 PeftModel 与 PeftConfig 两大核心组件。这一设计哲学不仅确保了与既往知识体系的无缝对接，同时也为用户在不破坏原有工作流程的基础上，平滑过渡到高效微调技术的应用提供了便利。所有既有的模型概念与操作习惯均在 PEFT 库中得以保留与继承，使得开发者能够在熟悉的环境中，轻松掌握并运用 PEFT 库提供的高级微调方法，加速推动模型面向特定任务的定制与优化。

2．支持的方法

随着学术界对高效微调（Efficient Fine-Tuning）方法研究的不断深入与创新，Huggingface 的 PEFT 库紧随技术前沿，历经了频繁且实质性的代码更新与优化。这一系列迭代不仅迅速吸纳了最新的研究成果，还确保了对多样化高效微调技术的广泛兼容与深度支持，进而成为众多研究人员与开发者青睐的首选工具。PEFT 库之所以能够赢得广泛认可，在很大程度上归功于其持续的技术革新能力及对用户需求的敏锐捕捉，这使得它成为衔接理论研究与实际应用的桥梁。

如图 5-4 所示，PEFT 库展现了其强大的兼容性与实用性，不仅覆盖了多种主流的预训练模型架构，还囊括了丰富多样的高效微调策略。从经典的 Adapter 方法、软提示技术，到 LoRA、Prompt Tuning、Prefix Tuning 等先进方法，PEFT 库均提供了便捷的接口与翔实的文档，助力用户轻松实现模型的个性化定制与性能优化。图 5-4 清晰地勾勒出 PEFT 库在模型支持与微调方法集成方面的广度、深度，彰显了其作为高效微调技术实践平台的独特价值与领先地位。

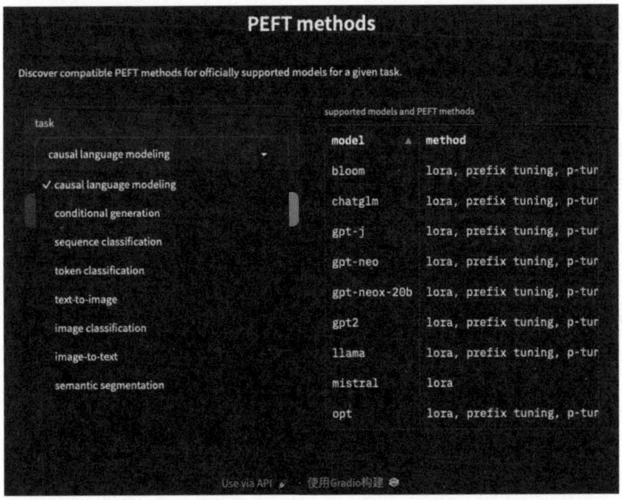

图 5-4

Huggingface 的 PEFT 库内置了一个基于 Gradio 库构建的交互式界面，该界面以其直观的操作体验和丰富的功能特性，为用户提供了直接探索库支持能力的窗口。界面中精心设计的下拉菜单囊括了多种 task_type 选项，用户可根据自身感兴趣的下游应用场景进行选择。一旦选定任务类型，界面即刻呈现与之匹配的推荐模型列表及相应的高效微调技术，实现了动态、实时的查询功能，使用户能够轻松获知 PEFT 库当前支持的所有模型与方法组合，极大提升了用户获取信息的效率与便捷性。

ADAPTERS

AdaLoRA

IA3

Llama-Adapter

LoHa

LoKr

LoRA

LyCORIS

Multitask Prompt Tuning

OFT

Polytropon

P-tuning

Prefix tuning

Prompt tuning

此外，为了满足不同用户的需求偏好与深度探索的愿望，如图 5-5 所示，Huggingface 官方网站的官方文档板块同样扮演了重要角色。在此文档中，不仅详尽记录了 PEFT 库的安装指南、基本使用方法，还专门汇总了库中支持的主流微调方法，包括但不限于各类创新性技术的原理介绍、代码示例及最佳实践建议。这样的文档布局旨在为研究人员、开发者乃至初学者构建一个全方位、层次分明的知识体系，确保每位访问者都能根据自身的学习路径或项目需求，快速定位并深入了解 PEFT 库的强大功能与最新进展。

图 5-5

3．PeftModel

在实例化 PeftModel 过程中，不可或缺的两个关键元素为基础模型 Model 与微调配置 PeftConfig。其中，Model 实质上是对 Transformers 库中预训练模型的引用，这一模型封装了 Transformers 模型使用的经典三要素：配置、原始模型实现及分词器。鉴于 Model 本身已内嵌了分词逻辑（通过包含的 Tokenizer，在 PEFT 这一更高层级的框架设计中，不需要也不再重复定义分词器，从而保持了代码结构的精简与逻辑的清晰。

进一步深化，PEFT 框架引入了 AutoPeftModel 这一抽象概念，该设计明显借鉴并发展了 Transformers 库中 AutoModel 的理念，同时保留并强化了"Auto"系列的自动化与通用性优点。AutoPeftModel 不仅承继了 Transformers 库对预训练大模型的标准化接口与自动模型检索机制，还在此基础上实现了功能的飞跃——它不再局限于标准的大模型范畴，而是进化为一个高度灵活且可扩展的模型框架，能够自如接纳多种 PEFT 微调策略的注入。

相较于传统的大模型，AutoPeftModel 的标志性特征在于其无缝对接广泛 PEFT 方法的能力。具体而言，它能够支持当前业界主流的三大 PEFT 技术：Adapter（适配器）方法，通过在模型内部插入小型可训练模块来实现高效调整；Soft Prompt 技术，依靠在输入序列中加入可学习的提示序列来引导模型输出；以及 LoRA（低秩适应），一种通过低秩分解减少参数量级的重参数化策略。这些方法的集成，使得 AutoPeftModel 成了连接传统预训练模型与前沿微调技术的桥梁，极大地拓展了模型在特定任务上的适应性和效能。

4．PeftConfig

在实践 PEFT 技术的过程中，每种方法往往伴随着一系列特定的超参数设定，这些参数源自相关研究论文，并对模型的微调效果至关重要。为了系统化管理这些参数，我们自然而然地借鉴了 Transformers 库中成熟的设计模式，特别是 AutoClass 架构下的 Config 组件。基于此，所有 PEFT 方法的配置均设计为从基础的 PeftConfig 类派生，形成了一套有序且易于维护的配置继承体系。

PeftConfig 作为这一配置体系的基石，不仅封装了 PEFT 方法共通的配置逻辑，还通过一个核心参数——peft_type，精巧地指引了不同微调策略的选择。这个参数扮演了关键角色，依据其设定值，可以动态确定采用哪种高效的微调方法，比如 Adapter、Soft Prompt 或 LoRA 等，从而确保了配置与方法实现之间的灵活对接。这种设计哲学不仅体现了 PEFT 框架的高度模块化与灵活性，也是其实现高效、可定制化微调的核心逻辑所在。

通过这样的设计，用户在面对多样化的 PEFT 技术时，只需专注于配置 PeftConfig 中的相应参数，即可轻松指定并调整所需方法的超参数细节，无须担忧底层实现的复杂性。这一策略不仅极大地降低了高效微调方法的应用门槛，也为科研人员和开发者提供了一个清晰、一致的配置框架，促进了 PEFT 技术的普及与深化应用。

5.2.3　使用

如代码 5-1 所示，PEFT 库参数定义如下。

代码 5-1

```
# 从 PEFT 库中导入 LoRA 配置类及任务类型枚举
from peft import LoraConfig, TaskType
# 初始化 LoraConfig 对象以配置 LoRA（Low-Rank Adaptation）适配层的参数
# 这些参数用于自定义 LoRA 层的结构和行为，LoRA 是一种轻量级的微调方法，适用于大模型
peft_config = Lora_config(
    task_type=TaskType.SEQ_2_SEQ_LM,       # 指定任务类型为序列到序列的语言建模（如文本生成任务）
    inference_mode=False,       # 设置为 False 表示是在训练模式，如果是 True 则是在推理模式下的一些特定优化将被应用
    r=8,                        # LoRA 层中的秩数（rank），决定了适配层的大小和容量，较低的值使模型更轻量
    lora_alpha=32,              # LoRA 层中权重矩阵的缩放因子，影响学习率和参数初始化规模
    lora_dropout=0.1            # LoRA 层中的 dropout 比例，用于正则化和防止过拟合
)
```

首先，PEFT 库效仿 Transformers 库的便捷性，用户能够直接通过简单的导入语句 from peft import ...来获取库中封装的核心配置与方法，这一设计确保了高效

且直观的使用体验。其中，LoraConfig 作为一个精心预制的配置类，专为 LoRA 这种 PEFT 技术量身定制，它封装了 LoRA 论文中提及的关键超参数，为用户提供了一站式配置解决方案。这些参数对于理解及复现 LoRA 方法至关重要，它们的详细解读与调整指导则安排在第 6 章，以确保读者能够深入掌握并灵活应用。

PEFT 库的这一设计哲学，凸显了其致力于消除先进技术应用障碍的宗旨。仅需寥寥数行代码，即便是论文中描述的诸多新颖技术，也能轻松实现于实际项目之中，大大缩短了从理论认知到实践操作的距离。PEFT 库以此为契机，不仅降低了技术门槛，还极大地激发了研究者、开发者探索和应用最前沿微调技术的热情与创造力，真正实现了学术成果向实用工具的高效转化。

代码 5-2 用于加载模型，在开展微调任务之际，我们依托功能强大的 Transformers 库来加载基础预训练模型。本例中，选定的模型为 "bigscience/mt0-large"，此选择旨在演示流程，而无须深究该模型的具体细节。"bigscience/mt0-large"作为一个示例模型，代表了大规模多语言预训练的一种实现，其内部蕴含了丰富的跨语言知识，能够为后续的微调工作奠定坚实的基础。重要的是理解加载过程本身：通过 Transformers 库，用户能够简便快捷地获得这些高级模型，无论它们背后隐藏着怎样复杂的结构或训练过程，库的抽象接口都将其简化为几个直观的调用步骤。这样，研究者、开发者可以将更多精力集中于模型针对特定任务的微调策略与实验设计上，而非模型的初始获取与配置环节。

代码 5-2

```
# 从 Transformers 库中导入 AutoModelForSeq2SeqLM 类
from transformers import AutoModelForSeq2SeqLM
# 使用 AutoModelForSeq2SeqLM 的 from_pretrained 方法加载预训练好的序列到序列
（seq2seq）语言模型
# 这里加载的是"bigscience/mt0-large"模型，mt0-large 是 BigScience 项目提供
的一个大规模多语言预训练模型，
# 适合用于多种序列到序列的任务，如翻译、文本摘要等
model = AutoModelForSeq2SeqLM.from_pretrained("bigscience/mt0-large")
```

代码段 5-3 旨在展示如何构建 PEFT 模型，通过调用 get_peft_model 这一核心函数，将基础模型与预先配置好的 peft_config 相结合，进而成功生成一个具备 PEFT 特性的 PeftModel 实例。此过程不仅体现了 PEFT 框架的灵活性与高效性，还巧妙地将 LoRA 配置中的各项设计意图融入模型架构，确保了模型针对特定任务的优化方向与效率。

代码 5-3

```
# 从 PEFT 库中导入 get_peft_model 函数，PEFT 库用于实现模型的参数高效微调
from peft import get_peft_model
# 使用 get_peft_model 函数对原始模型（model）进行适配，使其支持 PEFT（Prompt
```

```
Learning or Adapter Tuning）策略，
# peft_config 参数包含了微调配置信息，如 adapter 类型、层选择等
model = get_peft_model(model, peft_config)
#调用模型的 print_trainable_parameters 方法，打印出经过 PEFT 调整后可训练的模
型参数数量和详情。
#这有助于理解哪些模型部分将被微调，而哪些部分将保持冻结，这是 PEFT 高效微调的核心
优势之一
model.print_trainable_parameters()
# 输出如下
"output: trainable params: 2359296 || all params: 1231940608 || trainable%:
0.19151053100118282"
```

为了深入洞察模型内部的训练动态，print_trainable_parameters 方法被引入作为 PeftModel 的标准功能之一。此方法的运用，意在直观展示在当前 PEFT 配置下，模型中可训练参数的数量及其相对于整体参数量的比例。鉴于 PEFT 技术的核心优势在于仅对部分参数进行微调，避免了全模型训练的高昂计算成本，因此，了解并监控训练参数的规模与占比，对于评估模型优化策略的有效性、监控资源消耗及预测训练时间具有不可小觑的意义。通过此方法的输出，用户可以清晰识别出哪些参数正在接受梯度更新，从而更好地把握 PEFT 训练进程的焦点与效率。

代码 5-4 承载着训练流程的核心职责，其运作基于在第 4 章中详尽阐述的 Transformers 库的 Trainer 抽象类。第 4 章不仅概述了 Trainer 的设计哲学与结构，还强调了其作为模型训练通用解决方案的重要性。在具体实施训练时，Trainer 要求明确界定若干关键要素以确保训练过程的顺利进行。

代码 5-4

```
# 初始化训练参数对象，配置模型训练所需的各项设置
training_args = TrainingArguments(
    # 模型输出目录，训练结束后，模型将保存在此路径下
    output_dir="your-name/bigscience/mt0-large-lora",
    # 学习率，模型参数更新的步长
    learning_rate=1e-3,
    # 每个设备上的训练批次大小，影响内存占用和训练速度
    per_device_train_batch_size=32,
    # 每个设备上的评估批次大小，影响评估阶段的内存占用和速度
    per_device_eval_batch_size=32,
    # 总共训练的轮数，即完整遍历数据集的次数
    num_train_epochs=2,
    # 权重衰减因子，用于 L2 正则化，帮助减少过拟合
    weight_decay=0.01,
    # 评估策略，这里设置为每个 epoch 评估一次
    evaluation_strategy="epoch",
```

```
    # 模型保存策略，每个 epoch 结束时保存模型
    save_strategy="epoch",
    # 是否在训练结束时加载最佳模型（基于验证性能）
    load_best_model_at_end=True,
)

# 创建 Trainer 对象，这是训练的主控制器，整合了模型、训练参数、数据集等
trainer = Trainer(
    # 要训练的模型
    model=model,
    # 上述定义的训练参数
    args=training_args,
    # 训练数据集
    train_dataset=tokenized_datasets["train"],
    # 评估数据集
    eval_dataset=tokenized_datasets["test"],
    # 用于文本预处理的分词器
    tokenizer=tokenizer,
    # 数据收集器，用于批量处理数据
    data_collator=data_collator,
    # 度量指标函数，用于评估模型性能
    compute_metrics=compute_metrics,
)

# 开始模型训练
trainer.train()
```

首先，要素涉及训练的基础载体——所选定的模型架构。这要求用户明确指出期望在其上施加训练的模型类型，它是整个训练蓝图的骨架。其次，训练参数的设定构成了指导模型学习过程的指令集，包括学习率、批次大小、迭代次数等，这些参数共同决定了模型性能优化的方向与速度。最后，数据集的供给是训练的实体内容，若无数据则模型无从学习，因此精心准备并配置合适的数据输入是至关重要的一步。

值得注意的是，在维持其他配置恒定的前提下，Transformers 库的 Trainer 展现了高度的灵活性与兼容性，能够直接接纳经过 PEFT 库定制的 PeftModel 作为训练对象。这一特性极大简化了基于大规模预训练模型的微调流程，彰显了 PEFT 库在促进模型个性化调整与效率提升方面的作用。

后续章节将深入探索多种大模型微调策略，并实践性地展示如何利用 PEFT 库将这些理论方法转化为实际操作。通过结合理论解析与动手实操，读者不仅能获得对大模型微调技术的深刻理解，还能亲历 PEFT 库在简化这一复杂过程中的强大功能与便捷性，进而为各自的科研或工程应用开辟新的天地。各种大模型微

调方法在 PEFT 库的支持下会变得非常简单。下面的章节将一边讲解大模型微调方法，一边用 PEFT 库进行实现。

5.3 Prefix Tuning

5.3.1 背景

Prefix Tuning 作为一种增量调整策略，通过在模型输入前附加一系列专为特定任务设计的连续向量来实现其独特性。在此机制中，仅对这些被称为"前缀"的参数进行优化，并将其融入模型每一层级的隐藏状态之中，而模型的其余部分保持不变。

2021 年，斯坦福大学通过一项学术发表，引入了一项创新思维：在 Transformer 架构的前端嵌入特化的特征向量——Prefix，随后固定 Transformer 的所有其他参数，使 Prefix 担当起生成新 Token 的重任，这些 Token 进一步适应特定任务需求。此法与人为设计的 Prompt 模板（也称提示模板）策略异曲同工，反之亦然，Prompt 模板的构思实质上是对 Prefix Tuning 原理的人工模拟，凸显了人类在引导模型行为方面的间接作用。

借鉴于大模型的应用体验，面对 Prompt 设计的不确定性，研究者通常采取试错法，不断变换 Prompt 以探索最有效的询问模式。然而，人工构建的模板深受个体主观性和细微变动高度敏感性的制约，哪怕是词语的增删或顺序的微调，也可能导致输出性能的显著波动。

鉴于此，斯坦福大学于 2021 年通过提出 Prefix Tuning，引入一种更为自动化的方法以探寻最优 Prompt。该技术的核心在于锁定预训练完成的大模型参数，转而专注于开发针对特定任务、可训练的前缀，从而为每项任务量身定制并保存独立的前缀参数集，极大地减轻了微调的资源负担。更进一步，这些 Prefix 本质上构成了连续且可微分的 Virtual Token（虚拟词元），相较于传统的离散 Token，优化过程更为顺畅，且能取得更佳性能。

综上所述，Prefix Tuning 的核心价值在于大幅度削减了大模型微调的经济和技术成本，因为它无须触及模型底层参数，从而减少了对 GPU 计算能力的依赖及训练时间，实现了无须全面加载庞大模型参数即可进行高效调整的目标。

5.3.2 核心技术解读

如图 5-6（该图引自论文 *Prefix-Tuning: Optimizing Continuous Prompts for Generation*）所示，技术的创新之处在于将 Prefix 策略无缝融入 Transformer 模型架构，其核心步骤如下。

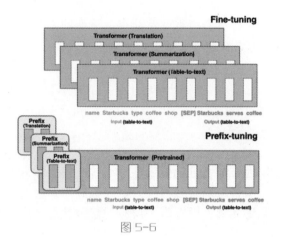

图 5-6

（1）Prefix 模块集成：在经过预训练的 Transformer 模型前端，精心设计并接入一个专门的 Prefix 模块。这一设计旨在为模型输入提供任务特定的引导信息，而无须改动模型原有的深层结构。

（2）针对性训练策略：仅对新增的 Prefix 参数进行优化与学习，与此同时，确保 Transformer 模型的其余部分参数保持冻结状态。这种差异化训练方式有效聚焦于模型的微调优化，显著提升了训练的针对性与效率。

（3）资源优化与成本控制：通过上述策略，显著减缓了对 GPU 计算资源的依赖，大幅缩减了训练周期与成本，为大模型的快速部署与迭代提供了可能性。

（4）大模型的微调突破：尤其对于 GPT-3 这类参数量级庞大的模型，此方法展现出了前所未有的吸引力，使得微调这些庞然大物不仅成为可能，而且在资源消耗上变得相对可控。其核心优势在于避免了对模型全量参数的逐一调整，极大减轻了计算负担。

对比传统的全量微调（Full-finetuning），该技术通过在模型输入序列的起始处智能构建任务适应的虚拟词元作为 Prefix，实现了训练目标的精确指引。这一过程利用前馈网络动态调整 Prefix 参数，而 Transformer 的剩余部分则保持稳定，展示了与人工构造 Prompt 策略的异同——Prompt 作为外显、固定的引导信息，缺乏自适应学习能力；而 Prefix 则是内隐、可学习的提示，能够在训练过程中自我优化，从而更精准地适应任务需求。

为确保训练过程的稳定性和效率，研究者在 Prefix 模块的前端巧妙融入了多层感知机（Multilayer Perception，MLP）结构，旨在为 Prefix 参数的学习提供更为平滑的路径。实践证明，这一设计不仅有效避免了直接优化 Prefix 参数可能引发的训练不稳定性问题，而且在训练结束后，仅需保留优化后的 Prefix 参数，进一步减轻了模型的存储与部署负担。

尤为重要的是，论文研究结果显示，尽管 Prefix Tuning 技术大幅度减少了模型参数量（约减少至原参数量的千分之一），其模型性能仍能与全量微调模型相媲

美，尤其是在数据资源有限的场景下，展现出了超越常规微调方法的卓越性能，
为高效模型调优开辟了新的途径。

5.3.3　实现步骤

对于本章节的代码，如果你有很好的 Python 基础，那么就可以很好地理解它；
如果没有，那么可以在学习 Huggingface 的 PEFT 库后再来看它。

首先导入 Huggingface 的 PEFT 库，导入必要的类，定义模型和标记器、文本
和标签列及一些超参数，这样以后更容易、更快地开始训练。如代码 5-5 所示，
创建 PrefixTuningConfig 的配置类。

代码 5-5

```python
# 从 PEFT 库中导入所需的各种类和函数，用于实现不同的参数高效微调策略
from peft import (
    get_peft_config,         # 获取 PEFT 配置的函数
    get_peft_model,          # 根据配置获取 PEFT 模型的函数
    PrefixTuningConfig,      # 前缀调优配置类，用于前缀调优策略
    TaskType,                # 任务类型的枚举，如序列到序列任务等
    PeftType,                # PEFT 类型的枚举，定义了不同的微调类型
    PeftModel,               # PEFT 模型基类，用于扩展自定义微调模型
    PeftConfig               # PEFT 配置基类，所有微调配置的基类
)
# 设定设备为 CUDA，意味着模型将在 GPU 上运行
device = "cuda"
# 模型型和分词器的名称或路径，这里使用"T5-large"模型
model_name_or_path = "t5-large"
tokenizer_name_or_path = "t5-large"
# 数据列的名称，用于从数据集中提取文本和标签
text_column = "sentence"
label_column = "text_label"
# 序列的最大长度，用于文本预处理
max_length = 128
# 学习率设置
lr = 1e-2
# 总训练轮次
num_epochs = 5
# 批次大小
batch_size = 8
# 初始化前缀调优的配置实例
peft_config = PrefixTuningConfig(
    peft_type="PREFIX_TUNING",      # 设置微调类型为前缀调优
    task_type="SEQ_2_SEQ_LM",       # 指定任务类型为序列到序列（如文本生成）
```

```
    num_virtual_tokens=20,              # 前缀的虚拟词元数量
    token_dim=768,                      # 虚拟词元的维度
    num_transformer_submodules=1,       # 变换器子模块的数量
    num_attention_heads=12,             # 注意力头的数量
    num_layers=12,                      # 层数量
    encoder_hidden_size=768,            # 编码器隐藏层大小
    inference_mode=False                # 是否为推理模式，False 表示训练模式
)
```

PrefixTuningConfig 配置类参数说明如下。

（1）peft_type（str）：指定训练方式为 Prefix Tuning。

（2）task_type（str）：正在训练的任务类型，在本例中为序列分类 SEQ_2_SEQ_LM。

（3）num_virtual_tokens（int）：Virtual Token 的数量，也就是 Prompt 大小。

（4）token_dim（int）：词向量维度。

（5）encoder_hidden_size（int）：Prompt Encoder 的隐藏层大小。

（6）prefix_projection（bool）：是否投影前缀嵌入。

如代码 5-6 所示，设置模型，并确保它已准备好接受训练。在 PrefixTuningConfig 中指定任务，从 AutoModelForSeq2SeqLM 创建基本 t5-large 模型，然后将模型和配置封装在 PeftModel 中。

代码 5-6

```
# 加载预训练的序列到序列语言模型（如 T5、BART 等）
# 使用 Transformers 库的 AutoModelForSeq2SeqLM 从指定路径或名称加载模型
# device_map='auto'自动将模型分布在可用的 GPU 上（如果有的话）
# torch_dtype='auto'自动选择最适合当前硬件的 dtype 以优化内存使用
# trust_remote_code=True 允许加载模型时信任远程仓库中的代码，这对于使用包含自
定义扩展的模型很重要
model = transformers.AutoModelForSeq2SeqLM.from_pretrained(
        model_name_or_path,
        device_map='auto',
        torch_dtype='auto',
        trust_remote_code=True
    )


# 应用 PEFT（Prompt Tuning 或 Prefix Tuning 等）对模型进行微调配置
# peft_config 包含了如前所述的微调设置，如 peft_type、task_type 等
model = get_peft_model(model, peft_config)
# 打印出经过 PEFT 调整后模型中可训练参数的数量和详情
# 这有助于理解哪些部分的模型参数在接下来的训练过程中会被更新
model.print_trainable_parameters()
```

```
#out: "trainable params: 983040 || all params: 738651136 || trainable%:
0.13308583065659835"
```

通过 model.print_trainable_parameters()方法打印 PeftModel 的参数，并将其与完全训练所有模型参数进行比较，需要参加训练的参数仅占 0.13%。

如代码 5-7 所示，设置优化器和学习率调度器。

代码 5-7

```
# 使用 AdamW 优化器，它是一种将权重衰减（L2 正则化）纳入 Adam 优化算法的方法，适用
于 Transformer 模型的训练。
# model.parameters() 提供了模型中所有可学习参数的迭代器，lr 参数设置了学习率。
optimizer = torch.optim.AdamW(model.parameters(), lr=lr)
# 初始化学习率调度器，使用线性预热（warmup）策略，该策略在训练初期逐步增加学习率，
之后再按计划递减。
# 这有助于模型在训练开始时更快地摆脱局部最小值，并在后续训练中保持较好的收敛性。
# get_linear_schedule_with_warmup 需要 optimizer, num_warmup_steps（预
热步数），以及总训练步数作为参数。
# 这里 num_warmup_steps 设为 0，意味着不进行学习率的预热阶段，直接开始训练。
# 计算总训练步数为训练数据加载器长度乘以总 epochs 数，确保学习率按照训练全程线性
下降。
lr_scheduler = get_linear_schedule_with_warmup(
    optimizer=optimizer,
    num_warmup_steps=0,  # 不使用学习率预热阶段
    num_training_steps=(len(train_dataloader) * num_epochs),  # 总训练
步数
)
```

如代码 5-8 所示，模型训练的其余部分均无须更改，将模型移动到 GPU 上训练，当模型训练完成之后，保存高效微调部分的模型权重以供模型推理。

代码 5-8

```
peft_model_id = f"{model_name_or_path}_{peft_config.peft_type}"
model.save_pretrained(peft_model_id)
```

save_pretrained 将保存增量 PEFT 权重，分为两个文件：adapter_config.json 配置文件和 adapter_model.bin 权重文件。

最后，如代码 5-9 所示使用模型。

代码 5-9

```
# 使用 Transformers 库的 AutoModelForSeq2SeqLM 类从预训练模型中加载一个用于序
列到序列语言建模的模型。
# model_name_or_path 参数指定了模型的名称或本地路径
model = AutoModelForSeq2SeqLM.from_pretrained(model_name_or_path)
```

```
# 将上面加载的模型与 PeftModel 结合，实现适配层。
# 这通过 peft_model_id 定位到存储了适配层配置和权重的预训练模型，增强原模型在特
定任务上的表现能力。
model = PeftModel.from_pretrained(model, peft_model_id)
```

之后就可以直接调用 model.generate()方法来生成答案。总结：Prefix Tuning
在实际项目代码中使用并不多，但是其意义很重要：一方面，降低了大模型微调
的成本；另一方面，其效果在一定程度上比 Fine Tuning 强，这说明单纯依赖计算
能力的微调并不一定优于那些经过巧妙设计的调整策略，这是很重要的结论。

5.3.4　实验结果

如图 5-7（该图同样出自论文 *Prefix-Tuning: Optimizing Continuous Prompts for
Generation*）所示，实验数据分析揭示了 Prefix Tuning 在成本效益上的显著优势。
横坐标是 training_data_size 的大小，纵坐标是不同方法在不同数据集上的表现。
相较于传统的 Fine Tuning 方法，Prefix Tuning 在资源消耗方面展现出了极大的节
约，其所需的计算成本和时间成本远低于 Fine Tuning。令人瞩目的是，这种效率
的提升并未以牺牲模型性能为代价。

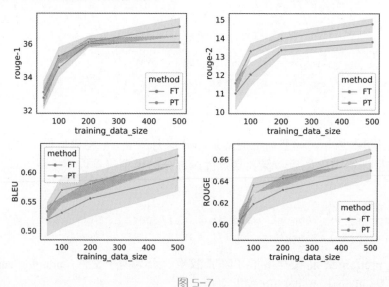

图 5-7

在一系列广泛采用的基准测试中，随着训练数据规模从较小数据集逐步扩展
到较大数据集，Prefix Tuning 展现出了非凡的适应性和竞争力。尤其值得注意的
是，即使在数据量有限的情况下，Prefix Tuning 模型的性能表现非但没有减弱，
反而在某些测试中超越了全量微调的 Fine Tuning 模型，彰显了其在数据效率上的
卓越表现。这意味着，Prefix Tuning 不仅在资源节约方面具有明显优势，还在模

型泛化能力和对有限数据集的利用上展现出了更强的能力。

这一系列实验结果深刻地证明了，通过仅优化模型前端的 Prefix 参数而非模型全部参数，Prefix Tuning 策略不仅显著降低了微调的经济和技术门槛，还能够在不同数据规模下保持甚至超越 Fine Tuning 的性能水平，为处理大模型的高效微调提供了一条崭新且高效的途径。这些发现无疑为未来深度学习模型的优化与应用开拓了新的视角，特别是在资源受限或追求快速迭代的场景下，Prefix Tuning 的价值尤为突出。

5.4 Prompt Tuning

5.4.1 背景

Prefix Tuning 技术在实际应用中暴露出若干局限性，具体体现在以下两个主要方面。

（1）其运作机制基于在原有输入 Prompt 之前附加前缀，这一过程直接占用了模型的输入容量。由于前缀内容融入模型接收的信息之中，不可避免地对模型处理生成任务时的有效输入范围构成挤压，可能对生成质量与多样性产生不利影响，尤其是在要求高精度和复杂上下文理解的任务场景下。

（2）Prefix Tuning 依赖于离散型 Prompt 设计，该方法不仅实施成本偏高，而且在实践中往往难以达到预期的优化效果。尤其是引入的多层感知机(MLP)结构复杂，增加了训练难度，限制了模型的可塑性和效率。

在此背景下，Prompt Tuning 作为一种创新策略应运而生，可视作 Prefix Tuning 的精炼变体。其核心差异是，Prompt Tuning 仅在模型的输入嵌入层集成提示参数，而非遍历所有模型层插入 Prefix 参数。这一调整极大简化了模型结构调整的复杂度，规避了 MLP 训练的挑战，转而依赖于在输入层面精心设计的 Prompt Token 来驱动模型针对特定任务的响应能力。通过仅更新这些 Prompt Token 的嵌入参数，既维持了预训练模型参数的稳定不变，又实现了高效的任务适应性调整，显著降低了训练负担，提高了模型的灵活性与可维护性。

Prompt Tuning 的理论基石在于赋予 Prompt Token 独立更新参数的能力，这一机制确保模型能够以较低的计算成本实现对特定任务的优化，同时保持了与大规模预训练模型的兼容性。实验研究表明，尽管 Prompt Tuning 未必能在所有指标上全面超越 Fine Tuning，但其实现的性能已十分接近，表明其能以较低的开发成本达成与高成本方法相近的成果。尤为重要的是，随着模型规模的持续扩大，Prompt Tuning 展现出更大的潜力，有望在更庞大的参数集合上实现更为优越的性能提升。

因此，Prompt Tuning 的主要贡献如下。

（1）引入了一种直观且自然的语言引导方式，提升了大模型的操控性和透明度。

（2）特别适合应用于那些已积累丰富通用知识的成熟模型，即利用模型的规模化优势（Scale），进一步挖掘其潜能。

（3）继承并发扬了 Prefix Tuning 的优势，通过避免加载整个庞大模型，显著降低了资源需求，为大模型的高效部署与任务定制提供了可行路径。

5.4.2 核心技术解读

图 5-8 引用自论文 *The Power of Scale for Parameter-Efficient Prompt Tuning*，本节旨在对比 Prompt Tuning 与传统的完全模型微调（Model Tuning）策略。左图揭示了传统做法的烦琐之处：针对 Task A、B、C 等不同任务，分别设立专属的训练集。这意味着每新增一个任务，就需要从零开始训练一个全新的模型，导致资源消耗与时间成本成倍增长。先前讨论的 Prefix Tuning 虽有所改进，通过仅对前缀部分进行单独训练而后整合至模型，减少了部分训练负担，但仍遵循每个任务对应独立模型的框架，本质上并未摆脱"一任务一模型"的局限性。

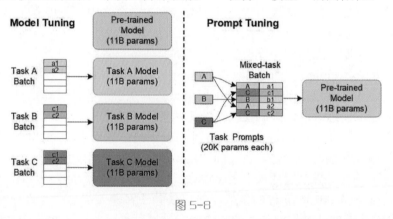

图 5-8

右图展示了 Prompt Tuning 的革新设计。与 Prefix Tuning 局限于在 Transformer 架构内部增添前缀模块不同，Prompt Tuning 采取了一种更为高效的外部模型架构，该架构与基础预训练模型相隔离，形成一个独立的外挂系统。此设计不仅允许跨任务的联合训练，即同时处理 Task A、B、C 等多个任务，显著提升了训练效率与模型的泛化能力，还通过减少对原始模型参数的干预，维护了预训练模型的稳定性与性能。

尤其值得注意的是，Prompt Tuning 进一步提出了 Prompt Ensembling 策略，在单个训练批次中集成多个针对同一任务的不同形式的 Prompt，这实质上模拟了多个模型的集成学习效应，却大幅降低了实际集成多个模型的高昂成本。通过这种策略，每个 Batch 内的多样化 Prompt 促进了模型对任务理解的深度与广度，增强了模型的健壮性和灵活性。

综上所述，Prompt Tuning 的核心优势在于其构建的通用下游任务处理框架，单一混合模型即可应对多样化的任务需求，展现了高度的多任务适应性和效率。然而，如同 Prefix Tuning，Prompt Tuning 也未能完全规避占用模型输入序列空间的问题，尽管作为 Prefix Tuning 的一种优化形态，它在降低训练复杂度的同时，仍需考虑前缀或 Prompt 对输入资源的占用，这是未来研究中值得进一步探索与优化的方向。

5.4.3　实现步骤

当我们实现 Prompt Tuning 时，如代码 5-10 所示，首先导入 Huggingface 的 PEFT 库，定义模型和标记器、要训练的数据集和数据集列、一些训练超参数和 PromptTuningConfig。PromptTuningConfig 包含有关任务类型、初始化提示嵌入的文本、虚拟标记的数量以及要使用的标记生成器的信息：

代码 5-10

```
# 从 PEFT 库中导入必要的类和函数，用于实现 Prompt Tuning 等参数高效微调技术
from peft import (
    get_peft_config,        # 用于获取 PEFT 配置的函数
    get_peft_model,         # 用于根据配置创建 PEFT 模型的函数
    PromptTuningConfig,     # Prompt Tuning 的配置类，专门用于 Prompt Tuning
策略
    PeftModel,   # PEFT 模型基类，用于 PEFT 微调后的模型
    PeftConfig   # PEFT 配置基类，所有 PEFT 配置的基础
)
# 设备配置，指定模型运行在 CUDA 即 GPU 上
device = "cuda"
# 预训练模型的名称或路径，这里使用的是 bigscience/bloomz-560m 模型
model_name_or_path = "bigscience/bloomz-560m"
# 初始化 Prompt Tuning 的配置，用于指导如何进行 Prompt Tuning 微调
peft_config = PromptTuningConfig(
    peft_type="PROMPT_TUNING",          # 设置微调类型为 Prompt Tuning
    task_type="CAUSAL_LM",              # 任务类型为因果语言模型，适合生成任务
    num_virtual_tokens=20,              # 使用 20 个虚拟词元作为 Prompt
    token_dim=768,                      # 每个虚拟词元的维度为 768
    num_transformer_submodules=1,       # 变换器子模块的数量
    num_attention_heads=12,             # 注意力头的数量
    num_layers=12,                      # 变换器层数量
    prompt_tuning_init="TEXT",          # Prompt 初始化方式为文本方式
    prompt_tuning_init_text="Predict if sentiment of this review is
positive, negative or neutral",        # Prompt 初始化的文本内容，引导模型预测
```

评论的情感倾向
```
    tokenizer_name_or_path=model_name_or_path  # 使用模型对应的分词器
)
```

参数说明如下。

（1）task_type（str）：正在训练的任务类型，在本例中为序列分类或CAUSAL_LM。

（2）num_virtual_tokens（int）：要使用的 Virtual Tokens 的数量，即 Prompt。

（3）prompt_tuning_init（Optional[PromptTuningInit,str]）：Prompt Embedding 的初始化方法。可以设置为 TEXT 和 RANDOM 初始化。

（4）prompt_tuning_init_text（str）：用于初始化提示嵌入的文本，只有在 prompt_tuning_init 时使用。

（5）tokenizer_name_or_path（dict）：tokenizer 的名称或路径，仅在 prompt_tuning_init 为 TEXT 时使用。

如代码 5-11 所示，从 AutoModelForCausalLM 初始化一个基本模型，并将其和 peft_config 传递给 get_peft_model 函数以创建 PeftModel。可以打印新的 PeftModel 的可训练参数，看看它比训练原始模型的全部参数有多高效。

代码 5-11

```
model = transformers.AutoModelForCausalLM.from_pretrained(
        model_name_or_path,
        device_map='auto',
        torch_dtype='auto',
        trust_remote_code=True
    )
model = get_peft_model(model, peft_config)
model.print_trainable_parameters()
#out: "trainable params: 8192 || all params: 559222784 || trainable%:
0.0014648902430985358"
```

通过 model.print_trainable_parameters()方法打印 PeftModel 的参数，并将其与完全训练所有模型参数进行比较，需要参加训练的参数仅占 0.0014%。

然后，通过代码 5-12 设置优化器和学习率调度器。

代码 5-12

```
optimizer = torch.optim.AdamW(model.parameters(), lr=lr)
lr_scheduler = get_linear_schedule_with_warmup(
    optimizer=optimizer,
    num_warmup_steps=0,
    num_training_steps=(len(train_dataloader) * num_epochs),
)
```

如代码 5-13 所示，模型训练的其余部分均无须更改，当模型训练完成之后，保存高效微调部分的模型权重以供模型推理即可。

代码 5-13

```
peft_model_id = f"{model_name_or_path}_{peft_config.peft_type}"
model.save_pretrained(peft_model_id)
```

save_pretrained 将保存增量 PEFT 权重，分为两个文件：adapter_config.json 配置文件和 adapter_model.bin 权重文件。

代码 5-14 展示出模型的使用方法。

代码 5-14

```
config = PeftConfig.from_pretrained(peft_model_id)
model = AutoModelForCausalLM.from_pretrained(model_name_or_path)
model = PeftModel.from_pretrained(model, peft_model_id)
```

之后调用 model.generate()，至此，我们完成了 Prompt Tuning 的训练及推理。

5.4.4　实验结果

图 5-9 同样出自论文 *The Power of Scale for Parameter-Efficient Prompt Tuning*，它系统性地概述了影响 Prompt Tuning 训练成效的多个关键因素，具体分析如下。

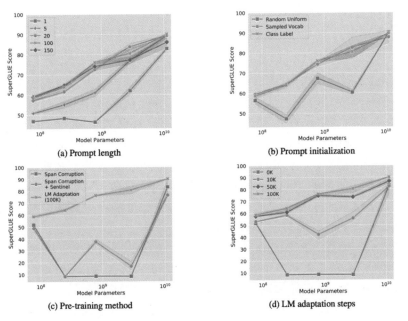

图 5-9

图 5-9（a）探讨了 Prompt 长度对大模型性能的影响，揭示即使极为简洁的 Prompt 设计（长度仅为 1）也能实现令人满意的效能，而 Prompt 长度增至 20 时，则显现出了最佳的成本效益比，平衡了模型表现与资源消耗。

图 5-9（b）聚焦于 Prompt 初始化策略的比较，指出采用随机均匀分布（Random Uniform）的初始化方式，其效果明显逊色于基于词汇表采样（Sample Vocab）或类别标签（Class Label）的初始化方法。然而，当模型规模扩展至足够大时，不同初始化策略的性能差异逐渐缩小，趋于一致。

图 5-9（c）深入分析了预训练方法与模型规模之间的相互作用，指出在小模型情境下，LM Adaptation 策略表现出最优效果。但随着模型规模的增长，各类预训练方法的性能差距逐渐消弭，显示在大模型环境下，预训练方法的选择对于最终效果的提升不再显著区分。

图 5-9（d）阐述了微调步数与模型性能的关联，指出在模型参数量较低的情况下，增加微调迭代次数能显著提升模型效能。而当模型参数达到一定阈值后，未经微调（Zero-shot）的模型也能展现出良好的性能，凸显了大模型固有的强泛化能力。

综上所述，本研究揭示了模型规模（Scale）作为核心变量，对 Prompt Tuning 训练效果产生的深刻影响，强调了在模型设计与训练策略制定时，应充分考量模型规模所带来的不同效应，以期实现更高效、更优化的模型训练与应用。

5.5　P-Tuning

5.5.1　背景

P-Tuning 是由中国研究团队引领的调优技术，属于软提示（Soft Prompt）方法的一种创新演变，旨在连续空间中自动探索并优化提示序列，以替代传统的人工设计。其 V1 版本直击手动设计 Prompt 的痛点，即上节代码中通过 PromptTuningConfig 的 prompt_tuning_init_text 参数手动设定 Prompt 的问题。其原始论文中明确指出："虽然为预训练模型提供 Prompt 有助于其理解自然语言模式，但不当设计的离散 Prompt 可能导致性能严重下降。"这意味着，Prompt 的微小变动，如增减词汇或调整顺序，均可能对模型性能产生显著影响，这不仅增加了调优成本，还往往难以达到理想效果。

为克服这一难题，P-Tuning 引入了一个可训练的嵌入张量，通过优化该张量以发掘更优的 Prompt 表达，并借助双向长短期记忆网络（Bi-LSTM）作为 Prompt 编码器，精细调整 Prompt 参数，以此提升自动化与效率。

此外，P-Tuning 还致力于解决另一技术瓶颈：以往的 Prefix Tuning 和 Prompt Tuning 倾向于冻结大模型的参数，仅微调小模型，但小模型易于遭遇过拟合，限制了泛化能力。

在实践中，直接对嵌入层参数进行优化引出新的挑战：确保预训练阶段优化的常规语料嵌入与旨在学习嵌入 Prompt 之后的新层之间能够协同训练，达到理想状态。鉴于预训练模型基于海量数据，若 P-Tuning 所使用的训练数据量小且多样性不足，可能导致过拟合，不仅未能充分利用大模型的先验知识，反而可能削弱其原有能力，陷入局部最优解，这是 P-Tuning 力求克服的又一重要障碍。

5.5.2　核心技术解读

具体做法如下。

图 5-9 出自论文 *GPT Understand,Too*，左图展示的方法称为"Prompt Search"（提示搜索），其核心目标在于探索并确定一组离散的提示（Prompt）。这些提示序列可通过人工设计或其他非自动化学习机制获得，共同构成了"Prompt Search"方法的范畴。本质而言，此类方法产生的提示为离散实体，不具备连续性及可微性质，因此，它们无法直接接纳连续梯度信号进行参数微调，而是依赖于离散的评估反馈进行优化。

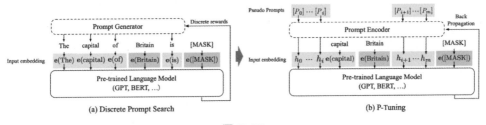

(a) Discrete Prompt Search　　(b) P-Tuning

图 5-10

相对地，右图介绍的方法为"Prompt Encoder"（提示编码器），其创新之处在于采用连续且可微分的虚拟词元（Virtual Token）作为提示载体。这一设计使得通过反向传播（Back Propagation）机制，以连续可微的形式对提示进行精细化、优化成为可能，显著区分了"Prompt Encoder"与"Prompt Search"的技术路径。

进一步分析 P-Tuning 与 Prefix Tuning 的主要差异，可归纳为以下几点。

（1）Prompt 的实质形态：P-Tuning 采用的"Prompt Generator"（提示生成器）直接生成实际词汇作为提示内容，而 Prefix Tuning 中的"Prompt Encoder"处理的则是连续空间中的虚拟词元，体现了从具体词汇到抽象表示的转变。

（2）模型结构调整：Prefix Tuning 采取在模型前端附加特定前缀的方式，对基础语言模型的嵌入层实施细微调整，旨在最小化对原模型结构的干预。相反，P-Tuning 则深入介入，直接对模型的嵌入参数进行优化，展示了更为积极的模型调适策略。

（3）初始化与训练机制：在训练流程上，Prefix Tuning 采用多层感知机（MLP）

来复杂地初始化前缀，凸显了其过程的烦琐性。P-Tuning 则采取了一种更为简化的策略，利用长短期记忆网络（LSTM）结合多层感知机对输入的嵌入进行初始化，并在此基础上训练"Prompt Encoder"。这一方案不仅简化了训练流程，同时通过经典序列建模技术与现代深度学习组件的融合，提升了提示生成的有效性和灵活性。

综上所述，无论是从提示的表达形式、模型架构的调整策略，还是训练机制的设计，P-Tuning 与 Prefix Tuning 均展现出不同的技术取向和优化思路，反映了自然语言处理领域在探索高效模型调优路径上的多元化发展。

5.5.3　实现步骤

下面介绍实现方式，如代码 5-15 所示，首先导入 Huggingface 的 PEFT 库，导入必要的类，定义模型和标记器、文本和标签列及一些超参数，这样以后更容易更快地开始训练。然后，创建 PromptEncoderConfig 的配置类。

代码 5-15

```
# 从 PEFT 库中导入所需的函数和配置类，用于实现 Prompt Tuning 相关的模型调整
from peft import (
    get_peft_config,        # 获取 PEFT 配置的函数
    get_peft_model,         # 根据提供的 PEFT 配置获取经过调整的模型的函数
    PromptEncoderConfig,    # 用于配置 Prompt Encoder 的类，适用于 P-Tuning
方法
)
# 指定预训练模型的名称或路径，这里使用的是较大的 Roberta 模型
model_name_or_path = "roberta-large"
# 定义任务类型，这里是 Microsoft Research Paraphrase Corpus (MRPC)任务，用
于语义等价性判断
task = "mrpc"
# 训练轮数，即遍历整个训练数据集的次数
num_epochs = 20
# 学习率，控制模型参数更新步长的大小
lr = 1e-3
# 批次大小，决定每次迭代时处理的数据样本数量
batch_size = 32
# 初始化 Prompt Encoder 的配置，这是一种特殊的 Prompt Tuning 策略，通过引入可
学习的 Prompt Encoder 来优化模型性能
peft_config = PromptEncoderConfig(
    peft_type="P_TUNING",   # 指定使用的 PEFT 类型为 P-Tuning
    task_type="SEQ_CLS",    #任务类型为序列分类任务，适用于情感分析、语义相似
度判断等
    num_virtual_tokens=20,  # 定义要插入的虚拟词元的数量
```

```
    token_dim=768,                # 每个虚拟词元的维度，应与基础模型的嵌入维度匹配
    num_transformer_submodules=1,  # 可学习的 Transformer 子模块数量，通常
为 1
    num_attention_heads=12,     # Transformer 层中的注意力头数量，需与基础
模型对应
    num_layers=12,              # 可学习的 Transformer 层的数量
    encoder_reparameterization_type="MLP",  # Prompt Encoder 的重参数化
类型，这里使用多层感知机(MLP)
    encoder_hidden_size=768,    # Prompt Encoder 的隐藏层大小，同样需要与模
型的特征维度匹配
)
```

P-Tuning 使用 Prompt Encoder 来优化提示参数，因此只需要使用几个参数初始化 PromptEncoderConfig。

（1）task_type：正在训练的任务类型，在本例中为序列分类或 SEQ_CLS。

（2）token_dim：基础模型的隐藏层维度。

（3）num_virtual_tokens：Virtual Token 的数量，即 Prompt。

（4）encoder_hidden_size（int）：用于优化提示参数的编码器的隐藏层大小。

（5）encoder_reparameterization_type（str）：指定如何重新参数化提示编码器，可选项有 MLP 或 LSTM，默认值为 MLP。

如代码 5-16 所示，从 AutoModelForSequenceClassification 创建基本 Roberta 大模型，然后用 get_peft_model 包装基本模型和 peft_config 以创建 PeftModel。如果想知道与所有模型参数的训练相比，实际训练了多少参数，可以使用 print_trainable_parameters 打印出来。

代码 5-16

```
model                                                                    =
transformers.AutoModelForSequenceClassification.from_pretrained(
        model_name_or_path,
        device_map='auto',
        torch_dtype='auto',
        trust_remote_code=True
    )
model = get_peft_model(model, peft_config)
model.print_trainable_parameters()
#out: "trainable params: 1351938 || all params: 355662082 || trainable%:
0.38011867680626127"
```

通过 model.print_trainable_parameters()方法打印 PeftModel 的参数，并将其与完全训练所有模型参数进行比较，需要参加训练的参数仅占 0.38%。

通过代码 5-17 设置优化器和学习率调度器。

代码 5-17

```
optimizer = torch.optim.AdamW(model.parameters(), lr=lr)
lr_scheduler = get_linear_schedule_with_warmup(
    optimizer=optimizer,
    num_warmup_steps=0,
    num_training_steps=(len(train_dataloader) * num_epochs),
)
```

模型训练的其余部分均无须更改，当模型训练完成之后，通过代码 5-18 保存高效微调部分的模型权重以供模型推理。

代码 5-18

```
peft_model_id = f"{model_name_or_path}_{peft_config.peft_type}"
model.save_pretrained(peft_model_id)
```

save_pretrained 将保存增量 PEFT 权重，分为两个文件：adapter_config.json 配置文件和 adapter_model.bin 权重文件。

代码 5-19 展示出模型的使用。

代码 5-19

```
config = PeftConfig.from_pretrained(peft_model_id)
model  =  AutoModelForSequenceClassification.from_pretrained(model_
name_or_path)
model = PeftModel.from_pretrained(model, peft_model_id)
```

至此，我们完成了 P-Tuning 的训练及推理。

5.5.4 实验结果

如图 5-11 所示的实验结果同样出自论文 *GPT Understand, Too*，该编码方案针对 Prefix Tuning 而言，极大地简化了实现过程，其涉及的参数量也显著减少，展现出高度的简洁性。尽管如此，此简约设计仍能促成令人满意的性能表现，验证了在某些场景下，简约并不等同于效能的妥协。

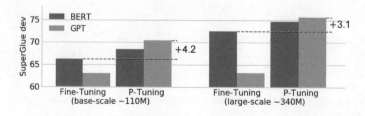

图 5-11

进一步对比分析，在相同的参数规模前提下，若采用全面参数微调的策略，BERT 模型在自然语言理解（NLU）任务上的表现通常会显著优于 GPT 模型，凸显了 BERT 模型在该类任务中的传统优势。然而，当我们将视角转向 P-Tuning 这一策略时，情况发生了逆转。在 P-Tuning 框架下，GPT 模型能够实现效能的显著提升，不仅弥补了先前与 BERT 模型之间的差距，甚而在某些情况下，取得了超越 BERT 模型的卓越成绩。这一发现挑战了我们对预训练模型常规效能的认知，强调了优化策略选择对于模型最终性能表现的关键影响。

综上所述，图 5-11 不仅揭示了 Prefix Tuning 编码方案的高效性与实用性，还深刻体现了 P-Tuning 作为一种创新调优手段，如何在保持模型参数规模经济性的同时，反转了标准模型在特定任务上的性能排序，为自然语言处理领域的模型优化与应用提供了新的启示和研究方向。

5.6　P-Tuning V2

5.6.1　背景

随着时间的推移，P-Tuning V2 在 P-Tuning V1 的基础上应运而生，旨在克服前者存在的若干局限性，并进一步拓展了该技术的应用边界。回顾 P-Tuning V1，其效果显著受到模型规模（Scale）的制约，这一点与 Prompt Tuning 领域普遍观察到的现象相呼应。从逻辑上讲，当依托于一个强大的大模型时，丰富的预训练知识基础使得模型能更深刻地理解并利用精心设计的 Prompt 模板，进而在特定任务上实现卓越性能。反之，如果模型规模较小，其内在知识储备和理解能力的局限性将直接影响 Prompt 调优的效果，从而限制了 P-Tuning V1 在小模型上的表现潜力。

P-Tuning V2 的问世，标志着该技术体系的一次重要飞跃。该版本不仅融合了 P-Tuning 和 Prefix Tuning 的核心思想，更重要的是，它创新性地纳入了深度 Prompt 编码（Deep Prompt Encoding）和多任务学习（Multi-task Learning）等先进策略，以此为核心优化机制。深度 Prompt 编码旨在通过构建更深层次的 Prompt 表示，增强模型对 Prompt 蕴含任务指令的理解深度和广度，从而使模型能够更精准地捕获任务特定信息。而多任务学习策略的融入则允许 P-Tuning V2 在多个相关任务上同时学习，这不仅促进了知识的跨任务迁移，还有效缓解了过拟合问题，提升了模型的泛化能力。

因此，P-Tuning V2 不仅突破了前代在模型规模依赖性上的局限，通过深度 Prompt 编码机制深化了模型对 Prompt 的处理能力，还凭借多任务学习策略的集成，进一步拓宽了其在复杂任务和模型泛化方面的应用范围，从而在自然语言处理领域内树立了新的技术标杆。

图5-12出自论文 *P-Tuning V2: Prompt Tuning Can Be Comparable to Fine-Tuning Universally Across Scales and Tasks*。该图呈现了针对不同模型尺寸的三种微调策略的性能对比分析，其中横轴代表模型的参数规模，纵轴则展示了在选定基准测试上的平均性能得分。观察可见，P-Tuning 技术在应用于参数量较小的模型时，其微调效果趋于平庸，表现出一定的局限性。与此形成对比的是，P-Tuning V2 在各种模型规模下的表现则显示出较高的稳健性，其微调效能与模型的规模大小展现出较低的相关性。P-Tuning V2 的一大亮点是，即使在大幅度削减成本的前提下，其优化效果依然能够逼近传统的全量微调（Fine Tuning）策略的水平，彰显了在资源高效利用与性能保持间的良好平衡。这一发现不仅对理解不同微调策略的适用条件有所裨益，也为未来在模型优化领域，尤其是在考虑成本效益分析时，提供了重要的参考依据。

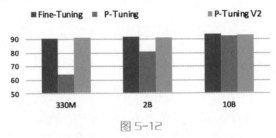

图 5-12

5.6.2　核心技术解读

图 5-13 同样引用自论文 *P-Tuning v2: Prompt Tuning Can Be Comparable to Fine-Tuning Universally Across Scales and Tasks*，左图为 P-Tuning V1 的架构示意图，右图展示了 P-Tuning V2 的改进设计。在 P-Tuning V1 中，调整的焦点集中于输入嵌入层（Input Embedding），未对预训练大模型的深层结构进行显著修改。与之相异，Prompt Tuning 采取了将 Prompt 参数置于 Transformer 网络之外的独立小模型中的策略，而 P-Tuning V1 则直接将这些参数整合进了大模型的嵌入层中。这一设计导致 P-Tuning V1 面临离散性和关联性挑战，即由于与原大模型的嵌入层共享资源，可能陷入局部最优解，从而使得模型在针对特定 P-Tuning 任务的训练集上表现出色，但对更广泛、通用的数据集的适应性和泛化能力有所减损。

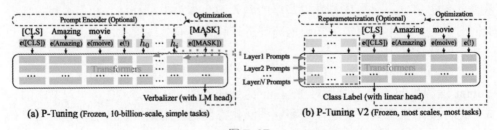

图 5-13

相比之下，P-Tuning V1 采取的策略是通过在嵌入层增加可训练参数并集中训练该层，以期更有效地适应特定的 Prompt，这种方式虽然直接，但调整范围有限。P-Tuning V2 则在此基础上做出了显著升级，旨在深入大模型的内部结构进行参数调优，以强化模型对 Prompt 的响应能力。P-Tuning V2 的另一个创新点是，它将不同任务的最佳 Prompt 长度视为一个可调节的超参数，从而为单任务学习环境提供了灵活性，允许用户根据特定任务的需求来设定最合适的 Prompt 长度，进而优化模型在单个任务上的表现，同时也为探索多任务场景下的最优化配置奠定了基础。

5.6.3　实现步骤

如代码 5-20 所示，首先导入 Huggingface 的 PEFT 库、import 必要的类，然后创建 PrefixTuningConfig 的配置类。

代码 5-20

```
# 导入必要的模块以支持模型微调
from peft import get_peft_config, get_peft_model, PrefixTuningConfig,
TaskType, PeftType
# 定义 PEFT 配置
# TaskType.CAUSAL_LM 指定我们的任务是因果语言建模（用于生成文本）
# num_virtual_tokens 设置了要调整的虚拟词元的数量，这里是 30 个
peft_config = PrefixTuningConfig(
    task_type=TaskType.CAUSAL_LM,
    num_virtual_tokens=30
)
```

P-Tuning V2 使用 PrefixTuningConfig 来优化提示参数，允许我们仅调整模型的一小部分参数，而不是整个模型的所有参数

（1）task_type：该参数指定了模型需要执行的任务类型。在这个例子中，TaskType.CAUSAL_LM 表示因果语言模型（Causal Language Modeling）。因果语言模型是一种单向的语言模型，它在生成文本时仅考虑先前的词，而不考虑之后的词。这种模型非常适合生成连贯的文本序列，如故事生成、对话系统等场景。

（2）num_virtual_tokens：该参数指定了用于前缀调整的虚拟词元的数量。前缀调整是一种参数高效微调技术，在这种方法中，我们不是直接调整模型本身的参数，而是引入一小段额外的参数（前缀），这些参数会在模型输入之前被插入模型中，并且这些前缀参数是唯一需要训练的部分。num_virtual_tokens 定义了要插入多少这样的虚拟词元。增加这个值意味着有更多的前缀参数可以训练，但这也会增加训练的复杂性和计算需求。因此，选择合适的 num_virtual_tokens 值对于平衡模型性能和训练效率非常重要。

如代码 5-21 所示，先从 AutoModelForCausalLM 创建基本 BloomZ 大模型，然后用 get_peft_model 包装基本模型和 peft_config 以创建 PeftModel。如果想知道与所有模型参数的训练相比，实际训练了多少参数，可以使用 print_trainable_parameters 打印出来。

代码 5-21

```
# 指定预训练模型的位置或名称。
model_name_or_path = "bloomz-560m"
# 加载指定路径或名称的预训练模型，该模型是一个用于因果语言模型的模型
# AutoModelForCausalLM 是一个自动选择正确的模型类的辅助工具
model = AutoModelForCausalLM.from_pretrained(model_name_or_path)
# 使用定义好的 PEFT 配置来获取适用于微调的模型
# 这将返回一个包装后的模型，该模型允许我们按照 PEFT 配置指定的方式进行微调
model = get_peft_model(model, peft_config)
# 打印出可训练的参数信息，这有助于确认哪些层是可被调整的
# 在 Prefix Tuning 中，通常只有少量新增的参数是可以训练的，而基础模型的参数保持
不变
model.print_trainable_parameters()
#out:"trainableparams:1,474,560 || allparams:560,689,152 || trainable%:
0.26299064191632515"
```

通过 model.print_trainable_parameters()方法打印模型的参数，并将其与完全训练所有模型参数进行比较，需要参加训练的参数仅占 0.26%。

通过代码 5-22 设置优化器和学习率调度器。

代码 5-22

```
optimizer = torch.optim.AdamW(model.parameters(), lr=lr)
lr_scheduler = get_linear_schedule_with_warmup(
    optimizer=optimizer,
    num_warmup_steps=0,
    num_training_steps=(len(train_dataloader) * num_epochs),
)
```

模型训练的其余部分均无须更改，当模型训练完成之后，通过代码 5-23 保存高效微调部分的模型权重以供模型推理。

代码 5-23

```
peft_model_id = f"{model_name_or_path}_{peft_config.peft_type}"
model.save_pretrained(peft_model_id)
save_pretrained 将保存增量 PEFT 权重，分为两个文件：adapter_config.json 配置
文件和 adapter_model.bin 权重文件。
```

模型的使用如代码 5-24 所示。

代码 5-24

```
config = PeftConfig.from_pretrained(peft_model_id)
# 加载基础模型
model                                                                        =
AutoModelForCausalLM.from_pretrained(config.base_model_name_or_path)
# 加载 PEFT 模型
model = PeftModel.from_pretrained(model, peft_model_id)
```

至此，我们完成了 P-Tuning V2 的训练及推理。

5.6.4　实验结果

如图 5-14 所示，前述论文中的实验数据分析结果清晰表明，P-Tuning V2 不论在何种模型规模下，均展现出了与传统微调（Fine-Tuning）相当的优越性能。这一成就尤为重要，因为它颠覆了以往认为调优效果与模型参数规模紧密相关的普遍认知。实际上，结合此前章节中图示的观察，可以进一步证实 P-Tuning V2 的卓越之处在于其对模型规模的高度不敏感性——该方法的训练成效与模型大小之间的关联性较弱。

	#Size	BoolQ			CB			COPA			MultiRC (F1a)		
		FT	PT	PT-2	FT	PT	PT-2	FT	PT	PT-2	FT	PT	PT-2
BERT$_{large}$	335M	**77.7**	67.2	<u>75.8</u>	**94.6**	80.4	**94.6**	<u>69.0</u>	55.0	**73.0**	<u>70.5</u>	59.6	**70.6**
RoBERTa$_{large}$	355M	**86.9**	62.3	<u>84.8</u>	<u>98.2</u>	71.4	100	**94.0**	63.0	<u>93.0</u>	**85.7**	59.9	<u>82.5</u>
GLM$_{xlarge}$	2B	**88.3**	79.7	<u>87.0</u>	**96.4**	<u>76.4</u>	**96.4**	**93.0**	<u>92.0</u>	91.0	<u>84.1</u>	77.5	**84.4**
GLM$_{xxlarge}$	10B	<u>88.7</u>	**88.8**	**88.8**	**98.7**	<u>98.2</u>	96.4	**98.0**	**98.0**	**98.0**	**88.1**	<u>86.1</u>	**88.1**

	#Size	ReCoRD (F1)			RTE			WiC			WSC		
		FT	PT	PT-2	FT	PT	PT-2	FT	PT	PT-2	FT	PT	PT-2
BERT$_{large}$	335M	<u>70.6</u>	44.2	**72.8**	<u>70.4</u>	53.5	**78.3**	<u>74.9</u>	63.0	**75.1**	**68.3**	64.4	**68.3**
RoBERTa$_{large}$	355M	<u>89.0</u>	46.3	**89.3**	<u>86.6</u>	58.8	**89.5**	**75.6**	56.9	<u>73.4</u>	<u>63.5</u>	64.4	<u>63.5</u>
GLM$_{xlarge}$	2B	<u>91.8</u>	82.7	**91.9**	**90.3**	<u>85.6</u>	**90.3**	**74.1**	71.0	<u>72.0</u>	**95.2**	87.5	<u>92.3</u>
GLM$_{xxlarge}$	10B	**94.4**	87.8	<u>92.5</u>	**93.1**	<u>89.9</u>	**93.1**	**75.7**	71.8	<u>74.0</u>	**95.2**	<u>94.2</u>	93.3

图 5-14

这一发现意味着 P-Tuning V2 成功打破了模型尺寸对调优效果的限制，不论是在资源受限的小模型上，还是在计算能力强大的大模型中，都能够稳定地输出与全量微调相媲美的高质量结果。这一特性不仅极大拓宽了该技术的应用场景，使其在资源有限的场景下也能发挥巨大潜力，同时也为那些追求高效率与高性能平衡的自然语言处理任务提供了强有力的解决方案。

P-Tuning V2 的这一特性反映了其设计背后的深刻洞察与技术创新，即通过优化策略的精妙设计，有效绕过了模型规模对性能提升的潜在瓶颈，实现了跨模型规模的普遍高效性。这对于推动自然语言处理技术的普及应用，尤其是在边缘计算、移动设备等资源受限环境下的应用，具有重要的实践意义和理论价值。

5.7　本　章　小　结

本章详细探讨了高效微调方法，是提升大模型性能的关键技术之一。首先，介绍了主流的高效微调方法，包括微调方法的基本概念和 Prompt 的提出背景；介绍了 PEFT 库的快速入门，包括其设计理念和具体使用方法；深入分析了 Prefix Tuning 的背景、核心技术、实验结果以及实现步骤；讨论了 Prompt Tuning、P-Tuning 和最新的 P-Tuning V2 方法，依次介绍了它们的背景、核心技术、实验效果和具体实现步骤。本章为读者提供了多种高效微调方法的详细解析，以帮助他们理解并将其应用于实际场景中，以优化和提升大模型的性能与效果。

第6章 LoRA 微调 GLM-4 实战

在第 5 章中，我们已经讨论了一些主流的高效微调（PEFT）技术流派 Soft Prompt，其中包括 Prefix Tuning、Prompt Tuning、P-Tuning V1 和 P-Tuning V2。实际上，像 Soft Prompt 这类高效微调方法的核心思想是，在训练过程中固定原始模型的参数，然后通过在大模型的不同结构前添加 Virtual Token 等手段，以适配下游任务，并在某些技术应用场景中表现出良好的适配性。然而，我们从相关论文和微调实践中也发现，这些方法往往具有训练难度大、容易出现灾难性遗忘等问题，而且最主要的限制是这些训练得到的 Virtual Token 会增加原始模型的输入长度。

对于大模型微调方法，我们的核心目标是通过对少量参数进行高效修改，最大限度地影响模型的原始参数，从而实现对特定下游任务的最佳适配。除高效微调技术外，另一个当前流行且关键的方法论是 LoRA（Low-Rank Adaptation，低秩适配），它提供了一种不同的途径来实现这一目标。LoRA 的核心思想和方法具有广泛的通用性，不仅适用于大模型的微调，还应用于文生图 Stable Diffusion 等领域，大量采用 Lora 技术来生成特定风格的 AI 绘图。

学模型微调技术的意义是，学到的是模型微调技术的本身，而非仅学到特定的模型、具体的参数配置优化，或者过分关注在某一特定数据集上的表现。因此，本章将详细剖析大模型微调的另一条技术路线 Lora 的原理，以及它在大模型微调领域的应用，包括其改进版本，如 AdaLoRA 和 QLoRA。最后，我们将运用 QLoRA 技术对 GLM-4 模型进行微调，在此之前，我们有必要了解它的优势和与之前技术的比较。

6.1 LoRA

6.1.1 背景

现有 PEFT 方法存在以下限制和挑战。

（1）Adapter 方法增加了模型深度，但也增加了模型推理延时，因为需要加载整个大模型，而无法剥离出来。

（2）Prompt Tuning、Prefix Tuning、P-Tuning 等方法中的 Prompt 难以训练，

同时也缩短了模型可用的序列长度，限制了模型的可用长度。

（3）往往难以同时实现高效率和高质量，效果通常不如全量微调。

基于这些问题，微软提出了低秩适配（LoRA）方法，通过设计特定结构，在涉及矩阵乘法的模块中引入两个低秩矩阵 **A** 和 **B**，以模拟全量微调过程，从而只对语言模型中起关键作用的低秩本质维度进行更新。

尽管大模型参数规模巨大，但其中的关键作用通常是由低秩本质维度发挥的。这与我们在机器学习和深度学习中接触到的一些概念非常相似。大模型需要学习的知识内容非常庞大，如果一开始就让模型的参数量过低，当面对大规模且复杂的训练数据时，模型的学习能力一定会受到限制，无法用有效的参数量充分学习数据中的各种特征和规律，从而导致出现欠拟合现象，即模型无法充分拟合训练数据，表现为对数据的泛化能力弱。因此，模型训练初始参数量越大，表示能力越丰富。

然而，问题也随之而来，如此庞大的参数量一定会存在冗余，也就是说：对于很多下游任务来说，这么多的参数并不都是有用的。在垂直领域的知识中，其特点往往是占少数，且非常精准，对于这样的任务，可能仅有一部分重要的参数就足以表现出色。这正是 LoRA 的出发点和灵感所在。因此，LoRA 的策略是，通过使用较小规模的矩阵来近似模拟大模型的原始矩阵。它基于低秩分解的数学原理，通过较少的参数更新实现对大模型复杂功能的有效捕捉和适配，在减少计算资源消耗和提升微调效率的同时，保持或甚至提升模型对特定任务的适应性和性能。

简而言之，LoRA 在涉及矩阵乘法的模块中引入两个低秩矩阵 **A** 和 **B**（更新矩阵）来模拟全量微调的过程，相当于只对模型中起关键作用的矩阵维度进行更新。

6.1.2　核心技术解读

1. 图解核心思想

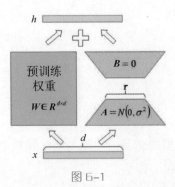

图 6-1

图 6-1 可以比较好地表达出 LoRA 的核心思想。

在图 6-1 中，**R** 表示矩阵，**A** 的初始化为 $N(0,\sigma^2)$，$N(0,\sigma^2)$ 表示一个正态分布（也称为高斯分布），即表示均值为 0、方差为 σ^2 的正态分布。

均值（Mean）：0。这意味着分布的中心位于零点。

方差（Variance）：σ^2。方差决定了分布的宽度和数据点的离散程度。较大的 σ^2 表示数据点分布得更广，较小的 σ^2 表示数据点更集中。

x 是一个维度为 d 的局部输入。此时，它有两个数据流通结构，左边的结构是 $d \times d$ 的高维空间矩阵，

是预训练模型权重 W。因为我们希望用一个低维的模型空间就表达出原来的高维空间，所以右边的结构有两个小矩阵 A 和 B。如图 6-1 所示，矩阵 A 的每个元素的初始值可以从均值为 0、方差为 σ^2 的正态分布中随机抽取；矩阵 B 的初始化值为零矩阵。二者的维度分别为 $d \times r$ 和 $r \times d$，其中的参数 r 原则上是远远小于 d 的。之前的 Soft Prompt 流派进行微调时，其策略就是在 Pretrained Weight 即左边蓝色结构中，要么在里面嵌入 Adapter，要么在其某些层中增加前缀。

　　LoRA 的新思路是，我先不管左边这条网络路，只管右边这个我们需要新训练的外挂网络通路小模型，其名称为更新矩阵（Update Matrix）。矩阵 A 和 B 的初始化方式也不一样，其中 B 是零矩阵，A 是正态分布矩阵。外挂通路的核心就是小矩阵模拟大矩阵。

2. 核心公式

　　模型的输出 h 如果要适应下游任务，通常是做微调，公式如下

$$h = W_0 x + \Delta W x = W_0 x + BA x$$

W_0 是原来预训练的权重，ΔW 就是我们在原来的地址空间内调整的一定的模型权重，A 是 $d \times r$ 矩阵，B 是 $r \times d$ 矩阵。$h = W_0 x + \Delta W x$ 就是 PEFT 的思路。

　　LoRA 的核心思想是把公式中的 ΔW 改为 $BA x$。将大矩阵从一个 $d \times d$ 维的高维空间变成了相对较小的 AB。将 B、A 这两个小矩阵相乘达到 $\Delta W x$ 是之后的核心问题。A 是 $d \times r$ 矩阵，B 是 $r \times d$ 矩阵，所以矩阵相乘后的 W 和之前保持一致。

　　最关键的低秩分解问题，即 A 矩阵要将输入的 d 维矩阵降低到 r 维，而这个 r 的数学含义就是矩阵的秩。r 的出现降低了计算量，也降低了模型的参数量，这也是为什么使用 LoRA 进行模型微调时，要微调的模型参数量只有原来的千分之几的原因。接下来，B 矩阵会把 r 维的数据又映射为 d 维。

　　虽然从数学的角度讲，并不是每个高维空间都有冗余，但大模型因为需要学习的知识太多，如果把模型的复杂度设置太低，则不足以支撑去拟合整个庞大的训练集的数据分布，所以为了防止这种欠拟合线性，大模型往往有可能需要降维，而这种降维并不会过于影响模型的性能，这就是 LoRA 的出发点和核心灵感。

6.1.3　LoRA 的特点

1. 与 Adapter 方法进行对比

　　首先，Adapter 方法需要把 Transformer 算一遍，再把自己的 Adapter 模块嵌入到里面，所以会额外增加一些计算量。但是，LoRA 不会，因为 LoRA 本来就把大模型变成两个小模型，且这两个小模型总的参数量少，相乘起来的计算量也少，不会带来更多的计算和延时，是一种更快的方法。

　　与全参数微调相比：进行全参数微调时，就算把整个模型加载起来针对某

个特定下游任务做微调时，大部分跟这个任务无关的参数其实是没有必要加载进来的，但因为你用的是全参数微调技术，所以必须将其加载进来，才能顺利实现微调。

因为 LoRA 在一开始就用两个小矩阵去模拟大矩阵，所以训练出来的就是降维之后，溢出冗余之后的矩阵。在某种意义上，LoRA 其实是在模拟全参数微调，用对模型关键部分的低秩微调来实现全参数微调的模拟。

因此，当对推理速度和大模型的性能有高要求时，可以使用 LoRA。

2. 与 Soft Prompt 方法进行对比

Soft Prompt 有几类不同的方法，如最早的 Prompt Tuning，是直接在模型外部进行操作，而不修改 Transformer。而 Prefix Tuning 只在 Transformer 的不同 Layer 层前面新增加了一些神经网络模块 MLP。P-Tuning 也类似，在 Embedding 层增加了一些新的神经网络参数。如果是 P-Tuning V2，则还会有更深层次的前缀增加。

这些操作都是为了调整端到端的模型，让它生成一些更好的 Prompt。但即使如此，也会出现一个问题：它们为了能够把训练方法运行起来，会冻结原来的整个 Transformer 参数，只调整它嵌入的新参数。但如果对 Transformer 的这部分参数不修改，就无法对模型产生深层次的影响。

而 LoRA 跳出这个思路，虽然不修改 Transformer 原来的这些参数。但在训练过程中，把原来的高维矩阵的大模型降维为低维矩阵，然后用小矩阵去模拟大矩阵的输出结果，其实这个方法是更深层次的模型修改。

如前所述，Prefix 是在输入的 Prompt 的基础上增加了前缀，但因为前缀最终会变成输入给模型的 Prompt 的一部分，所以会占用模型的输入空间，会影响生成任务的使用。因为 LoRA 不需要增加前缀，所以也不会占用输入空间。

LoRA 直接作用于域模型结构。把大模型变成小模型并不意味着大模型完全被替换了，因为大模型的结构很复杂不是单纯的 W_0x（甚至很难写出大模型的形式化定义），所以 LoRA 只是在矩阵层面的替换，只能替换特定层。

Transformer 架构中有 Q、K、V 模块，其中 Q、K 都是通过输出的 x 和一个特定的权重矩阵 W_q 与 W_k 乘出来的，最终输入的向量则通过权重矩阵 W_v 进行变换，对这些权重矩阵可以进行调整。

对整个大模型虽然无法写出形式化定义，但可确定的是里面充满了矩阵 W，所以此时 LoRA 微调要做的就是用矩阵 BA 的乘积把矩阵 W 替换掉。但它仍然是一个大模型的框架，上下游不需要被替换的部分，如非线性层和 softmax 依然保留。

综上所述，LoRA 的优势就是更深入地修改模型结构，且不占用额外的输入空间。

6.1.4　实现步骤

执行代码 6-1，首先导入 Huggingface 的 PEFT 库，以及一些训练超参数 LoraConfig。

代码 6-1

```
from peft import (
    get_peft_config,          # 获取 PEFT 配置的函数
    get_peft_model,           # 根据配置创建或加载 PEFT 模型的函数
    LoraConfig,               # LoRA 配置类，用于定义 LoRA 微调的具体设置
    LoraModel                 # LoRA 模型类，应用于微调后的模型结构
)


from peft import TaskType
# 初始化 LoRA 配置对象，详细定义了 LoRA 微调的超参数
model_name_or_path = "/home/egcs/models/glm4-9b-chat"
peft_config = LoraConfig(
    task_type=TaskType.CAUSAL_LM,
    target_modules=["query_key_value", "dense", "dense_h_to_4h", "dense_
4h_to_h"],                    # 指定要应用 LoRA 的模型层名称
    inference_mode=False,     # 训练模式
    r=8,                      # 量化矩阵的秩，决定了 LoRA 的大小和容量
    lora_alpha=32,            # LoRA 层的缩放因子，影响模型的学习能力
    bias="none",              # 指定偏置项是否应用 LoRA，此处设置为不应用
    lora_dropout=0.1          # LoRA 层的 dropout 率，用于防止过拟合
)
```

参数说明如下。

（1）r(int)：LoRA 低秩矩阵的维数，影响 LoRA 矩阵的大小。

（2）lora_alpha(int)：LoRA 缩放的 alpha 参数，LoRA 适应的比例因子。

（3）target_modules(Optional[List[str],str])：适配模块，指定 LoRA 应用到的模型模块，通常是 attention 和全连接层的投影。如果指定了此项，则仅替换具有指定名称的模块。传递字符串时，将执行正则表达式匹配。传递字符串列表时，将执行完全匹配，或者检查模块名称是否以任何传递的字符串结尾。如果指定为"all-linear"，则选择所有线性/Conv1D 模块，不包括输出层。如果未指定，则根据模型架构选择模块。如果体系结构未知，则引发错误——在这种情况下，应该手动指定目标模块。

（4）lora_dropout(int)：在 LoRA 模型中使用的 dropout 率。

（5）bias(str)：LoRA 的偏移类型。可以是"none"、"all"或"lora_only"。如果是"all"或"lora_only"，则在训练期间更新相应的偏差。注意，这意味着，

即使禁用适配器，模型也不会产生与没有自适应的基本模型相同的输出。

（6）modules_to_save(List[str])：除了适配器层，还要设置为可训练并保存在最终检查点中的模块列表。

下面加载一个预训练的模型作为基础模型。如代码 6-2 所示，本次使用本地模型 GLM4-9B-chat。可以打印新的 PeftModel 的可训练参数，看看它比训练原始模型的全部参数有多高效。

代码 6-2

```
# 使用 AutoModel 的 from_pretrained 方法加载预训练模型
model = AutoModel.from_pretrained(
    model_name_or_path,            # 预训练模型的名称或路径
    device_map="auto",             # 自动将模型分布在可用的设备上，如 CPU、GPU
    torch_dtype=torch.bfloat16,# 指定模型的 dtype 为 bfloat16，减少内存占用，加速计算，尤其适合 GPU
    trust_remote_code=True)
# 将基础模型与 LoRA 配置文件绑定
model = get_peft_model(model, peft_config)
model.print_trainable_parameters()
#out: "trainable params: 21,176,320 || all params: 9,421,127,680 || trainable%: 0.22477479044207158"
```

通过 model.print_trainable_parameters()方法打印 PeftModel 的参数，并将其与完全训练所有模型参数进行比较，需要参加训练的参数占 0.22%。

如代码 6-3 所示，对模型训练的其余部分均无须更改，将模型移动到 GPU 上训练，当模型训练完成之后，保存高效微调部分的模型权重以供模型推理即可。

代码 6-3

```
peft_model_id = f"{model_name_or_path}_{peft_config.peft_type}"
model.save_pretrained(peft_model_id)
```

save_pretrained 将增量权重保存在目录/home/egcs/models/glm4-9b-chat_LORA下，且分为两个文件：adapter_config.json 配置文件和 adapter_model.bin 权重文件。

模型的使用如代码 6-4 所示。

代码 6-4

```
model = AutoModelForCausalLM.from_pretrained(
    model_name_or_path,
    device_map="auto",
    torch_dtype=torch.bfloat16,
    trust_remote_code=True).eval()
model = PeftModel.from_pretrained(model, peft_model_id)
```

至此，我们完成了 LoRA 的训练及推理。

6.1.5　实验结果

GPT-3 使用 LoRA 之后，其训练的参数总量有 10 倍的提升，但是在特定的测试集上则表现更差了，这就涉及 LoRA 的超参数调整。

如图 6-2 所示，论文 *LoRA：Low-Rank ADAPTATION OF LARGE LAN-GUAGE MODELS* 中的实验结果表明，权重矩阵的种类和 rank 值 r 的选择对训练结果具有很大的影响。

	# of Trainable Parameters = 18M						
Weight Type	W_q	W_k	W_v	W_o	W_q, W_k	W_q, W_v	W_q, W_k, W_v, W_o
Rank r	8	8	8	8	4	4	2
WikiSQL (±0.5%)	70.4	70.0	73.0	73.2	71.4	**73.7**	**73.7**
MultiNLI (±0.1%)	91.0	90.8	91.0	91.3	91.3	91.3	**91.7**

	Weight Type	$r=1$	$r=2$	$r=4$	$r=8$	$r=64$
WikiSQL(±0.5%)	W_q	68.8	69.6	70.5	70.4	70.0
	W_q, W_v	73.4	73.3	73.7	73.8	73.5
	W_q, W_k, W_v, W_o	74.1	73.7	74.0	74.0	73.9
MultiNLI (±0.1%)	W_q	90.7	90.9	91.1	90.7	90.7
	W_q, W_v	91.3	91.4	91.3	91.6	91.4
	W_q, W_k, W_v, W_o	91.2	91.7	91.7	91.5	91.4

图 6-2

W_q, W_k, W_v, W_o 之间不同的 Weight Type 排列组合对结果的影响非常大。单纯调整 r 时，r 的变化对结果的影响其实不大，甚至于在某些基准测试上，r 的全局最优值反而是 1。因此，Weight Type 的选择很重要。

LoRA 虽然不需要像 Soft Prompt 那样担心怎样手工制造一些 Prompt（如 Prefix Tuning）去适应下游任务，但它的烦恼是 Weight Type 排列组合和 r 的取值。例如，r 有很大的优化空间，简单来说就是并非越大越好，不需要那么高的训练成本就能取得一个不同的成果，需要找出最合适的 r。

6.2　AdaLoRA

6.2.1　LoRA 的缺陷

LoRA 的核心思想是，对下游的各种任务 $W = W_0 + \Delta W$ 针对性地增量训练一个小模型，即原来的预训练的模型权重。ΔW 就是我们要训练的小模型。

但是，LoRA 的问题也很突出。

第一个问题：超参数中增量矩阵的 r 是无法自适应调整的，它是我们在一开始训练 LoRA 时就需要设置的值。

第二个问题：本来想的是降维，用小矩阵拟合大矩阵在特定任务上的表现，但是低估了权重矩阵的种类和不同层的权重矩阵的选择，从上一节的实验结果可以看出，这种选择对微调的影响结果十分大。

第三个问题：只微调了大模型中的部分模块，如 Q、K、V，以及最终的输出，而并没有微调前馈网络（FFN）模块。Transformer 架构中最重要的就是一个 Attention 接了一个 FFN，LoRA 只训练了 Attention 而忽视了 FFN，事实上，FFN 更重要。

6.2.2　核心技术解读

1. 改进方案

如图 6-3 所示，*ADAPTIVE BUDGET ALLOCATION FOR PARAMETER-EFFICIENT FINE-TUNING* 论文提出了一个针对性的解决方案，以解决原来的 LoRA 论文中未解决的问题。

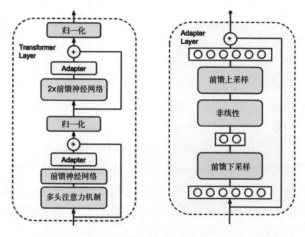

图 6-3

第一，既然降维中用 $B \times A$ 替代矩阵，那么如何做降维替代更好呢？本质上就是更好地找出一个 $B \times A$。对此有很多经典的方案，如机器学习时代有一个 SVD（Singular Value Decomposition，奇异值分解）方法。事实上，AdaLoRA 的核心其实就是把 SVD 用到了极致，用 SVD 提升矩阵低秩分解的性能。

第二，可以对模型进行剪枝。在整个大模型中并非每个参数都是有用的，其实我们只需要那些最有用的参数，而那些不相关的参数可以不用。那么，如何找出那些最有用的参数呢？这其实是对大模型进行建模，把模型参数的每个单独的参数都当成我们要去建模的对象，每个参数都有自己的重要性，我们需要对这个重要性进行评分，这就是在 AdaLoRA 中做的另一件很重要的事。

第三，既然 r 不能自适应地调整，也不能靠我们决定哪个 r 能够在特定训练集上表现更好，那就让它动态、自适应地调整 r。

2. SVD

SVD 是一种在数学和信号处理中常用的矩阵分解技术。它将任意一个矩阵分解为三个特定的矩阵的乘积：一个左奇异向量矩阵、一个奇异值矩阵和一个右奇异向量矩阵。

应用场景：在使用线性代数的地方，基本上都要使用 SVD。SVD 不仅应用在 PCA（Principal Components Analysis，主成分分析）、图像压缩、数字水印、推荐系统和文章分类、特征压缩（或数据降维）中，在信号分解、信号重构、信号降噪、数据融合、同标识别、目标跟踪、故障检测和神经网络等方面也有很好的应用，是很多机器学习算法的基石。

$$A = Q \Sigma Q^{-1}$$

简单地说，SVD 其实是一种固定的算法，能把任意一个 $m \times n$ 的矩阵 A，经过 SVD，将大矩阵变成三个矩阵相乘的结果，其中的 Q 和 Q^{-1} 矩阵是正交矩阵，中间的符号 Σ 是对角矩阵。该对角矩阵的对角线上的这些值就是奇异值。

SVD 的应用领域非常广泛，在数据科学和机器学习中，通常用来降维，也可以用于噪声过滤和数据压缩。在早期的自然语言处理中，它通常用来提取语义结构。

在自然语言处理中，SVD 用于提取文本数据的潜在语义结构。W 这个权重矩阵里就有一些语义信息，用 SVD 来提取，其实是比较自然的结果。其过程就变成了图 6-4 中的变化。

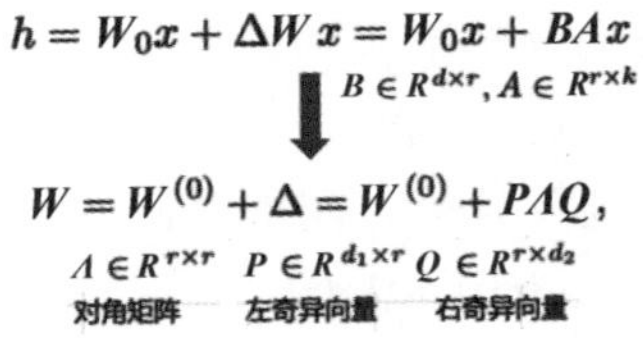

$$h = W_0 x + \Delta W x = W_0 x + BAx$$
$$B \in R^{d \times r}, A \in R^{r \times k}$$

$$W = W^{(0)} + \Delta = W^{(0)} + P\Lambda Q,$$
$$\Lambda \in R^{r \times r} \quad P \in R^{d_1 \times r} \quad Q \in R^{r \times d_2}$$
$$\text{对角矩阵} \qquad \text{左奇异向量} \qquad \text{右奇异向量}$$

图 6-4

AdaLoRA 的核心理念和技术手段就是用 SVD 的三元组去替代原来 LoRA 的 BA 二元组。

LoRA 在指定 rank 值之后，它的 BA 矩阵的维度就不会发生变化；而 AdaLoRA 在迭代过程中，一直在做奇异值分解，调整奇异值数量和对角矩阵的维度。

6.2.3 实现步骤

实现步骤如下：首先如代码 6-5 所示，导入 Huggingface 的 PEFT 库，导入必要的类；然后创建 AdaLoraConfig 的配置类。

代码 6-5

```
# 从 PEFT 库中导入必要的类和函数以进行模型微调的配置与应用
from peft import {
    get_peft_config,      # 函数，用于获取 PEFT 配置对象
    get_peft_model,       # 函数，用于根据配置创建或加载微调后的模型
    AdaLoraConfig,        # 类，定义 AdaLora 特定的微调配置参数
}

# 初始化 AdaLora 配置对象，该对象包含了 AdaLora 微调的具体设置
peft_config = AdaLoraConfig(
    r=8,                  # 低秩矩阵的秩，最终的 LoRA 权重大小
    init_r=12,            # 初始化时的 rank 值
    tinit=200,            # 动态调整初期的训练步数
    tfinal=1000,          # 动态调整结束时的训练步数
    deltaT=10,            # rank 值调整的间隔步数
    target_modules=["query_key_value", "dense", "dense_h_to_4h", "dense_
4h_to_h"],                # 指定要应用 LoRA 的模型层名称
    modules_to_save=["classifier"],   # 指定哪些模型组件在微调过程中需要被保
存，这里只保存分类头
)
```

AdaLoraConfig 配置类参数的说明如下。

（1）init_r（int）：每个增量矩阵的初始秩。

（2）tinit（int）：初始微调预热的步骤。

（3）tfinal（int）：最后微调的步骤。

（4）deltaT（int）：两次预算分配之间的时间间隔。

（5）target_modules（Optional[List[str],str]）：要应用适配器的模块的名称。

（6）modules_to_save（List[str]）：除适配器层外，还要设置为可训练并保存在最终检查点中的模块列表。

下面加载一个预训练的模型作为基础模型。代码 6-6 中使用 google/vit-base-patch16-224-in21k 模型，但用户也可以使用任何自己想要的图像分类模型。将 label_id 和 id2label 字典传递给模型，使其知道如何将整数标签映射到它们的类标签。如果你正在微调已经微调过后的 checkpoint，则可以选择传递 ignore_mismatched_sizes=True 参数。设置好配置后，将其与基本模型一起传递给 get_peft_model 函数，以创建可训练的 PeftModel。

代码 6-6

```
# 使用 AutoModel 的 from_pretrained 方法加载预训练模型
model = AutoModel.from_pretrained(
    model_name_or_path,        # 预训练模型的名称或路径
    device_map="auto",         # 自动将模型分布在可用的设备上，如 CPU、GPU
    torch_dtype=torch.bfloat16,# 指定模型的 dtype 为 bfloat16，减少内存占
用，加速计算，尤其适合 GPU
    trust_remote_code=True)
# 将基础模型与 LoRA 配置文件绑定
model = get_peft_model(model, peft_config)
model.print_trainable_parameters()
#out: "trainable params: 31,766,400 || all params: 9,431,717,920 ||
trainable%: 0.3368039658251357"
```

通过 model.print_trainable_parameters()方法打印 PeftModel 的参数，并将其与完全训练所有模型参数进行比较，需要参加训练的参数仅占 0.33%。

如代码 6-7 所示，模型训练的其余部分均无须更改，将模型移动到 GPU 上训练，当模型训练完成之后，保存高效微调部分的模型权重以供模型推理即可。

代码 6-7

```
peft_model_id = f"{model_name_or_path}_{peft_config.peft_type}"
model.save_pretrained(peft_model_id)
```

save_pretrained 保存增量权重在目录/home/egcs/models/glm4-9b-chat_ADALORA 下，且分为两个文件：adapter_config.json 配置文件和 adapter_model.bin 权重文件。

最后代码 6-8 对模型的使用。

代码 6-8

```
model = AutoModelForCausalLM.from_pretrained(
    model_name_or_path,
    device_map="auto",
    torch_dtype=torch.bfloat16,
    trust_remote_code=True).eval()
model = PeftModel.from_pretrained(model, peft_model_id)
```

之后就可以直接调用 model.generate()方法来生成答案。

6.2.4　实验结果

如图 6-5 所示，前述论文中的实验结果表明，具有 12 层不同的 Layer 和 6 个不同类型的 *W*。对于不同的模块和不同的 Layer，其最佳收敛的 rank 值是不一样的。

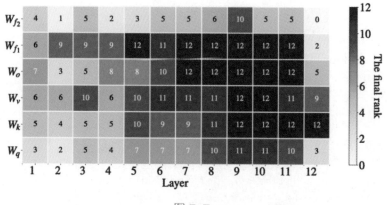

图 6-5

同时，随着 Layer 层数的增加，rank 值相对之前有所增加，说明之前保存的参数其实并不多，没有做高秩分解，而重点参数往往在后面层；避免了以前工作中观察到的几乎所有的准确性折中，实现了自适应权重矩阵。

6.3 QLoRA

6.3.1 背景

美国华盛顿大学的一篇论文 *QLoRA: Efficient Finetuning of Quantized LLMs* 提出了一个新的训练微调的方法，即 QLoRA，就是去训练量化的大模型。该论文中提到，可以用 48GB 的显卡来微调 650 亿个参数的大模型，其训练效果与用标准 16bit Float 执行微调任务时的效果差不多。QLoRA 通过冻结的 int4 量化预训练语言模型反向传播梯度到低秩适配器 LoRA 来实现微调。

简单总结：QLoRA 通过三个技术的叠加，即 4bit 即 NF4 Normal Four Bit 这个新的数据类型加上双量化的量化策略，再加上内存和显存管理的 Page Optimizers，使它训练出来的大模型比 16bit 微调的大模型还要好。

如图 6-6 所示，前述论文对比了 FFT、LoRA 和 QLoRA 的实现原理。

第一列，有一个 16bit 单精度的最简单的 Transformer，蓝线代表参数更新（Parameter Update），传统的做法就是使用正向传播和反向传播，把全部参数更新一遍。

LoRA 和 FFT 相比，首先是加了 Adapter 即 **BA** 矩阵，让它能做更低成本的更新。QLoRA 做的就是把原来的 16bit Transformer 压缩了，现在只需要 4bit 保存模型参数，所以占用的显存更小了。4bit 的优化技术和双量化技术都是为了让参数量更小。

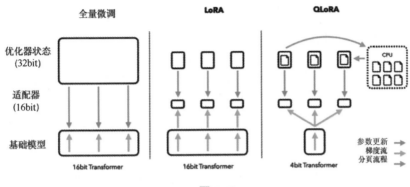

图 6-6

绿线代表梯度流，是指在训练过程中梯度在神经网络各层之间的传递。在反向传播过程中，每层的梯度信息都会传递给前一层，以更新其权重。这种梯度的传递确保整个网络中的所有参数都能朝着减少损失的方向进行调整。

除此之外，还有一个称为 Optimizer（优化器）的技术，即图中红线代表的分页流程（Paging Flow）。红线的左边是 GPU 显存，右边虚线框中的是 CPU。当我们的 GPU 显存不够用时，可暂时使用 CPU 的内存，不会让显存报错。

这就是完整的全量微调和 LoRA 及 QLoRA 的不同。

6.3.2　技术原理解析

1. 核心技术

QLoRA 引入了 4bit NormalFloat（NF4）量化和双重量化这两种技术，以实现高保真的 4bit 微调。此外，为防止梯度检查点期间的内存峰值导致的内存溢出错误，QLoRA 还引入了分页优化器。

2. NF4

最重要的是理解这个新数据类型是怎么运作的，有什么好处。之前的 Float 都是经典表达方式，但在 6.3.1 节中介绍的有关 QLoRA 的这篇论文中提出了一种想法，即只用 4bit 表达数字。NF4 是信息理论上最优的量化数据类型，适用于正态分布的数据。

之前就有很多的量化技术，包括剪枝技术、蒸馏技术、8bit 和 4bit。例如，8bit 量化的含义是用 8bit 表达原先需要 32bit 浮点数才能表达的内容。8bit 量化出来的是整数，没有小数点。其做法简单地说就是对量化之前的 32bit 数进行伸缩变换，砍掉小数就是 int 8。

我们的机器学习、深度学习、大模型和我们需要存储的模型参数是有特点的，模型参数本身不是随机的，且它们的数值会聚集在一块区域中。

香农在信息论中提出的最优数据类型其实是指，假设你知道通过经验的积累和历史数据的拟合，知道了数据的分布情况，知道了要存在计算机中的数大概是什么样子的分布函数，你就可以进行输入张量的分位数量化。

具体做法：在 6.3.1 节介绍的论文中也提到，预训练的权重通常具有标准差为 σ 的零中心的正态分布，可以通过缩放 σ 标准差，使得分布恰好符合数据类型的范围。

3．双量化技术

双量化技术引入了双重量化（Double Quantization，DQ）的概念，这是一种对量化常数进行二次量化的过程，目的是进一步节省内存容量。具体来说，双重量化将第一次量化的量化常数作为第二次量化的输入。这种技术其实就是嵌套的量化。

论文中的研究者使用 256 块大小的 8bit 浮点数进行第二次量化，根据 Dettmers 和 Zettlemoyer 的研究，8bit 量化没有性能下降。

数据虽然被 NF4 保存下来了，但真正计算时肯定不能那样保存，因为除它外，对其他数据还是用 16bit 计算。

因此，QLoRA 设计了存储数据类型 NF4 和计算数据类型 BF16，并且采用了存算分离技术，这也是 QLoRA 的核心价值。

计算机在计算时，用 Float16 表达的浮点数可以直接进行加减乘除矩阵运算；而 NF4 不能，因为它是极致地压缩了存储空间，把计算和存储分离，只有在算时才解压缩。因为 QLoRA 不是对每个阶段的每个参数都运算的，而是只运算部分参数，在运算的时候再回到 BF16 进行运算，运算完再编码保存下来。

利用充足的计算时间来换取空间，可使过去许多因内存不足而无法开展的研究现在得以继续进行。尽管这种方法会消耗更多的时间，但它至少使研究变得可行。此外，在推理过程中，并不需要将所有数据一次性地完全解压缩；由于计算是逐步进行的，所以可以在计算的过程中动态地解压缩和重新压缩数据，然后再存储数据，从而有效地管理内存资源。

4．分页优化器

分页优化器（Page Optimizer）的作用是防止系统崩溃。在运行过程中，在某一层可能因为中间数据量比较庞大，短时间的内存峰值导致暂时的 OOM（Out Of Memory，内存不足）。分页优化器在 GPU 运行偶尔出现 OOM 时，可以通过英伟达统一内存的功能，在 CPU 和 GPU 之间自动进行页面到页面的传输，和虚拟内存技术差不多。

这就是 QLoRA 通过三个技术的叠加，将 65B 参数模型的内存需求从>780GB 降低到<48GB，并保持了 16bit 微调任务的性能。对于个人开发者来说，如果想

实现具有 100 亿个参数的模型，则可采用这种由可靠的技术支撑、廉价、合理的方案，否则需要买很多显卡才能使用大模型。

6.3 节无"实现步骤"和"实验结果"，是因为将在第 10 章中介绍相关内容，以避免重复。

6.4　量　化　技　术

6.4.1　背景

量化用更少的 bit 表示数据，这使它成为一种减少内存使用和加速推理的有用技术，尤其是在涉及大语言模型（LLM）时。目前，Transformers 库有以下几种方法可以量化模型。

（1）使用 AWQ（Activation-aware Weight Quantization，激活感知权重量化）算法优化量化模型权重。

（2）使用 GPTQ（Accurate Quantization for Generative Pre-trained Transformers，生成式预训练 Transformers 的精确量化）算法独立量化权重矩阵的每行。

（3）使用 BitsAndBytes 库量化到 8bit 和 4bit 精度。

（4）使用 AQLM 算法量化至 2bit 精度。

在第 4 章中，当我们直接训练亿级规模的模型时，就已经遇到内存不足的情况，甚至完成几个 epoch（一个 epoch 是指使用训练集中的全部样本进行一次训练的过程）就要花上几十个小时。此时，我们需要找到一些能使用比较低的 GPU 资源完成整体模型的快速微调方法，而模型量化就是其中最重要的部分。量化的本质就是用较少的信息来表示数据，并且尽量不损失准确性；同时，量化后的推理速度也会变快。

6.4.2　量化技术分类

根据量化发生的步骤分为以下两类。

（1）在微调完成后进行量化。场景是在模型权重已经训练到位后，为了方便部署、推理，从而进行量化。其目的是让微调后的大模型在小硬件上使用起来。具体的方法包括 GPTQ 和 AWQ。

（2）在微调过程中进行量化。场景是在训练过程中使用低精度进行训练，其目的是让大模型在小硬件上微调。具体的方法为 BitsAndBytes 库，并且通常与 QLoRA 一起用于量化微调 LLM。

第一种类型的量化技术：先将模型硬件训练好了，然后量化为一个较小的模型。它对大模型微调没有太大帮助，主要是降低推理的成本。第二种类型的量化技术：在训练过程中就以一个比较低的精度存储数据，以便能在自己的数据集上进行低精度的训练。对于是先微调还是先量化，哪种类型的微调方法效果好，并没有绝对的答案，但通常来说，在资源足够的情况下还是先微调更好。

在 Transformers 库的 Quantization 模块中实现了 BitsAndBytes 库，使其使用非常简单，可以先指定 NF4 数据类型存储大模型的参数，然后结合 QLoRA 微调技术实现低成本微调。下面介绍如何使用 Transformers 库实现模型量化。

6.4.3 BitsAndBytes 库

BitsAndBytes 库是对 CUDA 自定义函数的轻量级封装，特别是针对 8bit 优化器、矩阵乘法和量化函数；在硬件层面上能支持混合精度的分解和 int8 推理（如果使用 8bit 精度存储模型，则可以直接用于推理，而不必进行转化）。BitAndBytes 库是在 Transformers 库中实现 int8、int4 模型量化的最简单选择。

把 QLoRA 与 NF4 结合起来，在训练过程中就能用低精度进行微调。

6.4.4 实现步骤

BitsAndBytes 库是一个集成了 Transformers 库的量化库。通过这种集成，可以将模型量化为 8bit 或 4bit，并通过配置 BitsAndBytesConfig 类启用许多其他选项。例如：

（1）load_in_4bit=True：可在加载模型时将其量化为 4bit。

（2）bnb_4bit_quant_type="nf4"：可对从正态分布初始化的权重使用特殊的 4bit 数据类型。

（3）bnb_4bit_use_double_quant=True：可使用嵌套量化方案来量化已经量化的权重。

（4）bnb_4bit_compute_dtype=torch.bfloat16：可使用 bfloat16 进行更快的计算。

使用 int4 量化加载模型：下面分别加以解释，如代码 6-9 所示，在 Transformers 库中使用 BAB 技术进行模型加载是很直接的，只需要在模型本身的 from_pretrained 函数里设置参数。load_in_4bit=True 对应 4bit 精度量化，load_in_8bit=True 对应 8bit 精度量化。打开参数之后，模型就会以对应的精度进行加载。

代码 6-9

```
from transformers import AutoModelForCausalLM
# 指定要加载的预训练模型 ID，这里使用的是 Mistral-7B-v0.1 模型
model_name_or_path = "/home/egcs/models/glm4-9b-chat"
# 设置参数并实例化模型：使用自动设备映射以在可用硬件上分布模型，
# 同时以 4bit 精度加载模型以减少内存占用并加速推理和训练过程
model_4bit = AutoModelForCausalLM.from_pretrained(
    model_name_or_path,            # 模型的标识符或路径
```

```
    device_map="auto",          # 自动将模型分布在可用设备上，如 CPU、GPU
    load_in_4bit=True,          # 以 4bit 量化精度加载模型，优化内存使用
    trust_remote_code=True
)
```

使用 NF4 精度加载模型：在之前的理论学习中已经有了铺垫，使用 NF4 是为了与 PEFT 中的 QLoRA 技术进行对接。如果只是单纯地进行 int4 量化，那么可以直接使用之前的方法，在 from_pretrained 方法中加一个参数。但是，如果要进行 NF4 量化，则需要引入新的 BitsAndBytesConfig 类进行配置。在代码 6-10 中指定 bnb_4bit_quant_type="nf4"。其潜在的意思是，4bit 量化可以有很多种不同的 4bit 量化类型，在这里选择量化类型为 NF4。

代码 6-10

```
# 从 Transformers 库中导入 BitsAndBytesConfig 类，用于配置模型的量化加载方式
from transformers import BitsAndBytesConfig
# 初始化 BitsAndBytesConfig 对象，配置模型以 4bit 精度加载，并采用"nf4"的量化
类型
# load_in_4bit=True 指示模型权重应加载为 4bit 精度
# bnb_4bit_quant_type="nf4"指定使用 NF4 的量化方案，相较于常规的 FP4，NF4 提
供了更高的精度
nf4_config = BitsAndBytesConfig(
    load_in_4bit=True,
    bnb_4bit_quant_type="nf4",
)
# 将配置好的 nf4_config 传递给 AutoModelForCausalLM.from_pretrained()方法
# 这将加载指定模型 ID(model_id)的因果语言模型，并应用 4bit 量化配置
# 从而在保持较高计算效率的同时，尽量减少精度损失
model_nf4 = AutoModelForCausalLM.from_pretrained(model_name_or_path,
quantization_config=nf4_config,trust_remote_code=True)
```

代码 6-11 使用双精度量化加载模型。在 QLoRA 的论文中还提到双量化，为了实现它，我们只需要在 BitsAndBytesConfig 类中加额外的一行 bnb_4bit_use_double_quant=True。

代码 6-11

```
# 从 Transformers 库中导入 BitsAndBytesConfig 类，用于配置模型的量化加载方式
double_quant_config = BitsAndBytesConfig(
    # 设置模型以 4bit 精度加载
    load_in_4bit=True,
    #启用双精度量化，即使用更高的精度进行量化，也可能会增加一些计算成本，但可提高
模型的准确度
    bnb_4bit_use_double_quant=True,
```

```
)
# 利用配置好的 double_quant_config，通过 from_pretrained 方法加载模型
# model_id 为预训练模型的标识符，quantization_config 参数传递了我们的量化配置
# 模型会在加载时应用 4bit 量化并采用双精度量化策略
model_double_quant = AutoModelForCausalLM.from_pretrained(model_name_
or_path, quantization_config=double_quant_config)
```

在代码 6-12 中，我们可以使用 QLoRA 所有量化技术加载模型，包括混合精度、BF16（等价于 trainer 中的 bf16=true）、bnb_4bit_quant_type="nf4"、启用 double_quant，这就是 QLoRA 的 4 个经典技术。

代码 6-12

```
# 从 Transformers 库中导入 BitsAndBytesConfig 类来配置量化加载参数
qlora_config = BitsAndBytesConfig(
    # 指定模型权重以 4bit 精度量化加载
    load_in_4bit=True,
    # 启用双精度量化，提高量化模型的精度
    bnb_4bit_use_double_quant=True,
    # 选择"nf4"作为量化类型，相比默认的"fp4"提供更好的精度
    bnb_4bit_quant_type="nf4",
    # 设置计算数据类型为 bfloat16，可以在支持的硬件上加速计算
    bnb_4bit_compute_dtype=torch.bfloat16
)
# 使用配置好的 qlora_config，通过 AutoModelForCausalLM 的 from_pretrained
方法加载模型
# model_id 为预训练模型的标识符，quantization_config 参数确保模型按照上述量化
设置加载
model_qlora       =       AutoModelForCausalLM.from_pretrained(model_id,
quantization_config=qlora_config)
```

如代码 6-13 所示，调用 prepare_model_for_kbit_training 函数来预处理量化模型以进行训练。这样，就准备好了量化模型。对于这样做的原因，将在第 10 章 10.1 节中结合 QLoRA 技术，进行详细阐述。现在，先把它理解为一个固定的步骤。

准备好的经过量化后的模型可以直接用来训练。具体的 QLoRA 训练方法可以参见第 10 章。

代码 6-13

```
# 从 PEFT 库中导入 prepare_model_for_kbit_training 函数，该函数用于准备模型以
便进行 k-bit（如 4-bit 或 8-bit）量化训练。
from peft import prepare_model_for_kbit_training
```

```
# 调用 prepare_model_for_kbit_training 函数，传入原始模型作为参数。
# 这个过程会修改模型，添加必要的量化层和支持结构，以便进行低位量化训练，
# 目的是在保持模型性能的同时，减少模型的内存占用和加速训练或推理过程。
model = prepare_model_for_kbit_training(model)
```

6.4.5　实验结果

如图 6-7 所示，论文中还对不同大小模型、不同数据类型、在 MMLU 数据集上的微调效果进行了对比。蓝色的线代表 Float 数据类型。橙色的线代表 NFloat 数据类型，也就是论文中提出的 Normal Float。绿色的线代表 Normal+DQ 数据类型，其中的 DQ 即 Double Quantization（双量化）。使用 QLoRA（NFloat4 + DQ）可以和 Lora（BFloat16）持平，同时，使用 QLoRA（FP4）的模型效果落后于前两者一个百分点。

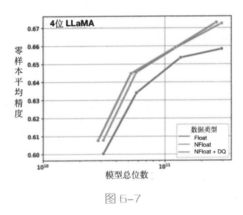

图 6-7

6.5　本章小结

本章重点介绍了使用 LoRA 实现微调模型的实战经验。首先，详细讨论了 LoRA 的背景、关键技术解读和特点，以及实现步骤和实验结果；然后，介绍了 AdaLoRA，探讨了其对 LoRA 缺陷的改进和核心技术，同时提供了实现步骤和实验结果；随后，介绍了 QLoRA，解析了其背景和技术原理，展示了在微调中的应用效果；最后，讨论了量化技术在模型优化中的应用，包括背景、技术分类和 BitsAndBytes 方法的具体实现等。

本章为读者提供了丰富的实战经验和技术指导，帮助其掌握使用 LoRA 和相关技术进行大模型微调的方法与技巧。

第7章 提示工程入门与实践

提示工程（Prompt Engineering）也称为指令工程，是一门较新的学科，它关注于 Prompt（提示，也称提示词）开发和优化，帮助用户将大语言模型（Large Language Model，LLM，简称大模型）用于各场景和研究领域。掌握提示工程的相关技能将有助于用户更好地了解大语言模型的能力和局限性。Prompt 貌似简单，但意义非凡，因为 Prompt 是 AGI 时代的"编程语言"，也是 AGI 时代的"软件工程"。提示工程师是 AGI 时代的"程序员"，学会提示工程，就像学会用鼠标、键盘一样，是 AGI 时代的基本技能，专门的提示工程师不会长久存在，因为每个人在未来都会掌握提示工程。

计算机程序中的伪代码的含义是，程序员先写一个大致逻辑比较清晰，但是并没有严谨到能够让计算机识别的一种约定俗成的、逻辑性比较强的类似于代码的描述方式。从另一个角度来说，提示的最高境界是极其接近于伪代码的方式，仅在形式上有所宽松。未来的程序员并非需要掌握计算机语言，而需要写出强逻辑性的 Prompt。

本章将更深入地讲解一些应对这个时代挑战的方法和窍门，使读者成长为具有新时代新机器能力的主人翁，掌握新时代的"编程语言"。

7.1 探索大模型潜力边界

7.1.1 潜力的来源

在 GPT 火爆之前，人们普遍认为大模型的规模越大，它们在各种下游任务上的表现能力越强。大模型的最初训练目标是生成自然、连贯的文本。由于在预训练阶段接触了大量文本数据，因此这些大模型在补全提示和创造文本方面具备了天生的能力。在这个天生能力的范围内，大模型具有创作文本的能力，比如撰写小说、新闻、诗歌等。早期的 GPT-3 模型就是最初用于执行这些任务的。

实验证明，单纯具备文本创作能力并不足以让大模型引发新一轮技术革命。真正推动技术革命的原因在于大模型展现出的"涌现能力"。当大模型的规模足够庞大（拥有足够多的参数和训练数据）时会展现出"涌现能力"。随着新模型的不断涌现，大规模展示出许多超出研究者预期的能力。例如，训练语料中包含了中文语料和英文语料的模型，虽然没有系统性地学习过中、英文的互相翻译，但是在最终训练完后，大模型自然而然就掌握了这种翻译能力。

换句话说，涌现能力是指模型在没有针对特定任务进行过训练的情况下，仍然具有在合理的提示下处理这些任务的能力。在某些情景下，涌现能力也可以理解为模型潜力，即巨大的技术潜力，这也是大模型取得成功的根本原因。对于大模型（比如 Completion 模型）来说，它们本身并没有接受对话语料的训练，因此展现出的对话能力也是它们涌现能力的一种体现。常见的应用范畴，比如翻译、编程、推理、语义理解等，都属于大模型所具备的涌现能力范畴。

正确的提示工程和微调是激发大模型的涌现能力的两种有效方法。

7.1.2　Prompt 的六个建议

如图 7-1 所示，OpenAI 官方网站上给出了 Prompt 的六个建议。

Six strategies for getting better results

Write clear instructions

These models can't read your mind. If outputs are too long, ask for brief replies. If outputs are too simple, ask for expert-level writing. If you dislike the format, demonstrate the format you'd like to see. The less the model has to guess at what you want, the more likely you'll get it.

Tactics:

- Include details in your query to get more relevant answers
- Ask the model to adopt a persona
- Use delimiters to clearly indicate distinct parts of the input
- Specify the steps required to complete a task
- Provide examples
- Specify the desired length of the output

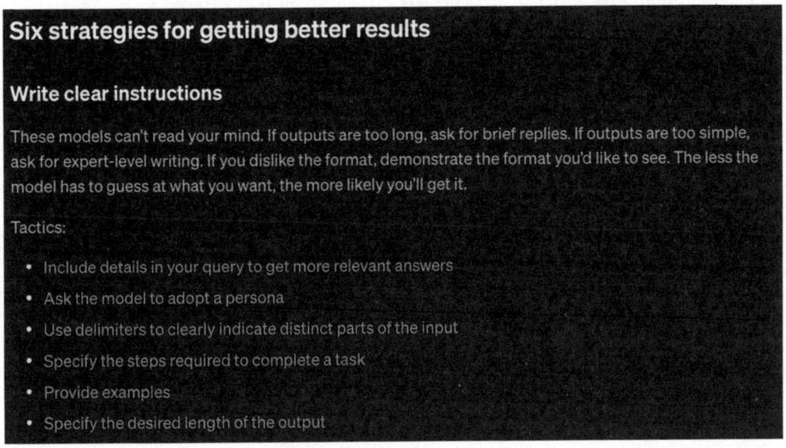

图 7-1

前三个建议如下。

（1）在查询中包含详细信息以获得更相关的答案。

ChatGPT 是一个基于大模型的对话系统，它的回答是基于其对输入文本的理解和学习所得的知识。因此，如果 Prompt 提供的信息不够清晰或不够详细，模型则可能产生误解或者给出不够准确的回答。

通过在查询中包含详细信息，可以帮助 ChatGPT 更准确地理解用户的问题或需求，从而生成更相关和贴合的回答。详细的查询可以包括问题的背景信息、关键词、具体细节等，这样可以让模型更好地把握话题的上下文，理解用户的意图，并根据输入的内容给出更合适的回应。

不同详细程度的 Prompt 对比如表 7-1 所示。

表 7-1　不同详细程度的 Prompt 对比

普通的 Prompt	更好的 Prompt
如何在 Excel 中添加数字	如何在 Excel 中将一行美元金额相加？我想对一整排行自动执行此操作，所有的总计都在右边的一列"总计"中结束
编写代码计算斐波那契序列	编写 TypeScript 函数来有效地计算斐波纳契序列。对代码进行自由的注释，解释每个部分的作用及为什么要这样写
总结会议笔记	先将会议笔记总结成一段；然后写一份演讲者的打分表，列出他们的每个要点；最后，列出发言者建议的下一步行动或行动项目（如果有的话）

（2）让模型扮演一个角色。

关于角色的最佳设定，在后面章节中会提到 ChatGPT 及 ChatGLM3 等大模型采用了新型的消息模式。在 Message 中，我们在参数选项中选择不同的角色：System、Assistant 和 User。用户扮演 User 角色，通过发送消息来提出问题、表达需求或进行交流，而模型则以 Assistant 角色回应用户的消息。同时，在 System 角色中给定聊天机器人一个身份，可以有效地引导模型生成更具丰富性和深度的回答。

在 System 角色中选择模型需要扮演的角色时，需要有标签化的设定，比如哲学大师。同时最好有一些具象的描述，比如是中国哲学大师还是西方哲学大师，且哲学里包含细分的一些范围。再比如，设置编程专家时最好设置为具体的专家，如 Python 专家或 Java 专家，甚至可以在 System 角色中设置其擅长什么样的 Python 库和 Java 库。

（3）使用分隔符清楚地指示输入的不同部分。

在编写 Prompt 时，使用分隔符清楚地指示输入的不同部分之所以重要，是因为大模型需要清晰地理解每个部分的含义和作用。分隔符的使用可以帮助模型准确地区分不同的信息单元，从而更好地理解整个输入。

首先，分隔符可以帮助模型确定每个部分的边界和作用。大模型在处理文本时需要识别不同的片段，并理解它们之间的关系。通过使用分隔符，可以明确地告诉模型何时一个部分结束，另一个部分开始，从而避免歧义和混淆。

其次，分隔符还可以帮助模型更好地处理不同类型的信息。在编写 Prompt 时，可能会包含多个部分，例如问题描述、关键词、示例等。通过使用适当的分隔符，可以将这些不同类型的信息清晰地分隔开来，使模型能够更有效地理解和处理每个部分。

此外，分隔符的使用还可以提高 Prompt 的可读性和易用性。清晰的分隔符可以使 Prompt 更易于理解和编辑，同时也可以使其更具结构化，便于模型正确解析和处理。

不同结构化程度的 Prompt 对比如表 7-2 所示。

表 7-2　不同结构化程度的 Prompt 对比

普通的 **Prompt**	更好的 **Prompt**
总结以下文本：在此处插入文本	总结由三个引号分隔的文本。 """在此处插入文本"""
您将获得一对关于同一主题的文章。首先总结每篇文章的论点；然后指出其中的哪一个更有说服力，并解释原因。 文章一：在此处插入第一篇文章 文章二：在此处插入第二篇文章	您将获得一对关于同一主题的文章（用 XML 标记分隔）。首先总结每篇文章的论点；然后指出其中的哪一个更有说服力，并解释原因。 <article>在此处插入第一篇文章</article> <article>在此处插入第二篇文章</article>

后三个建议如下。

（1）指定完成任务所需的步骤。

（2）提供示例。

（3）指定所需的输出长度。

对上述三个建议通过 7.2 节进行验证。

7.2　Prompt 实践

7.2.1　四个经典推理问题

传统的机器学习方法通常基于大量数据进行训练，从数据中学习模式和关系，以便在未来对新数据进行预测或分类。

对于大模型而言，我们可以在输入的 Prompt 中给出关于解决问题方式的描述或者示例，而不需要利用大量数据对模型进行训练。

大模型具有推理能力，因为它们通过学习大量的文本数据，捕捉语言中的模式和结构。它们在训练过程中，会学习到各种知识、逻辑关系和推理方法。当它们遇到新的问题时，可以根据已学到的知识和推理方法，生成有意义的回答。

四个经典推理问题分别节选自以下四篇提示工程的论文。

如图 7-2 所示，推理题 1、2 来自论文 *Chain-of-Thought Prompting Elicits Reasoning in Large Language Models*。

如图 7-3 所示，推理题 3 来自论文 *Large Language Models are Zero-Shot Reasoners*。

如图 7-4 所示，推理题 4 来自论文 *Least-to-Most Prompting Enables Complex Reasoning in Large Language Models*。

标准Prompt

Model Input

Q：罗杰原有5个网球，他又买了2盒网球，每盒有3个网球，他现在总共有多少个网球？

A：现在罗杰总共有11个网球。

Q：食堂原有23个苹果，如果他们用掉20个苹果，然后又买了6个苹果，现在食堂总共有多少个苹果？

Model Output

A：答案是29。 ✗

思维链Prompt

Model Input

Q：罗杰原有5个网球，他又买了2盒网球，每盒有3个网球，他现在总共有多少个网球？

A：罗杰原有5个网球，他又买了2盒网球，每盒有3个网球，现在罗杰总共有11个网球。

Q：食堂原有23个苹果，如果他们用掉20个苹果，然后又买了6个苹果，现在食堂总共有多少个苹果？

Model Output

A：食堂原有23个苹果，如果他们用掉20个苹果，此时有23−20=3个，然后又买了6个苹果，总共有9个。 ✓

图 7-2

(a) Few-shot

Q：罗杰原有5个网球，他又买了2盒网球，每盒有3个网球，他现在有多少个网球？
A：答案是11。

Q：杂要者可以杂要16个球，其中一半的球是高尔夫球，而且一半的高尔夫球是蓝色的。总共有多少个蓝色高尔夫球？
A：

（输出）答案是8。 ✗

(c) Zero-shot

Q：杂要者可以杂要16个球，其中一半的球是高尔夫球，而且一半的高尔夫球是蓝色的。总共有多少个蓝色高尔夫球？
A：

（输出）答案是8。 ✗

(b) Few-shot-CoT

Q：罗杰原有5个网球，他又买了2盒网球，每盒有3个网球，他现在有多少个网球？
A：罗杰原有5个网球，2罐有6个网球，5+6=11.答案是11。

Q：杂要者可以杂要16个球，其中一半的球是高尔夫球，而且一半的高尔夫球是蓝色的。总共有多少个蓝色高尔夫球？
A：

（输出）杂要者可以杂要16个球，其中一半的球是高尔夫球，所以有16/2=8个高尔夫球。一半的高尔夫球是蓝色的，所以有8/2=4个蓝色高尔夫球。答案是4。 ✓

(d) Zero-shot-CoT (Ours)

Q：杂要者可以杂要16个球，其中一半的球是高尔夫球，而且一半的高尔夫球是蓝色的。总共有多少个蓝色高尔夫球？
A：让我们一步一步思考。

（输出）杂要者杂要16个球，其中一半的球是高尔夫球，所以有16/2=8高尔夫球，一半的高尔夫球是蓝色的，所以有8/2=4个蓝色高尔夫球。答案是4。 ✓

图 7-3

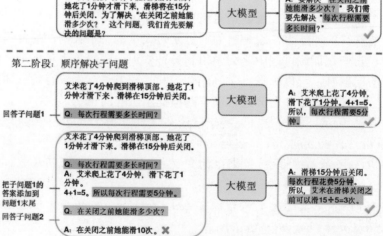

第一阶段：将问题分解为子问题

Q：艾米需要4分钟才能爬到滑梯顶部，她花了1分钟才滑下来，滑梯将在15分钟后关闭。为了解决"在关闭之前她能滑多少次？"这个问题，我们首先要解决的问题是？

大模型

A：要解决"在关闭之前她能滑多少次？"我们需要先解决"每次行程需要多长时间？" ✓

第二阶段：顺序解决子问题

回答子问题1

艾米花了4分钟爬到滑梯顶部。她花了1分钟才滑下来。滑梯在15分钟后关闭。

Q：每次行程需要多长时间？

大模型

A：艾米爬上花了4分钟，滑下花了1分钟。4+1=5。所以，每次行程需要5分钟。 ✓

把子问题1的答案添加到问题1末尾

回答子问题2

艾米花了4分钟爬到滑梯顶部。她花了1分钟才滑下来。滑梯在15分钟后关闭。

Q：每次行程需要多长时间？
A：艾米爬上花了4分钟，滑下了1分钟。4+1=5。所以每次行程需要5分钟。
Q：在关闭之前她能滑多少次？
A：在关闭之前她能滑10次。 ✗

大模型

A：滑梯15分钟后关闭。每次行程花费5分钟。所以，艾米在滑梯关闭之前可滑15÷5=3次。 ✓

图 7-4

这四个问题都超出了默认原始状态大模型的能力范围，即大模型在没有任何有效提示的情况下将无法回答这些问题。也正因如此，这四个问题可以用于验证接下来的提示工程是否有效。

7.2.2　大模型原始表现

1. 推理题 1（第一个问题，即示例问题）

见代码 7-1。

代码 7-1

```
prompt1 = '罗杰原有 5 个网球，他又买了 2 盒网球，每盒有 3 个网球，他现在总共有多少
个网球？'
response1 = openai.Completion.create(
        model=model_name,
        prompt=prompt1,
        max_tokens=1000,
        )
print(response1["choices"][0]["text"].strip())
```

输出结果：'现在罗杰总共有 11 个网球。'

能够发现，现在罗杰总共有 5+2×3=11 个网球，此时模型推理得到了正确的结果。

2. 推理题 2（第二个问题）

见代码 7-2。

代码 7-2

```
prompt2 = '食堂原有 23 个苹果，如果他们用掉 20 个苹果，然后又买了 6 个苹果，现在食
堂总共有多少个苹果？'
response2 = openai.Completion.create(
        model=model_name,
        prompt=prompt2,
        max_tokens=1000,
        )
response2["choices"][0]["text"].strip()
```

输出结果：'现在食堂总共有 23+6=29 个苹果。'

推理题 2 相对于推理题 1 稍微复杂一些——因为在逻辑上有了微妙的转变。这意味着食堂不仅新增了 6 个苹果，还消耗了 20 个苹果。这种有进有出的变化使大模型难以给出正确的判断。正确的解答应该是食堂目前剩余的苹果数量为 23 减

去 20 再加上 6，即 23−20+6=9 个苹果。

3. 推理题 3（第三个问题）

见代码 7-3。

代码 7-3

```
prompt3 = '杂耍者可以杂耍 16 个球。其中一半的球是高尔夫球，而且一半的高尔夫球是
蓝色的。总共有多少个蓝色高尔夫球？'
response3 = openai.Completion.create(
        model=model_name,
        prompt=prompt3,
        max_tokens=1000,
        )
response3["choices"][0]["text"].strip()
```

输出结果：'总共有 8 个蓝色高尔夫球。'

推理题 3 的数学计算过程并不复杂，但设计了一个语言陷阱，即一半的一半是多少。由此发现，模型无法围绕这个问题进行准确的判断，正确答案应该是 16×0.5×0.5=4 个蓝色高尔夫球。

4. 推理题 4（第四个问题）

见代码 7-4。

代码 7-4

```
prompt4 = '艾米需要 4 分钟才能爬到滑梯顶部，她花了 1 分钟才滑下来，滑梯在 15 分钟
后关闭，在关闭之前她能滑多少次？'
response4 = openai.Completion.create(
        model=model_name,
        prompt=prompt4,
        max_tokens=1000,
        )
response4["choices"][0]["text"].strip()
```

输出结果：'在关闭之前她能滑 10 次。'

推理题 4 是这些逻辑题里数学计算过程最复杂的，涉及多段计算及除法运算。正确的计算过程是先计算艾米一次爬上与爬下总共需要 5 分钟，滑梯在 15 分钟后关闭，因此在关闭之前她能滑 15÷5=3 次。

总结以上情况，大模型在 Zero-shot 情境下，在逻辑推理方面的表现较差。它只能有效地解答围绕简单线性运算的推理问题。这表明该模型只在推理题 1 上给出了正确答案，对其他问题均给出了错误回答，显示出其推理能力的不足。

接下来，提示工程将发挥关键作用。我们将通过尝试不同的提示方法来加强模型的逻辑处理能力，以解决这些问题。

<h1 style="text-align:center">7.3 提 示 工 程</h1>

7.3.1 提示工程的概念

大模型所谓的"涌现能力"其实存在不稳定性。在未对模型参数进行调整（微调）的情况下，模型的"涌现能力"极度依赖于提示方法。简言之，对同一模型采用不同提示方式将导致完全不同质量的结果。用户与大模型的完整交互过程也称为大模型的"提示工程"。据此描述，我们更易理解：提示工程是激发模型"涌现能力"（释放模型潜力）的关键技术。同样，我们对大模型"涌现能力"的应用需求远远超出仅使用大模型创作文本的范畴（甚至对话任务也归属于大模型的"涌现能力"）。因此，提示工程作为专门用于唤起模型潜能的技术显得特别重要。这也是为何自从 GPT 大模型受瞩目后，提示工程成为热门研究领域，并成为大模型应用工程师不可或缺的技能之一的原因。

从技术角度来看，提示工程是一项易于入门但技术上限较高的学习任务。在简单的应用中，只需增加提示后缀或更详细地描述问题；而在复杂的应用中，涉及多层嵌套的提示和以中间结果为基础进行创造性问答的设计。

我们需要思考的是，由于大多数非专业人士只是浅尝辄止地使用大模型，导致市场上涌现了许多快速应用的"提示模板"，对提示工程的理解变得表面化。这使得许多技术人员忽视了提示工程的重要性，更倾向于将更复杂、更高级的"微调"方法视为技术挑战更大的选择。

微调和提示工程都是优化模型涌现能力的方法。但与微调相比，提示工程的成本更低、更加灵活，在提升模型对小语义空间内复杂语义的理解方面表现更佳。当然，在特殊情况下，我们需要先利用提示工程进行文本标注，然后使用这些标注的文本来微调模型。这进一步证明了掌握提示工程技术对于大模型工程师至关重要。

下面将按照从简单到复杂的顺序介绍提示工程技术。我们将探讨基础提示方法、思维链提示方法，以及一种名为 LtM 的提示方法。

7.3.2 Few-shot

如果没有经过提示工程的训练，则在大多数情况下我们写的 Prompt 一般称为 Zero-shot（零样本）。它是一种机器学习方法，它允许模型在没有见过任何训练样本的情况下，对新类别的数据进行分类或识别。这种方法通常依赖于模型在训练过程中学到的知识，以及对新类别的一些描述性信息，如属性或元数据。

Few-shot（少量样本）：教导模型使用非常有限的训练数据来识别新的对象、类或任务。在这里，通过在 Prompt 里加入少量示例来实现模型学习。

示例的作用有时可以超过千言万语。Few-shot learning 通常可以帮助我们描述更复杂的模式。应用大模型要从传统机器学习思维切换为上下文学习的思路一次样本（One-shot）或 Few-shot 提示方法：提示工程中最简单的方法是输入一些类似的问题和相关答案，让模型从中学习，并在同一个提示的末尾提出新问题，逐步提升模型的推理能力。需要注意的是，One-shot 和 Few-shot 的区别仅在于提示中包含的示例个数，但本质上都是在提示中输入示例，让模型模仿示例解答当前问题。

最初，是 OpenAI 研究团队在 *Language Models are Few-Shot Learners* 论文中率先提出了 One-shot 和 Few-shot。这篇论文也是提示工程方法的奠基之作，详细介绍了这两种核心方法及相关背后的因素。而在具体的应用方面，Few-shot 提示方法并不复杂，只需将一些类似的问题和答案作为提示的一部分输入即可。例如，如代码 7-5 所示，我们可以首先输入一个模型能够正确回答的示例问题（第一个问题），然后观察是否能够推理出第二个问题。

代码 7-5

```
prompt_Few_shot1 = 'Q:"罗杰原有 5 个网球，他又买了 2 盒网球，每盒有 3 个网球，他现在总共有多少个网球？" \
                A:"现在罗杰总共有 11 个网球。" \
                Q:"食堂原有 23 个苹果，如果他们用掉 20 个苹果，然后又买了 6 个苹果，现在食堂总共有多少个苹果？" \
                A:'
```

请注意在进行 Few-shot 提示时的编写格式。当我们需要输入多段问答作为提示时，通常以 Q 开头表示问题，以 A 开头表示答案（也可以"问题"和"答案"开头），并且不同的问答对话需要换行以提高清晰度展示。具体的方法是使用转义符号+换行符号来实现，这样换行后仍然保持在同一个字符串内。

输出结果：

'现在食堂总共有 9 个苹果。'

如代码 7-6 所示，虽不能确定模型预测过程发生的变化，但在学习了第一个示例问题后，模型确实能够对第二个问题给出准确判断。由此得知，Few-shot 在提升模型逻辑推理能力方面能够起到一定作用。

代码 7-6

```
response_Few_shot1 = openai.Completion.create(
                model=model_name,
```

```
                prompt=prompt_Few_shot1,
                max_tokens=1000,
                )
response_Few_shot1["choices"][0]["text"].strip()
```

如代码 7-7 所示，我们将上面两个例子的问答都作为提示进行输入，并查看模型是否能正确回答。

第三个问题：

代码 7-7

```
prompt_Few_shot2 = 'Q："罗杰原有 5 个网球，他又买了 2 盒网球，每盒有 3 个网球，
他现在总共有多少个网球？" \
                A："现在罗杰总共有 11 个网球。" \
                Q："食堂原有 23 个苹果，如果他们用掉 20 个苹果，然后又买了 6 个苹
果，现在食堂总共有多少个苹果？" \
                A："现在食堂总共有 9 个苹果。" \
                Q："杂耍者可以杂耍 16 个球。其中一半的球是高尔夫球，而且一半的高
尔夫球是蓝色的。总共有多少个蓝色高尔夫球？" \
                A：'
```

执行代码 7-8：

代码 7-8

```
response_Few_shot2 = openai.Completion.create(
                model=model_name,
                prompt=prompt_Few_shot2,
                max_tokens=1000,
                )
response_Few_shot2["choices"][0]["text"].strip()
```

输出结果：

'总共有 8 个蓝色高尔夫球。'

由此发现模型对第三个问题仍然回答错误。如代码 7-9 所示，接下来尝试把前两个问题作为提示的一部分，让模型回答第四个问题：

代码 7-9

```
prompt_Few_shot3 = 'Q："罗杰原有 5 个网球，他又买了 2 盒网球，每盒有 3 个网球，
他现在总共有多少个网球？" \
                A："现在罗杰总共有 11 个网球。" \
                Q："食堂原有 23 个苹果，如果他们用掉 20 个苹果，然后又买了 6 个苹
果，现在食堂总共有多少个苹果？" \
                A："现在食堂总共有 9 个苹果。" \
                Q："艾米需要 4 分钟才能爬到滑梯顶部，她花了 1 分钟才滑下来，滑梯
```

将在 15 分钟后关闭，在关闭之前她能滑多少次？" \
A: '

如代码 7-10 所示，执行推理：

代码 7-10

```
response_Few_shot3 = openai.Completion.create(
                model=model_name,
                prompt=prompt_Few_shot3,
                max_tokens=1000,
                )
response_Few_shot3["choices"][0]["text"].strip()
```

显示结果：

'在关闭之前，艾米可以滑下 4 次滑梯。'

第四个问题同样回答错误，显示出 Few-shot 提示方法在一定程度上能够增强模型的推理能力，但其提升幅度有限。对于稍微复杂的推理问题，模型仍然难以给出准确答案。

需要注意的是，尽管 Few-shot 的使用方法看似简单，但实际上它存在着许多变种方法。其中，一类非常重要的变种方法是围绕提示的示例进行修改。除提供问题和答案外，示例还会增加一些辅助思考和判断的"提示"。后面将介绍许多方法，其提示内容各不相同，但基本都可以从 Few-shot 的角度进行理解。

7.3.3　通过思维链提示法提升模型推理能力

在人工智能领域，思维链提示法作为一种创新策略，正逐步展现其在推动模型理解力和推理能力方面的重要价值。这种方法的核心在于引导 AI 系统通过构建更加连贯和深入的上下文关联，来提升其生成内容的相关性和准确性，从而在复杂问题求解上展现出更加优越的表现。

1. 思维链的原理及其作用机制

思维链提示法的基本原理是，通过在输入序列中精心设计一系列有序的、逻辑相连的提示或问题，促使 AI 模型不仅关注当前任务的直接需求，还能够追溯并整合过往信息，形成一条条逻辑清晰的"思维轨迹"。这一过程类似于人类思考时的回溯与前瞻，使得 AI 生成的内容不只是孤立的响应，而是基于一个丰富且不断深化的"上文"背景。这样的上文不仅包含直接相关的事实信息，还包括隐含的逻辑关系、因果推断等，从而大大提升了模型在生成"下文"时考虑全面性与精确性的能力。简而言之，一个更为立体和多维的思维背景为模型提供了更广阔的推理空间，使其能更准确地预测或解答问题。

2. 对计算与逻辑推理问题的特别效能

在面对需要复杂计算、严密逻辑推理的任务时，思维链提示法的优势尤为突出。传统模型可能因缺乏足够的上下文支撑或逻辑引导而难以得出准确结论，而采用思维链策略的 AI 则能通过一步步地构建逻辑链条，细致地分析问题的各个维度，确保每一步推导都建立在坚实的基础上。例如，在解决数学题、逻辑谜题或需要综合分析的决策问题时，思维链不仅帮助模型理解问题的表面含义，还能引导其深入探究隐藏的变量关系、假设条件及可能的例外情况，最终输出更加合理且符合逻辑的答案。

3. 如何高效利用思维链提升复杂问题处理精度

充分利用思维链提示法提升模型处理复杂问题的准确性的关键是，设计高度结构化且具有引导性的提示序列。这要求设计者深刻理解目标问题的内在逻辑，巧妙地布局问题框架，逐步铺设从简单到复杂的思考路径。此外，动态调整提示策略，根据模型反馈灵活修正思维链的方向和深度，也是优化过程中的重要环节。通过持续迭代和优化提示策略，可以逐步挖掘出模型的最大推理潜能，使其在面对高难度挑战时也能游刃有余，提供更为精准且深入的解决方案。

总之，思维链提示法通过构建层次分明、逻辑紧密的思维脉络，不仅为 AI 模型打开了通往深度理解与精准推理的大门，也为人工智能技术在解决复杂现实问题上开辟了新的可能性。随着该方法的不断成熟与应用，我们有理由期待 AI 在更多领域展现出超越以往的智慧光芒。

7.3.4　Zero-shot-CoT 提示方法

如何通过更好的提示来增强模型的推理能力呢？其中最简单的方法之一是利用思维链（又称为思考链，Chain of Thought，CoT）提示法来应对这一挑战。思维链是大模型涌现出来的一种独特能力。它是偶然被"发现"（人在训练时没想过会这样）的。有人在提问时以"Let's think step by step"开头，结果发现 AI 会先自动把问题分解成多个步骤，然后逐步解决，使得输出的结果更加准确。

最基础的思维链实现方法是在提示的结尾添加一句"Let's think step by step"，这可以显著提高模型的推理能力。这种方法最初由东京大学和谷歌在论文 *Large Language Models are Zero-Shot Reasoners* 中提出。由于无须手动编写推理的成功示例（无须编写思维链样本），因此这种方法也被称为 Zero-shot-CoT。

接下来，我们尝试运用 Zero-shot-CoT 解决之前的推理问题。值得注意的是，"Let's think step by step"是一句"具有魔力"的语句，经过多次尝试证明对提升大模型的推理能力效果显著。在将其翻译成中文时，我们进行了大量尝试和实验，最终决定将其翻译为"请一步步进行推理并得出结论"，这对提升模型推理能力非常实用。如代码 7-11 所示，我们尝试以"请一步步进行推理并得出结论"作为提示后缀，看看能否解决之前的推理问题：

代码 7-11

```
prompt_Zero_shot_CoT1 = '罗杰原有 5 个网球，他又买了 2 盒网球，每盒有 3 个网球，
他现在总共有多少个网球？请一步步进行推理并得出结论。'
response_Zero_shot_CoT1 = openai.Completion.create(
                    model=model_name,
                    prompt=prompt_Zero_shot_CoT1,
                    max_tokens=1000,
                    )
response_Zero_shot_CoT1["choices"][0]["text"].strip()
```

查看输出结果：

'1. 首先，罗杰原有 5 个网球。\n\n2. 罗杰又购买了 2 盒网球，每盒 3 个网球，共 6 个。\n\n3. 由此可知，罗杰现在总共有 11 个网球。'

第一题正确，接下来看第二题，见代码 7-12：

代码 7-12

```
prompt_Zero_shot_CoT2 = '食堂原有 23 个苹果，如果他们用掉 20 个苹果，然后又买
了 6 个苹果，现在食堂总共有多少个苹果？请一步步进行推理并得出结论。'
response_Zero_shot_CoT2 = openai.Completion.create(
                    model=model_name,
                    prompt=prompt_Zero_shot_CoT2,
                    max_tokens=1000,
                    )
response_Zero_shot_CoT2["choices"][0]["text"].strip()
```

查看输出结果：

'答：\n\n① 食堂原有 23 个苹果；\n\n② 用掉 20 个苹果后，剩下 3 个苹果；\n\n③ 后来又买了 6 个苹果；\n\n④ 现在食堂总共有 3 个苹果加上新买的 6 个苹果，故现在食堂总共有 9 个苹果。'

第二题回答正确，接下来看第三题，见代码 7-13：

代码 7-13

```
prompt_Zero_shot_CoT3 = '杂耍者可以杂耍 16 个球。其中一半的球是高尔夫球，而且
一半的高尔夫球是蓝色的。总共有多少个蓝色高尔夫球？请一步步进行推理并得出结论。'
response_Zero_shot_CoT3 = openai.Completion.create(
                    model=model_name,
```

```
        prompt=prompt_Zero_shot_CoT3,
        max_tokens=1000,
        )
response_Zero_shot_CoT3["choices"][0]["text"].strip()
```

查看结果：

'首先，要想得知有多少个蓝色高尔夫球，需要知道高尔夫球的总数量。由条件可知，高尔夫球的总数量是 16 个球的一半，即 8 个。\n\n 接下来，我们还要知道蓝色高尔夫球的数量。根据条件，一半的高尔夫球的是蓝色的，也就是说，蓝色高尔夫球的数量应该等于 8 个球的一半，即 4 个。\n\n 因此，总共有 4 个蓝色高尔夫球。'

第三题也回答正确，接下来看第四题，见代码 7-14：

代码 7-14

```
prompt_Zero_shot_CoT4 = '艾米需要 4 分钟才能爬到滑梯顶部，她花了 1 分钟才滑下来，滑梯将在 15 分钟后关闭，在关闭之前她能滑多少次？请一步步进行推理并得出结论。'
response_Zero_shot_CoT4 = openai.Completion.create(
        model=model_name,
        prompt=prompt_Zero_shot_CoT4,
        max_tokens=1000,
        )
response_Zero_shot_CoT4["choices"][0]["text"].strip()
```

查看结果：

'步骤一：计算出剩余的时间\n\n 剩余时间 = 15 分钟 − 1 分钟 = 14 分钟。\n\n 步骤二：计算她可以滑的次数\n\n 每次滑梯需要 4 分钟，所以她可以滑 14 分钟/4 分钟 = 3.5 次滑梯。\n\n 步骤三：得出结论\n\n 因为滑梯次数只能是整数，所以她能在 15 分钟内滑 3 次滑梯。'

需要注意的是，尽管第四个问题的答案是正确的，但其中的推理过程并不正确。关于能够滑 3.5 次等陈述更是缺乏逻辑性。因此，第四个问题虽然答案正确，但在逻辑推导方面存在着较大的错误，是这些逻辑推理题中最具挑战性的一个。

通过对四个逻辑推理题的验证，我们发现与 Few-shot 相比，Zero-shot-CoT 确实更为有效。它能够通过更为简洁的提示显著提升模型的推理能力。当然，我们所列举的四个例子仅用于验证模型的推理能力。若要对 Zero-shot-CoT 在大规模推理场景中的有效性进行更加严谨的验证，可以参考 *Large Language Models are Zero-Shot Reasoners* 论文中的相关说明。

如图 7-5 所示，根据该论文的描述，研究人员在测试 Zero-shot-CoT 方法时尝试了多组不同的提示尾缀，并在一个机器人指令数据集上进行了测试。最终，他们发现"Let's think step by step"的效果最佳，其他指令及其准确率排名如下：

No.	Template	Accuracy
1	Let's think step by step.	**78.7**
2	First, (*1)	77.3
3	Let's think about this logically.	74.5
4	Let's solve this problem by splitting it into steps. (*2)	72.2
5	Let's be realistic and think step by step.	70.8
6	Let's think like a detective step by step.	70.3
7	Let's think	57.5
8	Before we dive into the answer,	55.7
9	The answer is after the proof.	45.7
-	(Zero-shot)	17.7

图 7-5

相似的情况也适用于"Let's think step by step"这一指令的中文翻译，"让我们一步一步思考"这个翻译相对于"请让我们一步步进行思考"等类似提示，表达得更为精确。这一事实对于大模型的使用者具有深远的启示。大模型的"思考过程"被视为一个黑箱模型，即便是表意相近的提示，在大模型中可能产生巨大的不同影响。因此，围绕提示的开发需要大量的试错过程，类似于探寻宝藏的过程。对于实际的使用者而言，需要更加注重积累和尝试不同的提示。

另外，如图 7-6 所示，论文中首次提出了利用大模型进行两个阶段推理的设想。第一阶段涉及问题的拆分和分段解答（Reasoning Extraction），第二阶段则涉及答案的整合汇总（Answer Extraction）。尽管这一设想在论文中尚未经过大量验证，但它为之后的一种名为 Least-to-Most（LtM）的提示方法提供了启示。后文将对该方法进行介绍。

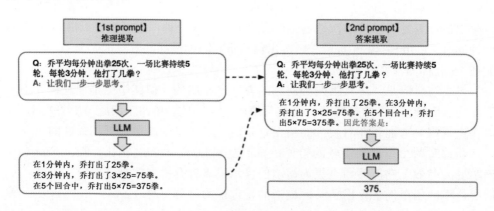

图 7-6

论文中的第三个重要结论涉及对 Zero-shot-CoT 方法和 Few-shot-CoT 方法的比较。根据论文得出的结论，在实际应用中，Zero-shot-CoT 方法略逊于 Few-shot-CoT 方法，后者是 CoT 方法和 Few-shot 方法的结合体，我们将在后文中详细介绍。

如图 7-7 所示，论文指出，模型的规模越大，CoT 的效果就越显著。换句话说，随着模型规模的增大，CoT 对模型"涌现能力"的激发效果越为显著。GPT-3 在 GSM8K 数据集上达到了约 55%的准确率，这个数据集主要由小学数学应用题组成，在测试模型的推理能力方面非常知名。许多后续的模型也经常用到这个数据集来评估推理能力。

	MultiArith	GSM8K
Zero-shot	**17.7**	**10.4**
Few-shot (2 samples)	33.7	15.6
Few-shot (8 samples)	33.8	15.6
Zero-shot-CoT	**78.7**	**40.7**
Few-shot-CoT (2 samples)	84.8	41.3
Few-shot-CoT (4 samples : First) (*1)	89.2	-
Few-shot-CoT (4 samples : Second) (*1)	90.5	-
Few-shot-CoT (8 samples)	93.0	48.7
Zero-Plus-Few-shot-CoT (8 samples) (*3)	**92.8**	**51.5**
Finetuned GPT-3 175B (*2)	-	33
Finetuned GPT-3 175B + verifier (*2)	-	55
PaLM 540B: Zero-shot	**25.5**	**12.5**
PaLM 540B: Zero-shot-CoT	**66.1**	**43.0**
PaLM 540B: Few-shot (*2)	-	17.9
PaLM 540B: Few-shot-CoT (*2)	-	58.1

图 7-7

7.3.5 Few-shot-CoT 提示方法

即便是 CoT 方法，既然可以使用 Zero-shot-CoT，当然也可以使用 Few-shot-CoT。贴心提示：Zero-shot-CoT 是在零样本提示的情况下通过修改提示后缀激发模型的思维链；Few-shot-CoT 是通过编写思维链样本作为提示，让模型学会思维链的推导方法，从而更好地完成推导任务。该方法最早由谷歌在论文 *Chain-of-Thought Prompting Elicits Reasoning in Large Language Models* 中首次提出，思维链的概念也是在这篇论文中被首次提出，因此该论文称得上是思维链的开山鼻祖之作。

从诞生时间看，Few-shot-CoT 早于 Zero-shot-CoT，本书中按先易后难的顺序编排，先介绍 Zero-shot-CoT，后介绍 Few-shot-CoT。

与 Few-shot 相比，Few-shot-CoT 的不同之处仅在于在提示样本中需要给出问题的答案及推导的过程（思维链），让模型学到思维链的推导过程，并将其应用到新的问题中。例如，围绕上述四个推理问题，第一个问题相对容易解决，如代码 7-15 所示，我们可以手动写一个思维链作为 Few-shot 的示例。

代码 7-15

```
'Q:"罗杰原有 5 个网球，他又买了 2 盒网球，每盒有 3 个网球，他现在总共有多少个网球？" \
A:"罗杰原有 5 个网球，又买了 2 盒网球，每盒 3 个网球，共买了 6 个网球，因此现在总共
有 5+6=11 个网球。因此答案是 11。" '
```

类似思维链，可以借助此前的 Zero-shot-CoT 来完成创建。

获得了一个思维链示例后，我们以此作为样本进行 Few-shot-CoT 来解决第二个推理问题，具体执行过程如代码 7-16 所示。

代码 7-16

```
prompt_Few_shot_CoT2 = 'Q："罗杰原有 5 个网球，他又买了 2 盒网球，每盒有 3 个网球，他现在总共有多少个网球？" \
                        A："罗杰原有 5 个网球，又买了 2 盒网球，每盒有 3 个网球，共买了 6 个网球，因此现在总共有 5+6=11 个网球。因此答案是 11。" \
                        Q："食堂原有 23 个苹果，如果他们用掉 20 个苹果，然后又买了 6 个苹果，现在食堂总共有多少个苹果？" \
                        A：'
response_Few_shot_CoT2 = openai.Completion.create(
                        model=model_name,
                        prompt=prompt_Few_shot_CoT1,
                        max_tokens=1000,
                        )
response_Few_shot_CoT2["choices"][0]["text"].strip()
```

综上发现，模型能够非常好地回答第二个问题，如代码 7-17 所示，我们稍做调整，把每个做出成功预测的思维链都作为例子写入 Few-shot-CoT 中，增加大模型学习样本，更完善地解决之后的问题。我们可以把前两个问题的思维链作为提示输入，来引导模型解决第三个问题。

代码 7-17

```
prompt_Few_shot_CoT3 = 'Q："罗杰原有 5 个网球，他又买了 2 盒网球，每盒有 3 个网球，他现在总共有多少个网球？" \
                        A："罗杰原有 5 个网球，又购买了 2 盒网球，每盒 3 个网球，共购买了 6 个网球，因此现在总共有 5+6=11 个网球。因此答案是 11。" \
                        Q："食堂原有 23 个苹果，如果他们用掉 20 个苹果，然后又买了 6 个苹果，现在食堂总共有多少个苹果？" \
                        A："食堂原有 23 个苹果，用掉 20 个，然后又买了 6 个，总共有 23-20+6=9 个苹果，答案是 9。" \
                        Q："杂耍者可以杂耍 16 个球。其中一半的球是高尔夫球，而且一半的高尔夫球是蓝色的。总共有多少个蓝色高尔夫球？" \
                        A：'
response_Few_shot_CoT3 = openai.Completion.create(
                        model=model_name,
                        prompt=prompt_Few_shot_CoT3,
                        max_tokens=1000,
                        )
response_Few_shot_CoT3["choices"][0]["text"].strip()
```

结果输出：

'"总共有 16 个球，其中一半是高尔夫球，也就是 8 个，其中一半是蓝色的，也就是 4 个，答案是 4 个。"'

发现第三个问题也能够被顺利解决。接下来是第四个问题，见代码 7-18。

代码 7-18

```
prompt_Few_shot_CoT4 = 'Q："罗杰原有 5 个网球，他又买了 2 盒网球，每盒有 3 个网
球，他现在总共有多少个网球？" \
                        A："罗杰原有 5 个网球，又买了 2 盒网球，每盒 3 个网球，共买
了 6 个网球，因此现在总共有 5+6=11 个网球。因此答案是 11。" \
                        Q："食堂原有 23 个苹果，如果他们用掉 20 个苹果，然后又买了
6 个苹果，现在食堂总共有多少个苹果？" \
                        A："食堂原有 23 个苹果，用掉 20 个苹果，然后又买了 6 个苹果，
总共有 23-20+6=9 个苹果，答案是 9。" \
                        Q："杂耍者可以杂耍 16 个球。其中一半的球是高尔夫球，而且一
半的高尔夫球是蓝色的。总共有多少个蓝色高尔夫球？" \
                        A："总共有 16 个球，其中一半是高尔夫球，也就是 8 个，其中一
半是蓝色的，也就是 4 个，答案是 4 个。" \
                        Q："艾米需要 4 分钟才能爬到滑梯顶部，她花了 1 分钟才滑下来，
滑梯将在 15 分钟后关闭，在关闭之前她能滑多少次？" \
                        A：'
response_Few_shot_CoT4 = openai.Completion.create(
                    model=model_name,
                    prompt=prompt_Few_shot_CoT4,
                    max_tokens=1000,
                    )
response_Few_shot_CoT4["choices"][0]["text"].strip()
```

结果输出：

'"艾米需要 4 分钟才能爬到滑梯顶部，她花了 1 分钟才滑下来，滑梯将在 15 分钟后关闭，因此她可以在 15 分钟内完成滑下来、爬上去的循环，她能在关闭之前滑多少次就取决于在 15 分钟内有多少次循环，也就是[15 分钟÷(4 分钟+1 分钟)]等于 2.5，答案是 2.5 次。"'

鲜为人知，第四个问题依然是最难的问题，即便输入了前三个问题的思维链作为提示样本，但第四个问题仍然无法得到正确的解答。在本次的回答中，过程正确，但模型却算错了，即[15 分钟÷(4 分钟+1 分钟)]，呈现出大模型的能力瓶颈——无法在真正意义上理解文本和数字的含义。当然，在有限的四个推理题示例中，Few-shot-CoT 准确率和 Zero-shot-CoT 准确率相同，但根据 *Large Language Models are Zero-Shot Reasoners* 论文中的结论，从海量数据的测试结果来看，Few-shot-CoT 准确率比 Zero-shot-CoT 准确率更高。

由于论文 *Chain-of-Thought Prompting Elicits Reasoning in Large Language Models* 是思维链的开山之作，因此论文中提出了大量的关于思维链的应用场景——除用于解决上述推理问题外，思维链还被广泛应用于复杂语义理解、符号映射、连贯文本生成等领域。论文中给出了一系列结论，用于论证思维链在这些领域应用的有效性。

此外，如图 7-8 所示，论文中还重点强调了模型体量和思维链效果之间的关系，即模型越大、Few-shot-CoT 应用效果越好。

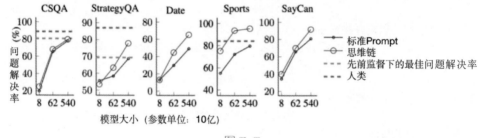

图 7-8

如图 7-9 所示，论文同样以 GSM8K 数据集为例进行了说明，能够得知模型效果 LaMDA（137B）< GPT-3（175B）< PaLM（540B）。和 Zero-shot-CoT 类似，模型越大，CoT 对模型潜在能力的激发效果越好。PaLM 具体得分为 57 分，而 Prior supervised best（单独训练的最佳有监督学习模型）得分为 55 分。

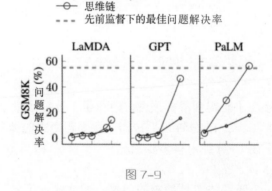

图 7-9

7.4 Least-to-Most Prompting（LtM 提示方法）

7.4.1 Least-to-Most Prompting 基本概念

谷歌提出的 CoT 被实际验证能够大幅提升大模型的推理能力，谷歌在此基础上发表了另一篇重量级论文 *Least-to-Most Prompting Enables Complex Reasoning in Large Language Models*，并在其中提出了一种名为 Least-to-Most（LtM）的提示方法，将大模型的推理能力进一步提高。此 LtM 提示方法能够将模型在 GSM8K 上的表现提高至 62%，甚至在某些特殊语义解读场景下能够达到 3 倍于 CoT 的效果。不言而喻，该方法也是目前围绕模型推理能力提升的最有效的提示方法。

LtM 提示方法提出的初衷是为了解决 CoT 提示方法泛化能力不足的问题——通过人工编写的思维链提示样本可能并不能很好地迁移到其他问题中，换言之，就是解决问题的流程迁移能力不足，即泛化能力不够。而这种泛化能力不足则会导致"新的问题"无法使用，需要用"老的模板"进行解决。此前的第四个推理题就是如此。若要找到更加普适的解决问题流程，能否"千人千面"让大模型自己找到解决当前问题的思维链呢？答案是肯定的，谷歌基于这个思路开发了一种全新的提示流程，即先通过提示过程让模型找到解决该问题必须先分步解决相关问题，再通过依次解决这些问题来解决最原始问题。

不易察觉，整个提示过程会分为两个阶段进行。第一个阶段是自上而下地分解问题（Decompose Question into Subquestion），第二个阶段是自下而上地依次解决问题（Sequentially Solve Subquestion），而整个依次回答问题的过程可以看成 CoT 的过程。需要注意的是，LtM 会要求模型根据每个不同的问题，单独生成解决问题的链路，以此做到解决问题流程的"千人千面"，从而能够更加精准地解决复杂推理问题。在整个过程中，问题由少变多，则是 Least-to-Most 一词的来源。

7.4.2　Zero-shot-LtM 提示过程

我们可以通过论文中提出的示例来理解 LtM 提示过程。这里的例子就是此前我们尝试解决的第四个推理题（艾米滑滑梯的问题），论文中通过提示模板"To solve __, we need ti first solve:"来引导模型创建子问题。而模型会根据原始问题提出子问题"艾米一次爬上滑梯+滑下滑梯总共用时多少"，先解决这个子问题，然后解决原始问题。这其实是一个非常简单的两阶段解决问题的过程——第一个阶段只额外分解了一个子问题（总共分两个问题作答）。

根据论文中给出的结果（如图 7-4 所示）可知，第一阶段模型能够非常顺利地回答"艾米一次爬上滑梯+滑下滑梯总共用时多少"——5 分钟，再据此顺利回答出在滑梯关闭之前艾米还能滑三次的准确结论。

需要注意的是，第二个阶段按顺序求解子问题。它并不是简单地依次解决两个问题，而是在解决了子问题之后，将原始问题、子问题及问题答案三部分都作为 Prompt 输入给大模型，让其对原始问题进行回答。因此，LtM 的核心不仅在于引导模型拆分问题，还在于及时将子问题的问题和答案回传给子模型，以便更好地围绕原始问题进行回答。理论上，整个过程会有三次调用大模型的过程，问答流程如图 7-10 所示。

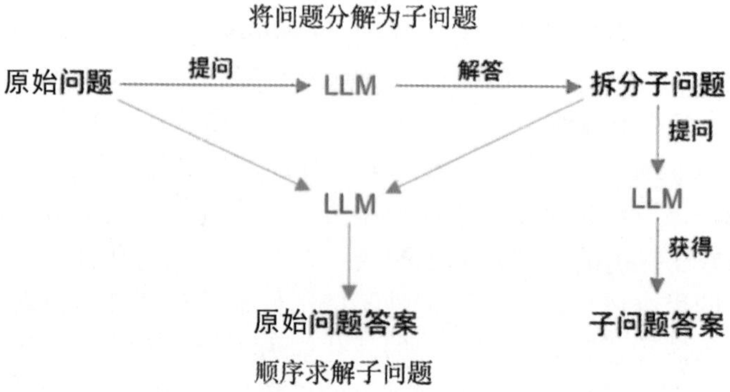

将问题分解为子问题

原始问题 ──提问──> LLM ──解答──> 拆分子问题

拆分子问题 ──提问──> LLM ──获得──> 子问题答案

原始问题 ──> LLM
拆分子问题 ──> LLM
LLM ──> 原始问题答案

顺序求解子问题

图 7-10

如代码 7-19 所示，现在我们尝试使用该提示方法，借助大模型，观察是否能够顺利得到准确答案。

代码 7-19

```
prompt_Zero_shot_LtM4 = 'Q："艾米需要 4 分钟才能爬到滑梯顶部，她花了 1 分钟才
滑下来，滑梯将在 15 分钟后关闭，在关闭之前她能滑多少次？" \
                        A: 为了解决 "在关闭之前她能滑多少次？" 这个问题，我们首先
要解决的问题是'
response_Zero_shot_LtM4 = openai.Completion.create(
                    model=model_name,
                    prompt=prompt_Zero_shot_LtM4,
                    max_tokens=1000,
                    )
response_Zero_shot_LtM4["choices"][0]["text"].strip()
```

输出结果：

'艾米能在多少时间内完成一次爬上去、滑下来的过程，这里我们已知艾米花了 4 分钟爬到滑梯顶部，1 分钟滑下来，所以她完成一次流程花费的时间为 5 分钟。15 分钟内能完成多少次流程，15 分钟÷5 分钟=3 次，所以在 15 分钟内艾米能滑 3 次。'

温故知新，LtM 提示过程能够非常好地解决这个推理问题。并且，在实际测试过程中，模型既能能够拆解任务，还能自动根据拆解的子问题答案回答原始问题，最终实现在一个提示语句中对原始问题进行准确回答。正因为在一个提示中能够同时拆解问题+回答子问题+回答原始问题，才使得该提示过程能够更加便捷地使用，而不用像原始论文中展示的那样需要重复将拆分的子问题提交给模型进行回答，然后再将子问题的答案作为提示传递给模型，再围绕原始问题进行提问。

另外，'为了解决 "……" 这个问题，我们首先要解决的问题是'也是经过我们验证的、最为恰当、同时也最能够得到准确回答的提示模板，建议经常使用，并验证其功能。

7.4.3　效果验证

下面我们继续尝试借助 LtM 提示解决剩余的三个推理问题。

如代码 7-20 所示，第一个问题如下。

代码 7-20

```
prompt_Zero_shot_LtM1 = 'Q:"罗杰原有 5 个网球，他又买了 2 盒网球，每盒有 3 个
网球，他现在总共有多少个网球？"\
                        A：为了解决"罗杰总共又多少个网球？"这个问题，我们首先要
解决的问题是'
prompt_Zero_shot_LtM1 = openai.Completion.create(
                    model=model_name,
                    prompt=prompt_Zero_shot_LtM1,
                    max_tokens=1000,
                    )
prompt_Zero_shot_LtM1["choices"][0]["text"].strip()
```

结果输出：

'：他最初有多少个网球？他最后又买了多少个网球？根据问题，可以得出：
罗杰最初有 5 个网球，又买了两盒网球，每盒有 3 个网球，所以罗杰现在总共有
11 个网球。'

如代码 7-21 所示，第二个问题如下。

代码 7-21

```
prompt_Zero_shot_LtM2 = 'Q:"食堂原有 23 个苹果，如果他们用掉 20 个苹果，然后
又买了 6 个苹果，现在食堂总共有多少个苹果？"\
                        A：为了解决"现在食堂总共有多少个苹果"这个问题，我们首先
要解决的问题是'
prompt_Zero_shot_LtM2 = openai.Completion.create(
                    model=model_name,
                    prompt=prompt_Zero_shot_LtM2,
                    max_tokens=1000,
                    )
prompt_Zero_shot_LtM2["choices"][0]["text"].strip()
```

结果输出：

'：20 个苹果减去 6 个苹果之后，食堂总共剩下多少个苹果？所以答案是：食
堂现在总共有 23-20+6=9 个苹果。'

如代码 7-22 所示，第三个问题如下。

代码 7-22

```
prompt_Zero_shot_LtM3 = 'Q:"杂耍者可以杂耍 16 个球。其中一半的球是高尔夫球，
而且一半的高尔夫球是蓝色的。总共有多少个蓝色高尔夫球？"\
                A: 为了解决"总共有多少个蓝色高尔夫球"这个问题，我们首先
要解决的问题是'
prompt_Zero_shot_LtM3 = openai.Completion.create(
                model=model_name,
                prompt=prompt_Zero_shot_LtM3,
                max_tokens=1000,
                )
prompt_Zero_shot_LtM3["choices"][0]["text"].strip()
```

结果输出：

' "总共有多少个蓝色高尔夫球"：\n\n 由于一共有 16 个球，其中一半是高尔夫球，因此一共有 8 个高尔夫球。\n\n 既然其中一半的高尔夫球是蓝色的，那么总共有 4 个蓝色高尔夫球。'

实践证明，LtM 提示过程能够巧妙地帮助模型解决上述问题，说明 LtM 提升大模型的推理能力的效果突出，这是我们当下尝试过的（解决推理问题方面）最有效的提示方法。

至此，我们完整介绍了目前最高效、管用的一系列提升大模型的推理能力的提示方法。

7.5 提示使用技巧

提示除了能提升大模型的推理能力，更重要的是用大模型来辅助解决实际业务问题。此时，自己的身份定位就秒变为技术总监，并拥有一个不疲倦、不拒绝、不抱怨、不顶嘴、不要加薪的全能下属，从而省却了烦琐重复性工作，幸福感提升。

此时，我们突破了个人能力边界，下属的能力在某种程度上等同于我们的能力。然而，对于下属工作的准确性和可靠性，我们时常感到不确定，担心其可能存在的误差或误导，因此需要使用提示来规范大模型的行为。同时，当总监还能锻炼管理意识，而当大模型的总监能锻炼大模型意识：知道怎样用好大模型，了解它的能力边界、使用场景，就能类比出在其他领域怎样用好 AI，能力边界在哪里。因此，除解决本身问题外，更重要的是建立大模型意识，形成对大模型的正确认知。

经过之前章节的学习，我们了解了"大模型只会基于概率生成下一个字"这个原理，所以知道为什么有的指令有效，有的指令无效；为什么同样的指令有时

有效，有时无效；以及怎么提升指令有效的概率。同时，我们懂得编程，知道哪些问题用提示工程解决更高效，哪些问题用传统编程更高效，就能完成和业务系统的对接，把效能发挥到极致。

找到好的 Prompt 是一个持续迭代的过程，需要不断调优。

（1）从人的视角：说清楚自己到底想要什么。

（2）从机器的视角：不是每个细节都能猜到你的想法，对它猜不到的，你需要详细说明。

（3）从模型的视角：不是对每种说法都能完美理解，需要尝试和技巧。

7.5.1　B.R.O.K.E 提示框架

从 AI 的视角，定义我遇到的业务问题。首先，我们从以下三个角度来看待一个业务问题。

（1）输入是什么：文本、图像、语音信号……

（2）输出是什么：标签、数值、大段文字（包括代码、指令等）……

（3）怎么量化衡量输出的对错/好坏？

Prompt 提示框架是一种为对话和交流提供指导的方法。它通过定义一组明确的关键词汇，包括背景、目的、行动、场景和任务等，帮助参与者更清晰地理解对话的目的、内容和步骤。这种框架的用处和必要性：①它可以清晰指导对话，使参与者更有针对性地组织思维和表达，从而提高对话的效率和效果；②它有助于促进共识的达成，减少误解和歧义，改善对话的质量和结果；③它还可以增强参与者的自信心和参与度，使他们更有信心和把握参与对话，更有可能在对话中表达自己的意见和观点。

如图 7-11 所示，B.R.O.K.E 提示框架是一种用于指导基于大模型的服务开发和改进的方法。该框架包含以下几个关键要素。

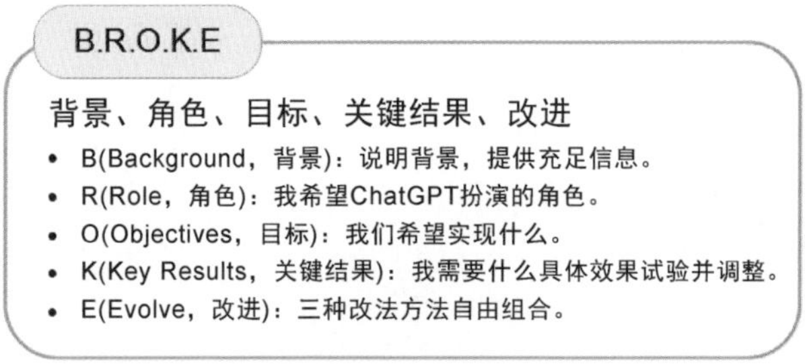

B.R.O.K.E

背景、角色、目标、关键结果、改进
- B(Background，背景)：说明背景，提供充足信息。
- R(Role，角色)：我希望ChatGPT扮演的角色。
- O(Objectives，目标)：我们希望实现什么。
- K(Key Results，关键结果)：我需要什么具体效果试验并调整。
- E(Evolve，改进)：三种改法方法自由组合。

图 7-11

（1）B（背景）。在这一部分，我们需要提供足够的信息来说明服务的背景，为智能体提供充足的上下文信息，以便更好地理解用户的需求和问题。

（2）R（角色）。在这一部分，我们需要明确指出我们希望智能体扮演的角色是什么，也就是在解决用户问题时，智能体应该扮演的角色。

（3）O（目标）。在这一部分，我们需要明确指出我们希望实现的是什么，也就是我们希望通过智能体解决问题达到的具体目标。

（4）K（关键结果）。在这一部分，我们需要明确指出我们希望达到的具体效果是什么，也就是通过智能体解决问题后，我们希望看到的具体结果。

（5）E（改进）。在这一部分，我们需要通过一系列的试验和调整来不断改进我们的服务。这包括改进输入，多轮对话，重新生成及多模型/多智能体组合调优等方式，以改善服务的质量和效果。

B.R.O.K.E 提示框架为基于大模型的服务开发提供了一个清晰的指导方针，帮助我们更好地理解用户需求，明确服务目标，并通过不断的试验和调整来改进服务质量。

如代码 7-23 所示，设计一个常见的场景。

代码 7-23

```
#初始的 Prompt 如下：
prompt="""
    请为在线教育平台在有关如何提高用户的点击率和参与度方面给出一些意见。
"""
```

Prompt 虽然说明了需要，但是有时效果并不好，所以如代码 7-24 所示，我们可以通过 B.R.O.K.E 框架进行优化。

代码 7-24

```
prompt="""
背景（Background）：
    在某在线教育平台上，用户经常遇到学习资源繁多、不知道如何选择适合自己的学习材料
的问题。这给用户带来了困扰，也影响了他们的学习效果和体验。

角色（Role）：
    我们希望智能体在这个场景中扮演的角色是一个智能学习助手，能够根据用户的需求和兴
趣，为他们提供个性化的学习建议和推荐。

目标（Objectives）：
    我们的目标是帮助用户更有效地利用平台上的学习资源，提高他们的学习效率和成就感，
从而提升用户满意度和留存率。请给出一些意见。

关键结果（Key Results）：
    为了实现上述目标，我们需要达到以下几个关键结果：
    1.提供精准的学习资源推荐，满足用户的个性化学习需求。
    2.提高用户的点击率和参与度，确保用户积极参与到学习活动中。
    3.提升用户的学习成绩和满意度，让他们更加满意地使用我们的服务。
"""
```

7.5.2　C.O.A.S.T 提示框架

如图 7-12 所示，C.O.A.S.T 提示框架是一种用于指导对话和交流的方法，它包含了以下几个关键要素。

（1）C（上下文）。在这一部分，我们需要为对话设定一个舞台，提供必要的背景信息，以便参与者更好地理解对话的背景和情境。

（2）O（目标）。在这一部分，我们需要清晰地描述对话的目的和目标，明确指出在对话中希望达到的结果和效果。

C.O.A.S.T

上下文、目标、行动、场景、任务

- C(Context，上下文)：为对话设定舞台。
- O(Objective，目标)：描述目标。
- A(Action，行动)：解释所需的动作。
- S(Scenario，场景)：描述情况。
- T(Task，任务)：描述任务。

图 7-12

（3）A（行动）。在这一部分，我们需要明确指出参与者在对话中需要采取的具体行动和动作，以实现对话的目标。

（4）S（场景）。在这一部分，我们需要描述对话发生的具体场景和情境，包括地点、时间、人物等，以便参与者更好地理解对话的背景和环境。

（5）T（任务）。在这一部分，我们需要清晰地描述参与者在对话中需要完成的具体任务或行动，以实现对话的目标。

综上所述，C.O.A.S.T 提示框架为对话和交流提供了一个清晰的指导方针，帮助参与者更好地理解对话的背景、目的和任务，并通过明确的行动和场景，实现对话的目标。

还是同样的案例，以 C.O.A.S.T 提示框架的 Prompt 如代码 7-25 所示。

代码 7-25

```
prompt="""
上下文（Context）：
    在某在线教育平台上，用户经常遇到学习资源繁多、不知道如何选择适合自己的学习材料的问题。这给用户带来了困扰，也影响了他们的学习效果和体验。

目标（Objective）：
    我们的目标是帮助用户更有效地利用平台上的学习资源，提高他们的学习效率和成就感，从而提升用户满意度和留存率。


行动（Action）：
    为了实现上述目标，我们将采取以下行动：
    1.改进智能学习助手的算法，提高推荐的准确性和个性化程度。
    2.增加用户反馈机制，收集用户对学习资源的评价和意见，进一步优化推荐结果。
    3.针对不同用户群体的需求，开发多个智能学习助手，以满足不同用户的学习需求。
场景（Scenario）：
```

我们设想的场景是用户在需要学习时登录到在线教育平台，通过与智能学习助手的对话，获取个性化的学习建议和推荐。

任务（Task）：

用户的任务是与智能学习助手交流，表达自己的学习需求和兴趣，接受智能学习助手提供的学习建议，并根据建议进行学习。

通过以上行动和场景，我们希望实现我们的目标，提高用户的学习效率和满意度，从而增强用户对平台的忠诚度和留存率。

"""

7.5.3　R.O.S.E.S 提示框架

如图 7-13 所示，R.O.S.E.S 提示框架是一种用于指导对话和交流的方法，它通过一组明确的关键词汇，包括角色、目标、场景、解决方案和步骤，帮助参与者更清晰地理解对话的目的、内容和步骤。具体而言：

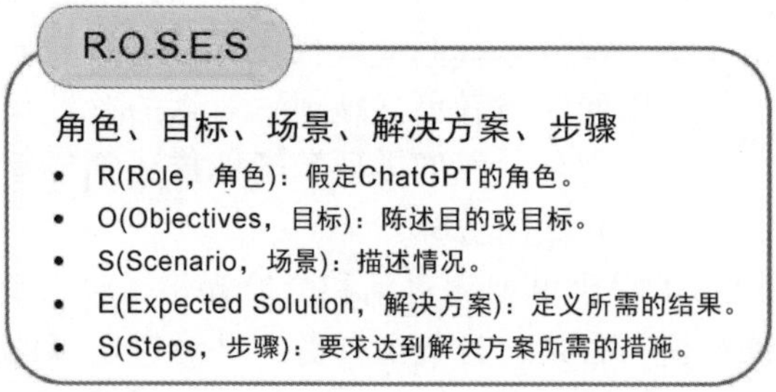

R.O.S.E.S

角色、目标、场景、解决方案、步骤

- R(Role，角色)：假定ChatGPT的角色。
- O(Objectives，目标)：陈述目的或目标。
- S(Scenario，场景)：描述情况。
- E(Expected Solution，解决方案)：定义所需的结果。
- S(Steps，步骤)：要求达到解决方案所需的措施。

图 7-13

（1）R（角色），即确定大模型的角色。在这一部分，我们需要明确指定大模型在对话中扮演的角色，以便参与者更好地理解其职责和作用。

（2）O（目标），即陈述目标。在这一部分，我们需要清晰地陈述对话的目的和目标，明确指出在对话中希望达到的结果和效果。

（3）S（场景），即描述情况。在这一部分，我们需要描述对话发生的具体情况和背景，包括地点、时间、人物等，以便参与者更好地理解对话的背景和环境。

（4）E（解决方案），即定义所需的结果。在这一部分，我们需要明确指定对话中希望达到的具体结果和效果，以便参与者知道应该朝着什么方向努力。

（5）S（步骤），即要求实现解决方案所需的步骤。在这一部分，我们需要详细列出实现解决方案所需的具体步骤和行动计划，以便参与者清晰地了解应该如何行动和达到目标。

代码 7-26 是案例。

代码 7-26

```
prompt="""
```

角色（Role）：

　　在某在线教育平台上，智能学习助手是扮演的主要角色。它作为一个智能体，负责为用户提供个性化的学习建议和推荐。

目标（Objectives）：

　　我们的目标是帮助用户更有效地利用平台上的学习资源，提高他们的学习效率和成就感，从而提升用户满意度和留存率。

场景（Scenario）：

　　我们设想的情景是用户在需要学习时登录到在线教育平台。智能学习助手会根据用户的学习需求和兴趣，为他们提供个性化的学习建议和推荐。

解决方案（Expected Solution）：

　　我们希望智能学习助手能够提供精准的学习资源推荐，满足用户的个性化学习需求，从而提高用户的点击率和参与度，进而提升用户的学习成绩和满意度。

步骤（Steps）：

　　为了实现上述目标，我们将采取以下几个步骤：

　　1.提升智能学习助手的算法，提高推荐的准确性和个性化程度。

　　2.增加用户反馈机制，收集用户对学习资源的评价和意见，进一步优化推荐结果。

　　3.针对不同用户群体的需求，开发多个智能学习助手，以满足不同用户的学习需求。

通过以上步骤，我们希望智能学习助手能够更好地为用户提供个性化的学习建议和推荐，提高用户的学习效率和满意度，从而提高用户对平台的忠诚度和留存率。
"""

7.6　本　章　小　结

　　本章深入探讨了提示工程的理论与实践：讨论了探索大模型潜力边界的重要性及其来源，提出了使用 Prompt 的六个建议；介绍了 Prompt 实践的具体案例，包括四个经典推理问题的应对策略和大模型的原始表现分析；详细讨论了提示工程的概念，包括 Few-shot 和通过思维链提示法提升模型推理能力的方法；进一步介绍了 Zero-shot-CoT 提示方法和 Few-shot-CoT 提示方法的实施步骤与效果评估；解析了 Least-to-Most Prompting（LtM 提示法）的基本概念，并展示了 Zero-shot-LtM 提示过程的具体步骤和效果验证；讨论了提示的使用技巧，包括 B.R.O.K.E 提示框架、C.O.A.S.T 提示框架和 R.O.S.E.S 提示框架。本章为读者提供了丰富的提示工程理论知识和实际操作指南，帮助其在大模型应用中提升推理能力和效率。

第 8 章　大模型与中间件

人类的定义确实可以涉及语言能力和使用工具这两个关键特征，这两个特征共同构成了人类在地球上独一无二的存在，突显了人类作为智慧生物的独特身份。语言能力使人类能够进行沟通、表达思想和理解世界；使用工具则赋予人类改变环境和解决问题的能力，进一步推动了人类社会的发展和进步。在人类文明的长河中，语言和工具的双重作用成了人类社会不可或缺的组成部分，同时也是人类与其他生物明显区别的标志之一。

在前面章节中，我们学习了如何激发大模型的语言能力，通过训练模型理解和生成自然语言的能力。在本章中，我们将进一步探讨如何让大模型利用外部工具，将其语言能力与实际任务相结合，从而实现更广泛的应用。这种能力被称为 AI Agent 能力，即让模型成为人类的代理人，能够替代人类完成一系列任务。Agent（代理人）的核心思想是利用语言模型来选择和执行一系列操作，以实现特定的目标。

Agent 的核心能力之一是 Function Calling，即调用函数或服务来执行特定的功能。作为国内第一个具备 Function Calling 能力的开源大模型，GLM-3 和 GLM-4 成为我们学习该能力的最佳工具。因此，本章将基于 GLM 系列模型，探讨如何开发具备 Agent 能力的应用，使模型能够更灵活、高效地与外部环境进行交互，从而拓展其应用领域，为人类社会带来更多的智能化解决方案。

8.1　AI Agent

8.1.1　从 AGI 到 Agent

根据第 1 章中提到的 AGI（Artificial General Intelligence，通用人工智能），假设 AGI 已经实现。这将为人类社会带来深远的变革，AI 将取代人力，提高生产效率，降低生产成本，并在各个领域释放其力量。这一革命性的影响是不言而喻的。

然而，我们可以从另一个角度来思考 AGI 的革命性，即其对信息技术自身的影响。这种终极思维方式可以帮助我们推断出当前应该采取的行动。

一种技术的革命性应该至少满足一个标准：它必须导致几乎对每个软件系统都需要进行改造，甚至重做。以往符合这一标准的技术包括以下几种。

（1）移动互联网：移动互联网的出现突破了传统互联网需要固定线路和设备的限制，使得信息获取和社交交流更加便捷与即时化。移动互联网的兴起改变了人们的生活方式和工作方式，对商业模式、传媒传播、社交关系等产生了深远影响，几乎任何应用都要开发移动版。

（2）图形用户界面（GUI）：传统的命令行界面需要用户输入命令来执行操作，对于非专业用户来说使用门槛较高。而 GUI 的出现使得用户可以通过图形化的界面来与计算机进行交互，大大降低了使用门槛，图形界面几乎成了软件系统的标配。

（3）Web 2.0：Web 2.0 的出现标志着互联网的进化，它强调用户参与、用户生成内容和社交互动。相比于传统的静态网页，Web 2.0 时代的网站具有更强的互动性和用户参与性，如社交媒体、博客、维基百科等。这种变革带来了信息共享、社交交流、协作办公等新的应用模式，极大地拓展了互联网的应用领域，推动了信息社会的发展，导致了大量传统应用系统向 Web 迁移。

AGI 符合这一标准。它将几乎所有的软件系统都置于改造甚至重构的状态，即使这些系统的核心功能并不需要智能。这是因为 AGI 重新定义了"接口"这一概念。不论是用户界面（UI）还是软件系统之间的接口（API），都将被重新定义。

以前，我们想要获得一个结果，就必须先了解计算机的运作能力，熟悉各种软件的操作方法，并将自己的意图分解为一系列操作软件的步骤，然后才能得到所需结果。

然而，有了 AGI，人类终于可以用"说话"的方式与计算机进行交互。如果说话不方便，那么我们可以打字。如果打字费劲，只需"说"出想要的结果，就能获得所需。虽然结果可能不完全符合预期，但只需"说"出修改意见，效果便会立即呈现。当用户界面变得如此方便时，使用鼠标、触摸屏的频率将会降低。

对人类的定义有两个方面，一是能够运用语言，二是能够使用工具。AGI 在解决语言问题之后，还需要解决的另一个问题是如何选择和使用工具，AGI 的一个热门发展方向便是 AI Agent。

8.1.2　Agent 概念

AI Agent 是一种基于大模型的智能应用，其实质是大模型的上层应用。Agent 的概念并不仅限于简单的聊天对话，它进一步具备了接入外部工具来协助用户直接完成任务的能力。以 ChatGPT 为例，它可以教导用户如何回复领导的邮件，而助理则可以直接替代用户回复邮件等。AI Agent，即智能体，目前是大模型领域中最热门的应用方向之一，其核心是围绕大模型构建智能化应用。

打造一款 AI Agent 需要大模型具备多方面的能力。首先，它需要能够准确理解人类的意图，从而能够正确地响应用户的需求和指令。其次，Agent 必须具备调用外部工具的能力，以便与其他系统或服务进行交互，实现更加复杂的任务。

最后，Agent 还需要具备任务规划和执行的能力，即能够有效地安排和完成各种任务，以满足用户的需求。

随着大模型的不断发展和应用，AI Agent 将会成为人们日常生活和工作中不可或缺的智能助手。它们将能够为用户提供更加个性化、智能化的服务和支持，极大地提升人们的工作效率和生活质量。因此，Agent 技术的发展将在未来 AI 领域发挥着举足轻重的作用，推动着人工智能技术的持续进步和创新。

8.1.3 AI Agent 应用领域

AI Agent 与传统大模型的区别：传统大模型主要用于生成文本、理解语言和完成特定的自然语言处理任务，例如语言生成、机器翻译、情感分析等。AI Agent 则更加注重与用户的交互，具有更广泛的功能，可以执行复杂的任务，提供个性化的建议和服务，帮助用户解决问题和完成任务。

AI Agent 作为一种基于大模型的智能应用，具有广泛的应用领域。

（1）教育与培训：用于个性化教育和培训，为学生和员工提供定制化的学习计划和培训课程。它可以根据学生的学习进度和理解程度，提供针对性的练习和教学内容，帮助他们更有效地学习和掌握知识。

（2）医疗保健：用于医疗保健领域，例如提供健康咨询、诊断建议和治疗方案。它可以根据患者的症状和病史，提供个性化的健康管理和医疗指导，帮助患者更好地管理和预防疾病。

（3）智能家居：作为智能家居系统的核心控制器，实现家庭设备的智能化管理和控制。它可以通过语音交互或手机应用，控制家用设备的开关、调节温度、监控安防等功能，提高家庭生活的便利性和舒适性。

（4）工业和生产：用于工业生产和制造领域，优化生产流程和控制系统，提高生产效率和产品质量。它可以通过与设备和机器人的实时交互，监测生产过程、识别问题并及时调整生产计划，实现智能化的生产管理和控制。

综上所述，AI Agent 有着广泛的应用前景，将在多个领域为人们的生活、工作、社会提供智能化的支持和服务。

下面以如图 8-1 所示的市场营销为例加以介绍。

合格的市场营销 Agent 应该服务于多个用户，如品牌客户、跨境电商和广告素材厂商。传统大模型主要依赖于预训练模型和大规模数据集，能够生成高质量的文本和完成特定任务，但其智能程度有限，无法进行复杂的推理和决策。AI Agent 则具有更高的智能程度，能够理解用户的意图、推断用户的需求，并采取相应的行动和决策，具有一定的自主学习和适应能力。

Agent 应该根据自主逻辑判断，来调用自己能够调用的资源，如直播脚本、视频拍摄脚本和图片素材等，借助各个工具完成各种场景下的不同任务。

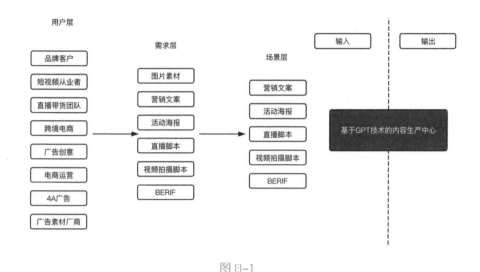

图 8-1

8.2　大模型对话模式

8.2.1　模型分类

大模型可分为两大类，一类是对话补全类模型，又称为 Completion 模型；另一类是聊天模型，通常简称为 Chat 模型。在这两类模型中，Completion 模型的主要任务是根据部分对话内容来预测并完成对话，而 Chat 模型则旨在生成自然流畅的对话内容，能够模拟人类之间的交流，实现智能对话的目标。这两类模型在人工智能领域中扮演着重要角色，广泛应用于智能助手、客服系统、社交应用等场景，为用户提供了更加智能和自然的交流体验。

1. Completion 模型

Completion 模型是一类人工智能模型，旨在根据输入的部分对话内容来预测其余部分，从而完成对话。这些模型通常基于大模型，通过对历史对话数据进行学习，从中学习到对话的模式、语法结构和语义含义，以便在给定上下文的情况下生成连贯和有意义的对话内容。Completion 模型在各种对话系统中被广泛应用，包括智能助手、客服机器人、聊天应用等，能够提供自然流畅的对话体验，并且在不同场景下展现出良好的适应性和实用性。

大模型的本质是 Completion 模型，基本规则是根据后续单词出现的概率进行补全。它并不清楚人类意图，但能较为准确地猜测之后的内容。其实，它只是根据上文，猜下一个词（的概率）。一个典型的补全过程如代码 8-1 所示。

代码 8-1

```
response=openai.Completion.create(
    model="text-davinci-003",
    prompt="你好，我",
    max_token=1000
)
response["choices"][0]["text"].strip()
```

输出结果：'是旺辉\n\n 你好，很高兴认识你。'

下面用不严密但通俗的语言描述大模型的工作原理。

（1）大模型阅读了人类曾说过的所有的话。这就是"学习"。

（2）把一串词后面跟着的不同词的概率记下来。记下来的就是"参数"，也叫"权重"。

（3）当我们给它若干词时，GPT 就能算出概率最高的下一个词是什么。这就是"生成"。

（4）用生成的词，再结合上文，就能继续生成下一个词。以此类推，生成更多文字。

2. Chat 模型

Chat 模型则不同，它以完成一次对话为目的。Chat 模型往往能更好地识别人类意图，并组织更加合理的回复语句。ChatGLM、ChatGPT、GPT-3.5、GPT-4 等模型都是对话模型。Chat 模型旨在模拟自然语言交互，使其能够进行更加复杂、多样化和智能化的对话。这些模型可以与人类进行对话，回答问题，提供建议，分享信息，甚至参与闲聊。一次典型的对话过程如代码 8-2 所示。

代码 8-2

```
response=openai.Completion.create(
    model="gpt-4-0613",
    message=[
        {"role":"user","content":"你好，我"}
    ]
)
response["choices"][0]["content"].strip()
```

输出结果：'你好，很高兴为你服务，有什么可以帮助你吗？'

Chat 模型通常具有深层次的语言理解和生成能力，可以根据上下文和语境生成连贯、合乎逻辑的回复。Chat 模型的目标是实现与人类之间自然流畅的对话，使人与机器之间的交流更加智能和自然。

8.2.2　多角色对话模式

1．一问一答模式

一问一答模式如下：

（1）用户：你好。

（2）Model：您好，请问有什么可以帮到您的？

（3）用户：请问什么是机器学习？

（4）Model：机器学习是一门……

这是大多数开源大模型，如 ChatGLM2、ChatGLM3 采用的模式，也是 ChatGPT 等聊天机器人采用的模式，在此模式下，默认有两个角色，即用户和模型，并且默认的对话模式是用户提问，模型回答，这种模式简单易行，易于理解。

2．多角色对话模式

如图 8-2 所示，多角色对话模式是一种更加先进的对话模式，在此模式下，默认对话中包含四个角色：用户（User）、模型（Model）、系统（System）、工具（Tool）。这种对话模式具有更灵活的响应方式、更大的拓展空间，以及更清晰的消息展示形式。与传统的对话模式相比，多角色对话模式要求模型采用更为复杂的运行模式，对模型的推理能力提出了更高的要求。因此，这种模式在运行过程中需要更多的计算资源和时间来进行处理，但同时也为用户提供了更加智能和个性化的交互体验。

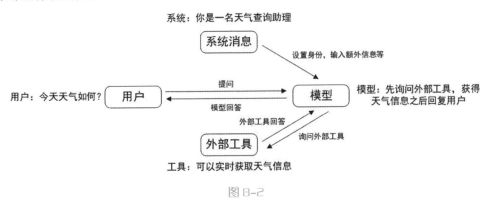

图 8-2

目前，GPT-3.5、GPT-4 API 等先进的自然语言处理模型采用了多角色对话模式，而国产大模型 ChatGLM3 也首次采用了这种模式，为用户带来了更加全面和高效的对话服务。随后开源的 GLM-4-9B-chat 特别突出了其在现代智能体构建中的函数调用功能，这对于大模型而言，是开发智能体时的一个核心要素。该功能不仅体现了模型识别用户意图的能力之强，而且对智能体运行的稳定性具有重大影响。因此，在评估 GLM-4 模型时，考察其函数调用能力成了一个关键环节。

令人欣慰的是，该模型在这方面展现出的性能与 GPT-4-Turbo-2024-04-09 版本相当。也就是说，GLM-4-9B-chat 的函数调用能力异常强大，其表现不亚于 GPT-4，这一发现尤其令人惊喜。

多角色对话模式的实际影响如下。

（1）API 调用略微更加复杂：开发者在使用 API 时需要更加细致地处理消息的发送和接收，以确保各个角色之间的沟通顺畅。

（2）对模型推理能力有更高要求：多角色对话模式要求模型具备更强大的推理能力，能够理解并处理来自不同角色的多个消息，并给出相应的回应。

（3）对话实现形式极大丰富：可以灵活构建模型的长期和短期记忆，模型可以更好地理解对话的上下文，并根据需要调取相关信息，从而提供更加个性化和智能化的回应。

（4）可以实现 Function Calling 功能：多角色对话模式使得模型能够实现 Function Calling 功能，即模型可以像调用函数一样高效地调用各类工具完成任务。这为用户提供了更加便捷和高效的服务体验，同时也提升了模型的可用性和实用性。例如，ChatGLM3 就可以利用 Function Calling 功能快速调用各种工具，帮助用户完成各种任务，实现了史诗性的突破。

Function Calling 功能是大模型推理能力和复杂问题处理能力的核心体现，是大模型构筑 AI Agent 的最核心功能之一。

8.3　多角色对话模式实战

8.3.1　messages 参数结构及功能解释

首先，我们来讨论模式使用过程中一个非常重要的参数——messages 的使用方法。messages 是一种高级抽象，用于描述模型和用户之间的通信信息。它的表示形式是一个列表，包含多个字典，每个字典代表一条消息。每条消息包含两个键值对，第一个键值对表示消息发送者，使用键"role"，值为参与对话的角色名称或消息的作者。第二个键值对表示具体消息内容，使用键"content"，值为消息的具体内容，采用字符串表示。

例如，图 8-3 中的 messages 共包含一条信息，即一个一个名为 user 的角色发送了一条名为'失眠了怎么办？'的消息。

同时，返回的 messages 参数包含了信息的发送方和具体信息内容。此时，可以看出返回的 messages 参数发送方是一个名为'assistant'的 role 角色，而具体内容则是一段关于失眠的描述。Chat 模型的每个对话任务都是通过输入和输出 messages 来完成的。

```
from openai import OpenAI

base_url = "http://10.1.36.75:8000/v1"
client = OpenAI(api_key="EMPTY", base_url=base_url)

response = client.chat.completions.create(
        model="chatglm3-6b",
        messages = [
            {"role":"user","content":"失眠了怎么办? "}
        ]
    )
response.choices[0].message
```

ChatCompletionMessage(content='失眠了,最好尝试以下方法:\n\n1. 放松身心:试着放松身心,例如通过深呼吸、冥想或渐进性肌肉松弛等方法。这些技巧有助于减轻压力和焦虑,促进睡眠。\n\n2. 改变睡眠环境:确保睡眠环境安静、凉爽、暗淡,并保持舒适的床垫和枕头。可能需要关闭电子设备和电视,以减少光线和噪音干扰。\n\n3. 规律作息:保持规律的作息时间,尽量在相同的时间上床和起床,帮助身体建立健康的睡眠习惯。\n\n4. 饮食调整:避免在睡前摄入咖啡因、酒精和糖分等刺激性物质。饮食应选择易消化的食物,如燕麦、香蕉和全麦饼干等。\n\n5. 锻炼身体:适当的运动可以促进睡眠。但避免在睡前三四小时内进行剧烈运动。\n\n6. 制定放松计划:制定放松计划,包括听音乐、读书、沐浴等放松方式,可以帮助缓解压力和焦虑,促进入眠。\n\n如果这些方法都不奏效,建议咨询医生或专业的睡眠医学专家,获取更深入的帮助和建议。', role='assistant', function_call=None, tool_calls=None, name=None)

图 8-3

如表 8-1 所示,掌握好 messages 参数结构,是我们挖掘大模型能力边界的重要手段,messages 参数包括 role、content 和 name 这三个部分。

表 8-1　messages 参数

messages 参数	类型	必填	说明
role	string	是	消息作者的角色:可以是 system、user、assistant 或 observation 之一
content	string	否	消息的内容:除带有函数调用的 assistant 消息外,所有消息都需要 content
name	string	否	此消息作者的名称:如果角色是 function,则需要提供 name,并且应该是 content 中响应的函数的名称。名称可以包含 a～z、A～Z、0～9 和下画线,最大长度为 64 个字符

8.3.2　messages 参数中的角色划分

1. user role 和 assistant role

user role 和 assistant role 用于向 AI 助理提出需求。

从之前简单的对话示例中可以清晰地看出,在 Chat 模型中,用户和助手是两个关键角色。用户扮演着 user 的角色,通过发送消息来提出问题、表达需求或进行交流,而模型则以 assistant 的角色回应用户的消息。这两个角色的名称是预先定义好的,而在 messages 参数中无法自定义其他名称。

在对话中,用户角色即代表了对话的发起者,他们向模型发送消息,提出问题或者进行交流。这些消息可以是任何需要用户询问或表达的内容,比如询问问题、请求建议、寻求帮助等。用户的消息被发送到模型后,模型会以 assistant 角色的身份给出相应的回应。

助手角色则是模型的身份,它负责解释用户的消息并给出合适的回应。助手接收到用户的消息后,先进行语义理解和推理,然后生成一段相关的文本作为回答。这个回答可以是对用户提出的问题的回答、对用户需求的满足、建议或者其他形式的交流。

在 Chat 模型中，用户和助手的角色是固定的，它们的定义是为了简化对话的理解和处理。通过这种规则，我们可以更清晰地理解对话中每个消息的含义，并更好地进行交流。

基于以上规则，最简单的调用方式是先在 messages 参数中设置一个 user 角色的参数，然后在 content 中输入对话内容。这样，用户就可以向模型发送消息，并期待模型以助手的身份给出回应。例如，我们可以像之前那样向模型提问"请问什么是机器学习？"，然后等待模型以助手的身份给出相应的回答。

不过需要注意的是，尽管一个 messages 参数可以包含多个消息，但模型只会对于最后一个用户消息进行回答，如图 8-4 所示。

```
from openai import OpenAI

base_url = "http://10.1.36.75:8000/v1"
client = OpenAI(api_key="EMPTY", base_url=base_url)

response = client.chat.completions.create(
        model="chatglm3-6b",
        messages = [
            {"role":"user","content":"失眠了怎么办？"},
            {"role":"user","content":"东莞有哪些美食"}
        ]
    )
response.choices[0].message
```

ChatCompletionMessage(content='东莞是中国广东省的一个市，有非常丰富的美食文化，以下是其中一些著名的美食：\n\n1. 东莞烧鹅：是一种烤制的鹅肉，皮脆肉嫩，味道十分鲜美。\n\n2. 茶山珍品：这是一种由茶叶、瑶柱、鸡肉、火腿等材料制作的传统美食，味道清香可口。\n\n3. 厚街牛排：这是一种在厚街镇流行的美食，以新鲜的牛肉片为主料，配以特制的调料和酱汁，口感鲜美。\n\n4. 石磨肠粉：这是一种传统的广式早餐食品，以米浆为原料，磨成细粉，加入各种配料制成。\n\n5. 长安鱼皮：这是一种由鱼皮制作的美食，通常搭配辣椒、葱、姜等调料食用，口感滑爽。', role='assistant', function_call=None, tool_calls=None, name=None)

图 8-4

也就是说，assistant 消息和 role 消息是一一对应的，而且在一般情况下，assistant 消息只会围绕 messages 参数中的最后一个 role 消息进行回答。

2. system role

system role：用于在这个会话中设置 AI 助手的个性或提供有关其在整个对话过程中应如何表现的具体说明。

然而，需要指出的是，虽然用户和助手之间的交互方式通常是明确的，但有时候可能会显得单调。实际上，给定聊天机器人一个身份，可以有效地引导模型生成更具丰富性和深度的回答。例如，如果我们期望模型给出一个更加详尽和专业的回答，可以设定模型的身份为"一名资深的粤菜大厨"。这种设置能够激发模型产生更具见解和专业性的回复，使得对话更加生动和丰富。例如，我们可以以如图 8-5 所示的方式向模型进行提问。

不难看出，此时模型的回答就变得更加详细和严谨，更像一名"粤菜大厨"的语气风格，也同时说明我们对模型进行的身份设定是切实有效的。

```
from openai import OpenAI

base_url = "http://10.1.36.75:8000/v1"
client = OpenAI(api_key="EMPTY", base_url=base_url)

response = client.chat.completions.create(
        model="chatglm3-6b",
        messages = [
            {"role":"system","content":"假设你是一名资深的粤菜大厨"},
            {"role":"user","content":"东莞有哪些美食"}
        ]
    )
response.choices[0].message
```

ChatCompletionMessage(content='东莞是中国广东省的一个城市,拥有丰富的美食文化,其中包括:\n\n1. 东莞烧鹅:这是一种以米酒、蜜糖和五香粉等为调料的烤鹅,是东莞著名的特色美食之一。\n\n2. 东莞牛肉干:这是另一种非常有名的东莞特色小吃,采用优质的牛肉,经过腌制、晾干而成,口感香脆可口。\n\n3. 东莞鱼皮肉肉:这是一道传统的广式点心,主要原料是猪肉和鱼皮,制作起来非常精细,味道鲜美。\n\n4. 东莞腊肠:东莞腊肠是一种非常有名的特色小吃,采用优质猪肉制成,经过腌制、晾干而成,口感腊肠可口。\n\n5. 东莞茶点:东莞茶点是一种传统的广式点心,包括各种糕点和小吃,如虾饺、蛋挞、绿豆饼等,口感美味。\n\n6. 东莞糖水:东莞糖水是一种传统的广式饮品,以糖和珍珠为主料,口感香甜可口。\n\n7. 东莞粥品:东莞粥品是一种传统的广式早餐,以米粉为主要原料,搭配鸡蛋、瘦肉、小虾米等食材,口感清香可口。\n\n以上是东莞的一些著名美食,当然还有许多其他值得一试的小吃和美食,如果您有机会到东莞品尝,不妨多尝试一些当地的特色食品。', role='assistant', function_call=None, tool_calls=None, name=None)

图 8-5

可以观察到，在我们之前的对话中，我们引入了一个新的消息，即{"role": "system", "content": "假设你是一名资深的粤菜大厨"}。这个消息的作用是设定模型的身份。系统消息是在消息队列中的第三种角色，它对整个对话系统的背景进行设置。与用户消息相比，系统消息具有不同的功能和影响。首先，系统消息的作用是为对话提供背景信息，而不是针对具体的用户问题。不同的背景设置会极大地影响模型在后续对话中的回复。例如，如果系统被设置为"你是一位资深医学专家"，那么模型在回答医学相关问题时可能会使用大量医学术语，从而使得回复更加专业。相反，如果系统被设置为"你是一位资深喜剧演员"，那么模型的回复可能更加风趣和幽默，与医学领域的回复会有所不同。

最后需要注意的是，目前的大模型仍然存在一个限制：无法长期保持对系统消息的关注。换言之，在多轮对话中，这些模型可能逐渐忘记系统设定的身份信息。

对于 messages 参数中可选的 role 来说，除了 user、assistant、system，还有 observation 及其他参数，它们都是用来实现 Function Calling 功能的。

8.4　Function Calling 功能

尽管大模型拥有巨大的知识储备和惊人的生成能力，但在实际使用过程中，我们常常会感受到它们的局限性。例如，这些模型无法及时获取最新信息，也无法直接解决一些特定问题，如自动回复电子邮件或查询航班信息等。这些问题限制了这些模型在实际应用中的价值。然而，在 2023 年 4 月推出的 AutoGPT 项目提出了一个潜力巨大的解决方案——允许大模型调用外部工具 API，以大幅拓展其应用能力。举例来说，如果我们让 GPT 模型调用 Bing 搜索 API，它就能实时获取与用户问题相关的搜索结果，并结合自身知识库来回答用户的问题，从而解决信息时效性的问题。另外，如果我们允许 GPT 模型调用谷歌邮箱 API，它就可以自动阅读电子邮件并给出相应回复。虽然这些功能看起来复杂，但根据AutoGPT 项目的规模，实现让 GPT 模型调用外部工具 API 并不是一件难事。

8.4.1 发展历史

2023 年 6 月 13 日，OpenAI 宣布了一项重大更新，将 Function Calling 功能整合到了 Chat 模型中。这意味着 Chat 模型不需要再依赖外部框架，如 LangChain，就能直接在内部调用外部工具 API，使构建以 LLM 为核心的 AI 应用程序更加便捷。此次更新还包括全面开放 16k 对话长度的模型和降低模型调用资费等内容。

引入 Function Calling 功能标志着更加灵活的 AI 应用开发时代的来临，并直接促进了 AI Agent 的发展。现在，Function Calling 已经成为 AI Agent 开发中不可或缺的工具，开发者可以利用它调用各种外部工具，实现各种操作。

ChatGLM3-6B 是首个集成 Function Calling 功能的国产开源模型，遵循了 GPT系列模型的工具调用流程和 function 参数解释语法。这一更新使得基于 FunctionCalling 的 AI Agent 开发生态能够无缝接入，为未来的发展铺平了道路。

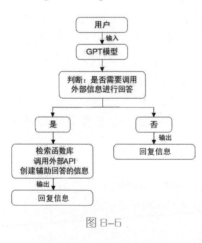

图 8-6

Function Calling 功能的核心是让 Chat 模型能够调用外部函数，不仅依赖于自身数据库知识，而是可以额外挂载一个函数库。当用户提问时，模型会检索函数库，调用适当的外部函数，并根据结果进行回答，从而为用户提供更加多样化和丰富的服务。Function Calling 功能的基本过程如图 8-6 所示。

Function Calling 功能允许我们挂载外部函数库，这个库既可以包含简单的自定义函数，也可以包含封装了外部工具 API 的功能型函数，如能够调用 Bing 搜索或获取天气信息的函数。大模型设计了一套精妙的机制来实现 Function

Calling 功能，操作起来并不复杂。我们只需要在调用 completions.create 函数时设置参数，并提前定义好外部函数库。当 Chat 模型执行 Function Calling 功能时，它会根据用户提出的问题的语义自动搜索并选择合适的函数来使用。这个过程完全不需要人工干预或手动指定使用某个函数，因为大模型能够充分利用自身的语义理解能力，在函数库中自动选择适合的函数运行，并给出问题的答案。

毫无疑问，借助外部函数库的功能，Chat 模型的问题处理和解决能力将迈上一个新的台阶。与以往的解决方案相比，例如使用 LangChain 的 Agent 模块来实现 LLM 和外部工具 API 的协同调用，Chat 模型内部集成的 Function Calling 功能使得实现过程更加简单，开发门槛更低。这样的改进必将推动新一轮以大模型为核心的人工智能应用的蓬勃发展。

Function Calling 功能实现的基本步骤如下。

（1）构建一个字典对象存储：{"方法 1": 方法 1,...}。

（2）在 Prompt 中加入方法定义。

（3）根据 LLM 的返回，决定是调用函数（返回信息中含有"function_call"），还是直接返回信息给用户。

（4）如需调用函数，则调用 LLM 指定函数，并将结果及调用的函数一起放在 Prompt 中再次调用 LLM。

8.4.2　简单案例

1. 函数描述

尽管 Chat 模型的 Function Calling 功能实现的思路非常清晰，但实际上，若要手动编写代码来实现这一功能，则会涉及外部函数库编写、completion.create 中 functions 参数和 function_call 参数的使用、用于获取函数结果的多轮对话流程编写等复杂过程。因此，我们先借助一个非常简单的外部函数调用示例来完整介绍 Function Calling 功能实现的全部流程，然后再逐步进行高层函数的封装并尝试调用包含外部工具 API 的函数。

若要让 Chat 模型调用外部函数，则首先需要准备好这些外部函数，然后尝试在和模型对话中让模型调用并执行这些工具函数。

定义几个工具函数，如根据地区获取当前天气，只是用于测试 Chat 模型在合理提示下能否正常调用这个外部函数。

但是，作为支持 Function Calling 功能的外部函数，考虑到要和 Chat 大模型进行通信，天气函数的输入由大模型提供（而大模型的输出对象都是字符串），因此函数要求输入对象必须是字符串对象；此外，模型也明确规定支持 Function Calling 功能的外部函数给大模型返回的结果类型必须是 json 字符串类型，因此天气函数的输出结果转化为字符串对象，然后再将字符串对象转化为 json 字符串类型对象。当然，为了增加代码的可读性，也需要注明函数说明及参数和输出结果说明。具体天气函数定义过程如代码 8-3 所示，定义了一个名为 get_current_weather_by_location 的函数，模拟根据指定地理位置查询当前天气信息的过程。

代码 8-3

```
def get_current_weather_by_location(location: str) -> str:
    """
    注意：
    本函数使用硬编码的天气数据作为示例，实际应用中应替换为从气象 API 获取的数据。
    """
```

```
    # 根据地点查询天气信息，这里使用简单的字典结构和匹配作为演示
    weather_data = {
        "北京": {"temp": "24", "text": "多云", "windDir": "东南风",
"windScale": "1"},
        "东莞": {"temp": "26", "text": "晴", "windDir": "西北风",
"windScale": "2"},
    }
    # 检查地点是否存在于我们的数据集中
    if location in weather_data:
        # 构建完整的天气信息字典，包括地点
        full_weather_info = {"location": location, **weather_data
[location]}
        # 将字典转换为 json 字符串并返回
        return json.dumps(full_weather_info,ensure_ascii=False)
    else:
        # 如果地点不存在，则返回错误信息的 json 字符串
        return json.dumps({"error": "Location not found"},ensure_ascii=
False)
```

在设计和部署这样的大模型应用时，开发人员需要精心构建一个 tools（工具）列表。这个列表实质上是一个包含多个工具或功能描述的集合，每个工具都是一组明确的指导和规范，指导模型如何与外部世界进行交互，获取或操作数据。每个条目不仅定义了工具的名称、功能描述，还详细说明了调用该工具时需要遵循的参数格式和预期的返回结果类型，确保了调用过程的标准化和高效性。

在代码 8-4 中，"get_current_weather_by_location"作为一个工具被定义在 tools 列表中，它的使命是基于提供的城市名称查询并返回当前的天气信息。这样的设计不仅清晰地界定了工具的职责范围，也为模型调用此工具执行特定任务时提供了必要的参数结构和格式要求，从而确保了交互过程的准确性和顺利执行。

代码 8-4

```
# 定义一个工具列表，用于描述可被 AI 模型调用的外部功能
tools = [
    {
        "name": "get_current_weather_by_location",
        "description": "根据城市获取当前天气",
        # 工具接受的参数规范，定义了调用该工具时需要提供的参数信息
        "parameters": {
            "type": "object",
            "properties": {
                # "location"属性的描述，指定了需要用户提供城市名称
                "location": {
                    # 对"location"参数的详细说明，告知用户应如何填写此参数
```

```
                "description": "城市名称 e.g. 北京，上海，东莞"
            }
        },
        # 指定哪些属性是调用此工具时必填的
        "required": ['location']
    }
  }
]
```

　　在构建基于大模型的交互式应用时，为了确保大模型能够有效地利用预定义的功能工具，并在回答用户问题时遵循特定的指导原则，我们需要为大模型设置一个清晰的上下文环境。这一步骤至关重要，因为它直接影响到大模型的理解能力、回答质量和功能的正确调用。接下来的操作正是通过定义一个名为 system_info 的变量来实现这一目的，代码示例如代码 8-5 所示。

代码 8-5

```
system_info = {
    "role": "system",
    "content": "尽你所能地回答下列问题。你有权使用以下工具: "+json.dumps(tools,
ensure_ascii=False)+"在调用上述函数时，请使用 json 格式表示调用的参数。"
}
available_functions = {
"get_current_weather_by_location":get_current_weather_by_location
}
```

　　需要注意的是，对 ChatGLM3-6B 模型和 GLM-4-9B-chat 模型来说，其 system_info 的构建稍微有一点不同，具体是指在 ChatGLM3 中 tools 可以独立于 content，而在 GLM-4-9B-chat 中，tools 需要添加到 content' 之后。考虑到之后的代码案例对模型的 Agent 能力要求很高，所以此后采用 GLM-4-9B-chat 模型作为案例。

　　同时，为了使大模型能够动态调用外部功能，提高其在处理复杂任务时的灵活性和实用性，在代码 8-5 中，我们需要预先准备一个详尽且易于模型识别的函数索引。这个索引，通常被称为可用函数列表 available_functions，它扮演着桥梁的角色，将模型的意图与实际可执行的代码逻辑紧密相连。代码 8-5 展示了如何构建这样一个列表，并将具体的函数对象与其易于理解的名称字符串相对应，从而确保模型在需要时能准确无误地调用到相应的功能。

2. tools 参数解释

　　在准备好外部函数及函数库之后，接下来非常重要的一步就是将外部函数信息以某种形式传输给 Chat 模型。tools 参数专门用于向模型传输当前可以调用的外部函数信息。并且，从参数的具体形式来看，tools 参数和 messages 参数也是非常类似的——都是包含多个字典的 list。对于 messages 参数来说，每个字典都是一个信息，而对于 tools 参数来说，每个字典都是一个函数。在大模型实际进行问答时，会根据 tools 参数提供的信息对各函数进行检索。

很明显，tools 参数对于 Chat 模型的 Function Calling 功能的实现至关重要。接下来，我们将详细解释 tools 参数中每个用于描述函数的字典编写方法。总的来说，每个字典都有三个参数（三组键值对），各参数（key）名称及解释如下。

（1）name：代表函数名称的字符串，是必选参数，按照要求，函数名称必须是 a～z、A～Z、0～9 或包含下画线和破折号，最大长度为 64 个字符。需要注意的是，name 必须输入函数名称，而后续模型将根据函数名称在外部函数库中进行函数筛选。

（2）description：用于描述函数功能的字符串，虽然是可选参数，但该参数传递的信息实际上是 Chat 模型对函数功能识别的核心依据，即 Chat 函数实际上是通过每个函数的 description 来判断当前函数的实际功能的，若要实现多个备选函数的智能挑选，则需要严谨详细地描述函数功能（需要注意的是，在某些情况下，我们会通过其他函数标注本次对话特指的函数，此时模型就不会执行这个根据描述信息进行函数挑选的过程，此时可以不设置 description）。

（3）parameters：函数参数，是必选参数，要求遵照 JSON Schema 格式进行输入，JSON Schema 是一种特殊的 JSON 对象，专门用于验证 JSON 数据格式是否满足要求。

3. 测试结果

下面尝试加载模型和调用 Function Calling 功能。首先，通过代码 8-6 加载模型，由于其对大模型的能力要求比较高，所以这一章节的案例采用 GLM-4-9B-chat，并且不适用量化技术，读者根据自己的硬件配置自行更改模型，若要使用 ChatGLM-6B 模型，请将 system_info 进行相应的修改。

代码 8-6

```
import json
from transformers import AutoTokenizer, AutoModel
model_path="/home/egcs/models/glm4-9b-chat"
tokenizer = AutoTokenizer.from_pretrained(model_path, trust_remote_
code=True)
model = AutoModel.from_pretrained(model_path, trust_remote_code=
True).cuda()
model = model.eval()
```

在代码 8-7 中，定义了一个核心函数 model_chat，该函数作为对外交互的入口点，主要负责接收用户的查询请求（task_query）并管理整个对话流程。它首先初始化对话历史（model_history），其中包含预先定义的系统信息（system_info），以设定对话的基本规则和可访问的工具。接下来，该函数调用模型的聊天接口，传入分词器（tokenizer）、用户查询及对话历史，从而获取模型的初步响应及更新后的对话历史。

代码 8-7

```
# 定义处理初始用户查询并管理多轮对话流程的逻辑
def model_chat(task_query):
    # 初始化对话历史，包含系统预设信息，用于设定对话的基本规则和可访问的工具
    model_history = [system_info]

    #使用模型的 chat 方法进行一轮对话，传入分词器、用户查询和对话历史，获取模型响应及更新的历史记录
    model_response, model_history = model.chat(tokenizer, task_query,
history=model_history)
    #print(model_response)
    while isinstance(model_response, dict):
        # 提取功能名称
        function_name = model_response["name"]
        # 根据功能名称从可用函数字典中获取对应的函数对象
        func_to_call = available_functions[function_name]
        # 获取并准备功能调用所需的参数
        function_args = json.loads(model_response.get("content"))
        # 调用外部功能并获取响应
        func_response = func_to_call(**function_args)
        # 将功能响应转化为 json 字符串，以便模型理解
        result = json.dumps(func_response, ensure_ascii=False)
        #将功能的执行结果作为新的输入，模拟为观察结果，继续与模型对话，并更新对话
历史
        model_response, model_history = model.chat(tokenizer, result,
history=model_history, role="observation")
    # 返回最终的模型响应和对话历史
return model_response, model_history
```

在获取初步响应后，model_chat 进入一个循环流程，检查模型的响应是否为字典类型（通常表示需要调用某个外部功能）。如果是，则函数从响应中提取功能名称 function_name，并从可用函数字典 available_functions 中获取对应的函数对象 func_to_call。随后，提取功能调用所需的参数 function_args，执行该功能并捕获其响应。将功能响应转化为 json 字符串，以便模型理解，并将其作为新的输入继续与模型对话，模拟观察者角色（role="observation"），更新对话历史。

这一循环流程可能递归进行，确保所有连锁的交互逻辑得到处理，直至模型的响应不再触发新的功能调用。最终，model_chat 返回处理后的模型响应及最新的对话历史。

通过这种设计，model_chat 不仅增强了模型在多轮对话中的连贯性和实用性，还有效整合了外部功能，使模型能够执行更复杂的任务，更好地服务于用户需求，展现了人工智能在对话系统中的强大潜力和灵活性。

如图 8-7 所示，测试结果展示了在处理特定查询请求时的表现情况，该请求模拟了一个实际应用场景：用户计划于今天下午前往东莞出差，希望提前了解目的地的天气状况以便做好出行准备。

```
query = """
        今天下午我要去东莞出差，请帮我查询一下当地的天气？
        """
response,_ = model_chat(query)
print(response)
```
当前东莞的天气情况如下：温度为26摄氏度，天气状况为晴，风向为西北风，风力为2级。祝您旅途愉快！

图 8-7

输出结果表明，我们的系统或模型成功地理解了用户的查询意图，并通过调用相关的天气查询功能，获得了东莞当前的天气信息。这意味着系统不仅正确识别了地点（东莞），还成功地从虚拟的或实际的天气数据源中提取了相关数据，包括天气状况（晴）、温度（26摄氏度）和风力级别（2级），并以自然语言的形式呈现给了用户，符合用户查询的初衷，验证了系统的功能完整性和响应准确性。

这样的测试案例不仅检验了系统的功能实现，还间接反映了模型在理解自然语言查询、调用外部函数、处理返回数据及生成有意义回复等多方面的综合能力，是评估和优化 AI 助手或对话系统性能的重要环节。通过不断设计和执行此类测试，开发者能够发现并解决潜在的问题，不断优化用户体验。

8.5　实现多函数

8.5.1　定义多个工具函数

在实现个性化与实用性的交互体验中，代码 8-8 展示了一个名为 get_outdoor_sport_by_weather 的函数，它旨在依据具体的天气条件——当前温度和天气，向用户提供合适的户外运动。此函数设计精巧，充分考虑了外界环境对个人舒适度的影响，是智能生活辅助应用中的一个典型功能模块。

代码 8-8

```
def get_outdoor_sport_by_weather(temp: str, weather: str) -> str:
```

```
"""
根据温度和天气情况推荐合适的户外运动。
参数:
- temp (str): 当前温度，字符串形式表示。
- weather (str): 天气情况，字符串形式表示。
返回:
- str: 含有推荐户外运动的 json 格式字符串。
"""
# 将温度从字符串转换为浮点数进行比较
temp_float = float(temp)

# 根据天气情况推荐运动
if weather in ["晴", "多云"]:
    if 15 <= temp_float <= 25:
        sport_recommendation = {"recommended_sport": "跑步"}
    elif 25 < temp_float <= 30:
        sport_recommendation = {"recommended_sport": "骑自行车"}
    else:
        sport_recommendation = {"recommended_sport": "游泳"}
elif weather in ["小雨", "阵雨"]:
    sport_recommendation = {"recommended_sport": "打羽毛球（室内）"}
elif weather in ["阴", "大雨"]:
    sport_recommendation = {"recommended_sport": "去健身房"}
else:
    sport_recommendation = {"recommended_sport": "做瑜伽（室内）"}

# 返回 json 格式的推荐信息
return json.dumps(sport_recommendation, ensure_ascii=False)
```

该函数接收两个参数：temp 表示当前环境的温度，尽管以字符串形式传入，但内部会将其转换为浮点数值以进行精确判断；text 则代表天气情况，同样以字符串形式提供，这保证了函数接口的灵活性和兼容性，能够处理从各类数据源直接获取的信息而不需要额外的数据格式转换。

函数内部逻辑清晰明了：首先，利用 float() 函数将温度字符串转换为可以直接进行数学比较的浮点数。随后，基于转换后的温度值和天气情况，函数推荐合适的户外运动。

当天气为晴或多云时，如果气温在 15 到 25 摄氏度之间，推荐用户进行跑步活动；如果气温在 25 到 30 摄氏度之间，推荐用户骑自行车；如果气温超过 30 摄氏度，则推荐用户进行游泳活动以保持凉爽。

（1）当天气为小雨或阵雨时，推荐用户在室内打羽毛球。

（2）当天气为阴或大雨时，建议用户去健身房锻炼。

（3）对于其他天气情况，推荐用户在室内做瑜伽。

最终，函数通过 json.dumps() 方法将推荐的运动类型封装成 json 格式的字符串返回。这种结构化的数据输出方式，不仅便于后续的程序处理与解析，也易于与其他网络服务或前端应用集成，实现无缝的信息传递和展示。例如，这样的运动建议可以直接嵌入一个健康生活 App 的界面中，或通过智能家居系统的语音助手传达给用户，让日常生活因科技的融入而更加便捷与贴心。

在构建复杂的应用系统特别是涉及与智能模型交互的场景中，定义一套多功能工具集是至关重要的。代码 8-9 展示了一组精心设计的多函数工具列表，这些工具旨在增强模型处理特定任务的能力，使其能够根据外部条件，如天气情况，提供更加个性化和情境化的服务。此工具列表 tools 包含了两个核心函数，每个函数都封装了特定的功能逻辑，既独立又可协同工作，为基于语言的交互系统提供强大的后端支持。

代码 8-9

```
tools = [
    {
        "name": "get_current_weather_by_location",
        "description": "根据城市获取当前天气",
        "parameters": {
            "type": "object",
            "properties": {
                "location": {
                    "description": "城市名称 e.g. 北京, 上海, 东莞"
                }
            },
            "required": ['location']
        }
    },
    {
        "name": "get_outdoor_sport_by_weather",
        "description": "根据温度和天气情况推荐合适的户外运动",
        "parameters": {
            "type": "object",
            "properties": {
                "temp": {
                    "description": "温度（摄氏度） e.g. 36.4,37.8"
                },
                "weather": {
                    "description": "天气情况 e.g. 晴, 多云, 小雨, 阵雨, 大雨"
                }
```

```
        },
        "required": ['temp','weather']
    }
  }
]
```

通过这样的工具集合，系统不仅能够获取实时的天气数据，还能根据这些数据提供个性化的服务，如户外运动建议，从而提升了用户体验的深度和广度。这不仅彰显了现代 AI 技术在日常生活中的应用价值，也为构建更加智能化、人性化的交互系统提供了坚实的基础。

8.5.2　测试结果

在实际应用交互过程中，用户通过提出复合型需求，不仅期望获取特定地点的即时天气详情，还希望获得与之相匹配的个性化生活建议，以优化其出行体验。图 8-8 中展示的查询请求就是这样一种典型场景。

```
# 示例调用
task_query = "今天下午我要去东莞旅游，请帮我查询一下当地的天气，另外我可以进行哪些户外运动？"
response, history = model_chat(task_query)
print(response)
```
当前东莞的天气状况为晴朗，温度为26摄氏度。根据天气情况，我们推荐您进行骑自行车这项户外运动。

图 8-8

此查询巧妙地融合了两项请求：一是关于目的地东莞的实时天气查询，二是基于查询到的天气信息，寻求合理的着装建议。这要求后端系统不仅要能准确抓取并解析用户意图，还需具备调用相关工具（如之前定义的 get_current_weather_by_location 和 get_outdoor_sport_by_weather 函数）的能力，以整合并反馈综合性信息。

预期的输出结果体现了系统对复杂请求的圆满处理。这不仅汇报了东莞的天气状况——晴朗、舒适的 26 摄氏度气温与温和的 2 级风力，而且依据这些条件，系统通过调用户外运动建议工具，智能推荐了合适的户外运动方案——骑自行车，完美贴合了用户在温和天气下的运动需求。最后，恭敬的亲切用语增添了人性化色彩，强化了交互的友好性与服务质量，彰显了 AI 在提供个性化服务方面的能力和优势。

8.6　Bing 搜索嵌入 LLM

8.6.1　昙花一现的 Browsing with Bing

在掌握了基于 Function Calling 的 AI 应用开发流程之后，下面将进一步介绍一些热门领域的 AI 应用开发案例。

本节首先介绍如何借助 Function Calling 将 Bing 搜索接入 Chat 模型，在一定程度上解决大模型知识库时效性不足的问题。这属于定制化知识库问答系统这类应用需求的某个具体的表现形式。因此，在项目开始之前，我们需要先介绍导致大模型知识库的"时效性"与"专业性"缺陷的根本原因，以及目前可以解决该问题的技术手段。

当然，即使不从技术发展大框架进行分析，相信每位使用过 ChatGPT 的用户都能深刻地感受到将搜索引擎接入大模型的实际价值。在 2023 年 5 月，OpenAI 曾在 ChatGPT 上推出 Browsing with Bing 插件，如图 8-9 所示，该插件能够让 ChatGPT 在遇到知识库无法解决的问题时进行 Bing 搜索，并根据搜索得到的答案来进行回答。

图 8-9

不得不说，该功能的出现极大地提升了 ChatGPT 的实用性。但令人遗憾的是，由于版权因素即一些潜在的商业竞争关系，OpenAI 于 2023 年 7 月 3 日正式关停了该插件，并且暂时没有再次上线的计划。

尽管 OpenAI 禁止了 Browsing with Bing 插件使用，但先将用户的某些超出大模型知识范围的问题转化为搜索，然后将搜索结果中匹配的内容输入给模型，最后让模型根据这些内容进行回答，确实是极具价值潜力的 AI 应用方向。尽管 ChatGPT 已经不支持相关应用，但我们仍然可以使用 Chat 模型的 Function Calling 功能+Bing 搜索 API 来实现类似的功能。

8.6.2 需求分析

和此前介绍过的其他应用的 API 类似，Google 搜索也可以由 API 调用。也就是说，我们完全可以在本地代码环境中通过调用 Google 搜索 API 来完成具体问题的搜索。

从普通开发者的角度来说，Google 开放搜索 API 可以说是极大地惠及了非常多开发项目，使得其能够更加高效、顺利地完成搜索功能的嵌套。但是，从商业竞争的角度来说，Google 搜索开放 API 的意图其实在于锁死市场上其他搜索引擎发展——既然随时随地可以调用强大的 Google 搜索，重复开发搜索引擎便毫无意义。

基于之前章节的介绍，相信读者对基于 Function Calling 功能调用外部工具 API 实现某种 AI 应用应该不感到陌生，考虑到 Google 搜索能根据关键词返回所搜结果——也就是对应结果的网站，并按照关联度强弱进行排序，我们首先不妨先进行头脑风暴，思考如何才能顺利将 Google 搜索 API 嵌入 Chat 模型中，并为其实时更新知识库。

首先，我们需要明确，对于 Chat 模型而言，它具备自我认知的能力，即能够识别自身是否掌握特定信息或技能（这也是 Function Calling 功能存在的基础）。并且，其内部是具备某种机制来判断当前问题是否知道。这里我们可以通过如图 8-10 所示的方式进行测试。

```
system_info = {
    "role": "system",
    "content": "根据用户输入的问题进行回答，如果知道问题的答案，请回答问题答案，如果不知道问题答案，请回复'抱歉，这个问题我并不知道'",
}
task_query = "请问什么是机器学习"
response, history = model_chat(task_query)
print(response)
```
机器学习是一种使计算机系统根据数据学习知识和模式的方法，从而能够对新的、未知的数据做出预测或决策。机器学习算法可以自动从数据中提取特征，以便在将来的情况下做出更好的预测或决策。机器学习通常应用于各种领域，如图像识别、语音识别、自然语言处理、推荐系统等。

```
task_query = "请问，你知道RLHF算法吗？"
response, history = model_chat(task_query)
print(response)
```
抱歉，我并不知道RLHF算法。您能提供更多的信息或者纠正一下RLHF的英文全称吗？这样我可能更好地帮助您。

图 8-10

因此，如图 8-11 所示，若想让 Google 搜索 API 起到补充知识库的作用，我们需要首先创建一个判别层，即让大模型自行判断围绕当前问题，是否要调用 Bing 搜索 API 来回答。这个判别层可以单独采用某个大模型来进行判断，根据模型实际输出结果的知道与否，判断是否需要调用搜索 API 来获取外部信息进行回答：

下面分别介绍关于 Bing 搜索 Custom Search API 的获取及其背后可编程搜索引擎的获取方法，并尝试在代码环境中调用 API 来完成 Bing 搜索。

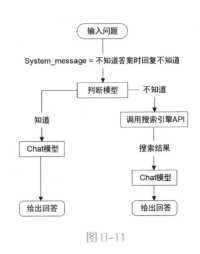

图 8-11

8.6.3　Google 搜索 API 的获取和使用

Rapid API 是一个全球领先的 API 市场和管理平台，它为开发者提供了一个集中式的门户，以便于发现、测试、管理和集成多种 API 到自己的项目中。成立于 2014 年的 Rapid API，其总部位于美国加利福尼亚州旧金山，它拥有超过 300 万人的开发者用户群体，为他们连接了成千上万个 API，覆盖了广泛的服务和数据源。

如图 8-12 所示，该平台的核心优势是其一站式解决方案——Rapid API Hub。通过这个平台，开发者只需使用一个 SDK、一个 API 密钥和一个统一的仪表板，就能轻松地访问和管理所有 API 集成。对于企业用户，Rapid API 还提供了 Enterprise Hub，这是一个可定制化的企业级解决方案，能够与企业的品牌、内部系统和工具无缝集成，同时支持部署在云、本地或混合云环境中，以满足不同企业的特定需求。

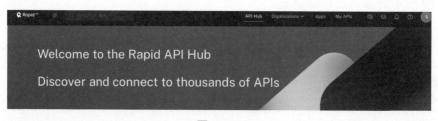

图 8-12

Rapid API 还关注于团队协作，特别是针对那些采用微服务架构的公司。随着内部 API 数量的增加，Rapid API for Teams 帮助团队成员更高效地发现和重用内部 API，加速开发流程并促进知识共享。

在付费模式上，Rapid API 支持灵活的计费选项，用户可以根据 API 的使用情况选择适合自己的支付方式。虽然传统上可能需要使用信用卡进行支付，但平台可能也支持其他支付手段，如虚拟信用卡或特定的支付服务，以方便用户根据自己的财务安排进行操作。

总之，Rapid API 通过其强大的 API 生态系统，简化了 API 的集成过程，降低了开发者的进入门槛，促进了技术创新和业务增长，成了连接开发者与 API 提供商的重要桥梁。

如图 8-13 所示，我们利用 Rapid API 平台上 Google 搜索引擎提供的 api 来得到浏览器上的最新数据，以此作为大模型的新数据来源。具体的使用方法说明如图 8-14 所示。

图 8-13

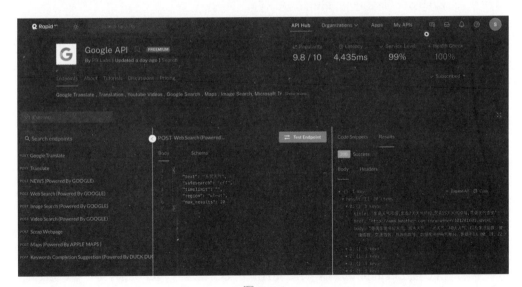

图 8-14

我们创建 get_news_by_google 函数，如代码 8-10 所示，通过调用 Rapid API 接口获取 Google 搜索引擎的新闻或网页数据。

代码 8-10

联网搜索

```python
def get_news_by_google(query: str = ""):
    # 设置你的 RapidAPI 密钥，此处需要替换为实际的密钥字符串
    RapidAPIKey = "Your Key"
    # 检查 RapidAPIKey 是否已配置，若未配置则返回提示信息
    if not RapidAPIKey:
        return "请配置你的 RapidAPIKey"
    # 设置 Google 搜索 API 的 URL
    url = "https://google-api31.p.rapidapi.com/websearch"
    # 定义请求参数，包括搜索文本、安全搜索选项、时间限制、区域和最大结果数量
    payload = {
        "text": query,
        "safesearch": "off",
        "timelimit": "",
        "region": "wt-wt",
        "max_results": 20
    }
    # 设置请求头，包含内容类型、RapidAPI 密钥和主机信息
    headers = {
        "content-type": "application/json",
        "X-RapidAPI-Key": RapidAPIKey,
        "X-RapidAPI-Host": "google-api31.p.rapidapi.com"
    }
    # 发送 post 请求并获取响应
    response = requests.post(url, json=payload, headers=headers)
    # 解析 json 格式的响应数据，获取搜索结果
    data_list = response.json().get('result', [])
    # 如果搜索结果为空，则返回空字符串
    if not data_list:
        return ""
    result_arr = [
        f"{item['title']}: {item['body']}" for item in data_list[:4]
    ]
    return "\n".join(result_arr)
get_news_by_google("北京车展")
```

执行完代码之后的测试结果如图 8-15 所示。最终，get_news_by_google("北京车展")函数会返回一个字符串，其中包含了关于北京车展的最新或最相关的几条新闻概要，用户可以直观地查看这些信息，了解当前北京车展的最新动态和亮点。这一过程展现了如何通过编程方式动态获取并整合网络信息，为用户提供即时、定制化的信息服务。

'2024北京国际汽车展览会官网：五一北京车展交通指南。4月27日至5月4日在顺义馆（新国展）的整车展览最为引人关注，展期与五一假期部分重叠，观展车流与假期出游车流相叠加，新国展周边交通压力较大，京承高速、首都机场高速、机场北线高速、天北路、京密路、火沙路等交通将有所增加，局部路段易出现车流量大和 ...\n直击 | 第十八届北京车展：117款新车将在此全球首发_快看_澎湃新闻-The Paper：2024年4月25日，北京，参观者在第十八届北京国际汽车展览会上。．相隔四年，作为2024年国内首个国际顶级车展，北京车展吸引了全球各大车企关注，将有国内外知名品牌的117款新车在此全球首发，还将展出41款概念车及278款新能源车型。．展览地点设在北京中国 ...\n北京车展 – 2024（第十八届）北京国际汽车展览会 – 2024北京国际车展：2024（第十八届）北京国际汽车展览会（简称2024北京车展）将于2024年4月25日-5月4日在北京中国国际展览中心顺义馆举行，在中国国际展览中心朝阳馆设立的零部件展区举办日期为4月25日-27日，总展出面积23万平方米。中国国际展览中心（朝阳馆）主要展示国内外汽车零部件及智驾相关产品，并在老馆 ...\n一文看懂2024北京车展展位分布图，哪些值得打卡？_腾讯新闻：界面新闻记者 | 魏勇猛4月25日至5月4日，2024（第十八届）北京国际汽车展览会将在中国国际展览中心举办，展会总面积22万平方米，本届车展主题为"新时代，新汽车"。作为本年度最重磅的国际a级车展，北京车展阔别四年重新回归，预计全球首发车117款（其中跨国公司全球首发车30款）、概念车 ...'

图 8-15

8.6.4　构建自动搜索问答机器人

接下来，我们将上述过程整合在一个外部函数中，并借助此前介绍的 Function Calling 功能实现自动搜索问答机器人的构建。

在构建高度互动与智能的自动搜索问答机器人时，一个关键步骤是整合各类功能模块，以实现对用户多样化查询需求的有效响应。如代码 8-11 所示，我们首先定义了一个 available_functions 字典，它汇聚了一系列精心设计的外部函数，包括查询当前位置天气状况的 get_current_weather_by_location、根据天气推荐户外运动的 get_outdoor_sport_by_weather，以及利用谷歌进行通用信息搜索的 get_news_by_google。这些函数共同构成了机器人处理不同查询请求的"工具箱"。

紧接着，我们详细定义了一个特定的工具（tools）列表，其中包含了针对 get_news_by_google 函数的详细说明和参数配置。此工具被设计为在其他途径无法直接获取所需最新信息时启用，通过调用谷歌浏览器进行网络查询来扩展搜索范围。其参数部分明确指出，用户需要提供一个查询关键字，此关键字将作为搜索的依据。通过"required": ['query']，强调了关键字参数是必不可少的，确保每次调用该工具时都能明确目标，从而获取到相关信息。

代码 8-11

```
available_functions = {

"get_current_weather_by_location":get_current_weather_by_location,
   "get_outdoor_sport_by_weather":get_outdoor_sport_by_weather,
   "get_news_by_google":get_news_by_google
}
tools = [
   {
   # 省略：get_current_weather_by_location 的描述
   # 省略：get_outdoor_sport_by_weather 的描述
   "name": "get_news_by_google",
   "description": "当获取不到最新消息时可调用该方法进行谷歌浏览器联网查询",
   "parameters": {
      "type": "object",
      "properties": {
```

```
        "query": {
            "description": "需要进行谷歌浏览器联网查询的关键字"
        }
    },
    "required": ['query']
    }
}
]
```

整合这些功能和工具后，我们可以充分利用之前讨论的 Function Calling 机制，即在与用户交互过程中，根据用户的提问或命令，自动识别需求，调用相应的函数或工具进行处理，并将处理结果以自然语言的形式反馈给用户。这一过程不仅提升了问答机器人的应答能力和灵活性，也极大丰富了其服务范围，从天气查询、生活建议到新闻获取，覆盖了用户日常生活中多个方面的需求，展现了现代 AI 技术在构建实用、全面的智能助手方面的巨大潜力。

图 8-16 测试能否自动调用 Function Calling 功能。

```
task_query = "2023年诺贝尔物理学奖获得者有哪些人？"
response, history = model_chat(task_query)
print(response)
```

很抱歉，由于我的知识截止到2021年，我无法回答您关于2023年诺贝尔物理学奖获得者的提问。

```
system_info = {
    "role": "system",
    "content": "尽你所能地回答下列问题。你有权使用以下工具：",
    "tools": tools
}
task_query = "2023年诺贝尔物理学奖获得者有哪些人？"
response, history = model_chat(task_query)
print(response)
```

'\n2023年诺贝尔物理学奖的获得者是：\n美国俄亥俄州立大学名誉教授皮埃尔·阿戈斯蒂尼（Pierre Agostini）\n德国马克斯·普朗克sz）\n瑞典隆德大学教授安妮·勒惠利尔（Anne L'Huillier）\n这三位科学家因他们在"产生阿秒光脉冲以研究物质中电子动力学的实验使得科学家们能够研究以前无法触及的极短时间尺度内的物理过程，对物理学领域尤其是量子物理学和光科学的进步有着重要影响。\n'

图 8-16

为了进一步探索和验证我们构建的自动搜索问答机器人（以下简称机器人）在实际应用中的效能，特别是其能否成功利用 Function Calling 机制执行动态查询和获取最新信息的能力，我们设计了一项针对性的测试。测试内容聚焦于一个具有时效性特征的问题："2023 年诺贝尔物理学奖获得者有哪些人？"这类问题要求机器人具备即时搜索和更新信息的能力，而非仅依赖于预设的知识库。

在初次尝试时，机器人依据其当前数据库或知识状态给出了合理但预期中的回复："抱歉，我无法预测未来的事件。目前，2023 年诺贝尔物理学家的获奖者还没有公布。您可以在 2023 年 10 月公布时查询相关信息。"这一回复体现了机器人在处理无法直接回答的未来信息时的应答逻辑，符合预期设计。

然而，随着测试深入，我们通过 Function Calling 机制触发了外部搜索功能，模拟了在 2023 年诺贝尔物理学奖揭晓后的情景。此时，机器人返回了更新后的信息，这一反馈不仅证实了 Function Calling 的成功调用，还展示了机器人能够及时获取并整合外部最新数据，显著增强了其信息的时效性和准确性。

通过这次测试，我们不仅验证了基于 Function Calling 的自动搜索问答机器人在处理实时信息查询上的可行性，还体现了其在持续学习和适应新数据方面的能力。这标志着我们的机器人平台在向更加智能、动态的交互模式迈进了一大步，能够更好地满足用户对即时信息获取的需求，尤其是在快速变化的新闻、科研成果等领域。未来，我们期待进一步优化这一机制，使之在更多场景下发挥其潜力，提供更加丰富、精准的服务体验。

8.7　本章小结

本章主要介绍了大模型与中间件的应用及其相关技术。本章讨论了 AI Agent 的发展历程，从 AGI 到 Agent 的转变，以及 Agent 在不同应用领域中的概念与应用；探讨了大模型的对话模式，包括模型分类和多角色对话模式的实现方法；深入介绍了多角色对话模式的实战应用，详细解释了 messages 参数结构和角色划分的实现策略；讨论了 Function Calling 的发展历史和简单案例，以及如何实现多函数的定义与测试结果；探讨了将 Bing 搜索嵌入大模型的技术实现过程，包括需求分析、Google 搜索 API 的获取和使用，以及构建自动搜索问答机器人的方法和步骤。本章内容丰富，涵盖了大模型在不同应用场景中的中间件技术及其实际应用案例，为读者提供了全面的理论和实践指导。

第 9 章　LangChain 理论与实战

在每次提出大模型的新进展之后，都会有人提出这样的疑问："为什么需要 LangChain？"特别是当高效微调、Prompt（提示，也称提示词）工程和 Function Calling 技术出现之后，大模型的能力被不断增强。私有化部署和基于私有数据微调大模型这个过程，只是开发大模型应用最基础、最核心的模块，但熟练掌握基于大模型的上层应用开发还有非常长的路要走。

在构建大模型应用的过程中，尽管大模型是核心，但实际上编写针对大模型的代码量相对较少。在这些有限的代码中，提示工程往往占据了主要的工作量。这也引出了一个关键问题：除了大模型本身，如何高效地将各个环节串联起来，以及如何分配和实现这些环节的代码开发和工作量？该问题将直接影响到最终应用的用户体验。

对于投入生产环境的大模型而言，稳定性是很重要的。类比软件开发，对于运行 1 份写好的代码，运行 1 次和运行 100 次，我们希望结果都是一样的。如果无法达到这个效果，则不能让该程序产品应用上线，因为不稳定。而大模型的输出结果 10 次，可能 10 次的结果都不一样，这对应用开发是一件不可接受的事情。

在未来，预训练模型会如同基础设施一样稳定，更新迭代的速度不会很快，而大量的应用是基于它建设的。但目前来看，预训练模型还处于百家争鸣的阶段，这导致应用开发在对接模型时，有时需要对接多个模型，而它们的 API 定义和返回结构可能各不相同，就类似于多年前进行软件应用开发时，需要对接很多个操作系统，这是令人无法接受的。

在上述情况下，LangChain 被广泛认可为一种解决方案，因为它能够有效地摆脱这一困境，并具有实用性。

9.1　整 体 介 绍

9.1.1　什么是 LangChain

LangChain 由 LangChain AI 公司负责，这是该公司的核心项目之一，并已在 GitHub 上开源发布。从 LangChain 在 GitHub 上的版本迭代历史来看，自 2023 年

1 月 16 日起，已经经历了 320 个版本的迭代，并且仍然以高频率更新，加速项目功能上线。总体上看，LangChain 的关注度和社区活跃度都非常高。

如图 9-1 所示，从 GitHub 的 Star 数来看，LangChain 在快速受到广泛关注，是一个新技术和新社区，是大众认可的大模型应用开发框架的主流。

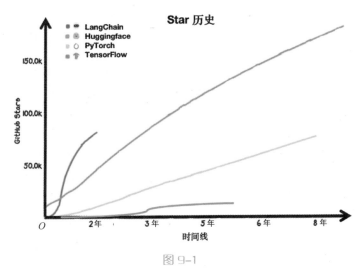

图 9-1

9.1.2　意义

LangChain 的定位是用于开发由大模型支持的应用程序框架。其方法是通过提供标准化且丰富的模块抽象，构建大模型的输入/输出规范，并利用其核心概念"Chains"灵活地连接整个应用开发流程。每个功能模块都源于对大模型领域的深入理解和实践经验，开发者提供标准化流程和解决方案的抽象，再通过灵活的模块化组合，形成了目前被广泛认可的通用框架。

但是，随着预训练模型的不断迭代，它会不会替代 LangChain 的功能？也就是说，基础预训练模型会不会继续发展，直到将 LangChain 这种应用开发框架做的工作也做了？答案是不一定。如图 9-2 所示，虽然大模型很强大，但还是有天然的缺陷，这是由其技术本身所决定的。

接入私有数据

Max Token限制　　　　输出结果不稳定

无法联网　　局限很多　　外部工具

预训练数据时限

图 9-2

在讨论大模型的应用时，我们首先要意识到：即使像 GPT-4 这样的模型在性能上非常强大，但它仍然存在一些局限性。其中，最显著的限制之一是其上下文的容量上限。这个限制源于 Transformer 结构本身的特性，即随着 Token 数量的增加，模型的计算资源消耗呈现指数级增长。

此外，由于 GPT-4 是一个商业模型，其价格也会随着 Token 数量的增加而提高。

其次，虽然 GPT-4 在性能上表现强悍，但它无法实现私有化，也无法直接访问外部数据库和 API。由于其作为一个海外模型，一些重视数据隐私的客户和领域可能不太愿意广泛使用它。此外，由于其无法联网，即使是最新版本的 GPT-4 也仅限于提供 2023 年第一季度的数据。这些都是 GPT-4 的天然局限性。

另一个问题是，即使给定相同的 Prompt，GPT-4 每次输出的结果也可能会有所不同，这导致了输出结果的不稳定性。

然而，LangChain 可以在一定程度上解决这些问题。它可以通过调用外部 API 和数据库、对接各种工具及实现网络连接等方式，为 GPT-4 提供一些支持和辅助。LangChain 的出现为解决大模型的局限性提供了一种新的可能性，使得这些模型在实际应用中能够更好地发挥作用。

在大模型的应用中，我们不能简单地将其视为 GPT-4 的 API 封装。尽管 GPT-4 在其领域中表现出色，但它并不意味着可以完成生态系统中所有必要的任务，因为它有其特定的任务和使命。在构建整个生态系统时，应用框架层扮演着至关重要的角色，它是连接大模型与应用场景之间的中间技术栈。在这一角色中，LangChain 发挥了关键作用。目前，已经有大量的应用与 LangChain 进行了对接，这为连接多个大模型提供了可能性。未来，基于 LangChain 的应用将不断增长，为整个生态系统的发展带来新的可能性。LangChain 的作用不仅是连接大模型和应用场景，而且还为开发人员提供了一种统一的平台和明确的定义，从而促进了应用框架的快速搭建和开发。

9.1.3　整体架构

在深入分析 LangChain 的本质时，我们发现它仍然遵循着从大模型本身出发的策略。LangChain 通过开发人员对大模型能力的深入理解及在不同场景下的应用潜力的实践，以模块化的方式进行高级抽象，设计出统一的接口以适配各种大模型。截至目前，LangChain 已经成功地抽象出几个核心模块。

（1）Model I/O（模型的输入/输出）：标准化各个大模型的输入和输出，包括输入模板、模型本身和格式化输出。

（2）Chains（链条）：Chains 模块是 LangChain 框架中最为重要的模块之一，它能够链接多个模块以协同构建应用，是实现许多功能的高级抽象。

（3）Memory（记忆）：Memory 模块以多种方式构建历史信息，维护与实体及其关系相关的信息。

（4）Agents：Agents 开发与实践目前备受瞩目、未来有望实现通用人工智能的落地方案。

如图 9-3 所示，这些核心模块的设计使 LangChain 成了一个强大的框架，为开发人员提供了丰富的工具和资源，帮助他们更好地利用大模型的潜力，构建出各种应用。

在 LangChain 中，涉及了许多概念和模块化技术，每个模块都有其独特的用途和方法。因此，为了有效地利用这些模块，我们需要对每个核心模块有清晰的理解。在接下来的章节中，我们将逐一分析 LangChain 的功能模块，为读者提供详细的介绍和操作指南。在项目部分，我们将对这些模块进行整合，以帮助读者了解如何根据实际业务情况选择合适的构建模块和方法。这样，读者将能够更清晰地了解如何将 LangChain 的功能应用于其项目中，从而提高工作效率并实现项目目标。

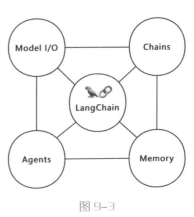

图 9-3

在整体上理解了 LangChain 之后，我们首先从模块 Model I/O 进行深入的探讨和实践。

9.2　Model I/O

9.2.1　架构

理解抽象模块 Model I/O 对于 LangChain 项目至关重要。我们选择将这个模块作为 LangChain 的切入点，是因为应用开发的核心在于将复杂的业务逻辑拆分为简单的子逻辑，并通过某种方式将它们连接在一起。在这个过程中，通常涉及多次大模型的调用。换句话说，每个子逻辑都会经历输入、大模型推理和输出这样的流程。

Model I/O 由 Format、Predict、Parse 三个部分组成，提供了标准的、可扩展的接口实现与大模型的外部集成。模型本身被抽象为两个类型（LLM 和 Chat Model），Input 是指模型输入时的提示 Prompts，Output 用于约束模型的输出结果。

该模块的主要功能在于促进与大模型之间的快速对话交互。简单地说，这个模块的内部逻辑类似于我们最为熟悉的过程：先输入一个提示（Prompt），然后获取大模型对该提示的推理结果。当模型接收到提示后，会生成一个结果。如果希望输出结果具有统一的格式，那么这个模块就起到了至关重要的作用。在这种情况下，会有一个抽象概念，称为"模型的输出解析"（Output Parse）。根据解析的类型，模块将模型的输出结果转换为预期的特定格式，如 json、键-值对形式，或者其他字符串模板形式。

如图 9-4 所示，Model I/O 包括以下三个子模块。

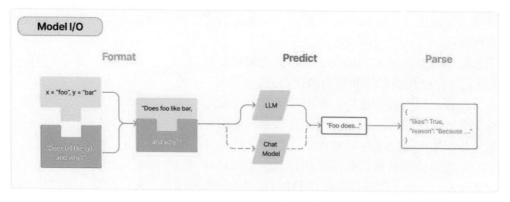

图 9-4

（1）Format：这一部分通过模板化方法来管理大模型的输入。这种模板化方法允许动态地选择和管理模型的输入。

（2）Predict：它使用通用接口来调用不同的大模型，从而实现对语言模型的调用。

（3）Parse：其作用是从模型的推理结果中提取信息，并根据预先设定的模板对信息进行规范化输出。这一过程包括从模型输出中提取信息，并将其内容规范化。

在 Model I/O 模块内部不光有三个子模块，并且每个子模块都包含许多可分解的部分。首先，我们要介绍的是 Prompt Template（提示模板）。过去，我们给大模型的提示都是手工编写的。然而，当我们开始开发应用程序时，不能将提示固定为一成不变的东西，就像开发代码时不能只使用常量而不使用变量一样。我们一直在强调，将大模型视为一种编程语言，而编程语言至少应支持变量。类比而言，Prompt采用的就是这种编程语言，而 Prompt Template 就是它支持变量定义的手段。

在图 9-4 中，变量 x 和 y 在实际调用大模型时才会被赋值，而 Prompt 本身则类似于一个函数，负责启动模型的运行。模型分为 LLM（Large Language Model，大语言模型）和 Chat Model（聊天模型）。通过大模型生成结果时，常会遇到样式不一致和结果不稳定的问题。若我们希望将结果稳定地传递给下游应用程序或函数，则需要使用一个称为输出解析器（Output Parser）的抽象。该解析器能够将大模型的输出结果转换为我们预先设定的样式，以便输出。

总的来说，对 Model I/O 的理解是对输入进行模板化，对输出进行解析和格式化。但这只是最基础的抽象，让我们可以对大模型的输入/输出进行定义。

9.2.2　LLM

LangChain 在其 Model I/O 模块中对这两种主流模型都进行了抽象，分别归类为 LLM 和 Chat Model。

LLM 是在第 7 章中提到的对话补全类模型（Completion 模型或又称 Base 模

型）。LLM 是一种自回归模型，也是一种生成模型，其工作原理是通过输入来生成相应的输出内容。类层次结构如图 9-5 所示。

```
BaseLanguageModel --> BaseLLM --> LLM --> <name>   # Examples: AI21, HuggingFaceHub, OpenAI
                  --> BaseChatModel --> <name>     # Examples: ChatOpenAI, ChatGooglePalm
```

图 9-5

1. BaseLanguageModel

BaseLanguageModel 是用于与语言模型接口的抽象基类。所有语言模型包装器都继承自 BaseLanguageModel。它的定义非常简洁，主要功能是允许用户以不同的方式与模型交互，如通过提示或者消息。

比较重要的方法称为 generate_prompt()。它的作用是输入一个 Prompt，输出一个大模型生成的结果，将一系列提示传递给模型并返回模型生成。此方法应使用对公开批处理 API 的模型的批处理调用。另外，因为它是直接与大模型交互的，所以一定有具体的子类去实现。

此外，BaseLanguageModel 有定义 LanguageModelInput 与 LanguageModelOutput 作为后续要提及的 Prompt 和 Output Parser。主要抽象如图 9-6 所示。

```
LLMResult, PromptValue,
CallbackManagerForLLMRun, AsyncCallbackManagerForLLMRun,
CallbackManager, AsyncCallbackManager,
AIMessage, BaseMessage, HumanMessage
```

图 9-6

在抽象层次中，最为关键的两个概念是 LLMResult 和 PromptValue，其余部分则构成了支持这些高层抽象的基础实现。

（1）LLMResult：此类别封装了针对每个输入提示所生成的候选答案集，并且包含了由各模型供应商提供的特殊输出信息。它汇总了模型响应的精髓，不仅限于生成文本，还涉及模型特有的其他数据。

（2）PromptValue：作为所有语言模型输入的基类，PromptValue 定义了向语言模型（无论是纯粹的文本生成 LLM 还是交互式的 ChatModel）提交请求的标准方式。它扮演着桥梁的角色，确保不同的 PromptValue 能够灵活转换并适应多种模型输入格式，从而提升了代码的复用性和系统的扩展性。

2. BaseLLM

在 LangChain 框架中，BaseLLM 扮演了一个核心的角色，它不仅继承自 BaseLanguageModel 类，继承了所有基础的逻辑和功能，而且还进一步实现了对配置（Config）的精细控制，使得用户可以根据具体需求灵活调整模型的行为和运行参数。类内部集成了缓存管理机制，这样可以显著提升对于频繁访问数据或昂贵计算结果的处理速度，减少重复计算，提升了效率。

此外，BaseLLM 还内置了日志打印功能，这为开发者提供了一种便捷的方式来监控模型运行时的内部状态和交互过程，无论是调试还是性能分析，这一功能都显得至关重要。不仅如此，它还设计了对 callback 和 callback_manager 的支持，这是一种面向事件驱动的编程模式，允许在模型执行的特定阶段插入自定义的操作，如进度跟踪、结果后处理或定制化错误处理，这大大增强了模型的可扩展性和灵活性。

特别是，BaseLLM 在执行过程中还兼容了"fake"模式，这意味着在不需要实际调用昂贵的后台服务或资源时，可以模拟执行过程，这对于测试和开发早期阶段快速迭代特别有用，能够以低成本验证逻辑正确性。

总结：BaseLLM 提供一个抽象、高度可定制化的接口，它要求实例能够接受一个提示（Prompt）作为输入，并返回一个字符串作为模型的响应。这样的设计既简化了与底层模型交互的复杂度，又保留了足够的灵活性以适应多样化的应用场景，是构建复杂语言处理任务和对话系统的一个强大基石。

3. LLM

LLM 层级是大模型实现的核心，它为用户提供了简化的交互接口，用户不需要亲自实现复杂的 generate 方法。这一层级在实际部署大模型时会完成详细的实现工作。

通过构建由 BaseLanguageModel 至 BaseLLM，再到最终 LLM 的三层结构体系，系统能高效地兼容和支持两种主要模型类型：传统语言模型与互动式聊天模型。

参照图 9-7，在 LangChain 框架中，已成功集成了多个主流的大模型，这些集成均预先配置了对于异步处理、流式传输及批量处理的基本功能支持，极大地便利了开发者和用户的使用体验。

Model	Invoke	Async invoke	Stream	Async stream	Batch	Async batch	Tool calling
AI21	☑	✕	✕	✕	✕	✕	✕
AlephAlpha	☑	✕	✕	✕	✕	✕	✕
AmazonAPIGateway	☑	✕	✕	✕	✕	✕	✕
Anthropic	☑	☑	☑	☑	✕	✕	✕
Anyscale	☑	☑	☑	☑	☑	☑	✕
Aphrodite	☑	✕	✕	✕	☑	✕	✕
Arcee	☑	✕	✕	✕	✕	✕	✕
Aviary	☑	✕	✕	✕	✕	✕	✕
AzureMLOnlineEndpoint	☑	✕	✕	✕	☑	✕	✕
AzureOpenAI	☑	☑	☑	☑	☑	☑	✕

图 9-7

9.2.3　ChatModel

相比于 LLM，ChatModel 在某种程度上包含了语言模型的特性，但是它比单纯的语言模型更为复杂。ChatModel 不再局限于简单的输入/输出模式，而是能够考虑到不同角色在对话中的上下文。

类层次结构如图 9-8 所示。

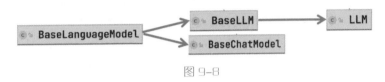

图 9-8

所有的 ChatModel 都实现了 Runnable 接口，该接口附带了所有方法的默认实现，即 ainvoke、batch、abatch、stream、astream。这为所有的 ChatModel 提供了对异步、流和批处理的基本支持。

BaseChatModel 是聊天模型的基类。在需要子类实现的 _generate 抽象方法中，比较关键的类有如图 9-9 所示的几个。

```
LLMResult, PromptValue,
CallbackManagerForLLMRun, AsyncCallbackManagerForLLMRun,
CallbackManager, AsyncCallbackManager,
AIMessage, BaseMessage, HumanMessage
```

图 9-9

最重要的抽象是 AIMessage、SystemMessage（是一种特殊的 BaseMessage）和 HumanMessage。ChatModel 将消息列表作为输入并返回消息，有几种不同类型的消息。所有 Message 都有一个角色和一个内容属性。对于不同的角色，LangChain 有不同的消息类，当前支持的消息类型是 AIMessage、HumanMessage、SystemMessage。在大多数情况下，只需要处理 HumanMessage、AIMessage 和 SystemMessage。

（1）SystemMessage：用于启动 AI 行为，作为输入消息序列中的第一个传入。

（2）HumanMessage：表示来自与聊天模型交互的人的消息。

（3）AIMessage：表示来自聊天模型的消息。这既可以是文本，也可以是调用工具的请求。

这些类对应的是聊天模型中的不同角色。AIMessage 表示来自模型的消息。SystemMessage 表示一个系统消息，该消息告诉模型如何操作，并不是每个模型都支持该角色。HumanMessage 表示来自用户的消息，通常只包含内容。

目前，在 LangChain 中已经集成主流 ChatModel，且均已经实现了对异步、流式处理和批处理的基本支持，具体见图 9-10。

Model	Invoke	Async invoke	Stream	Async stream	Tool calling	Python Package
AzureChatOpenAI	☑	☑	☑	☑	✕	langchain-community
BedrockChat	☑	✕	☑	✕	✕	langchain-community
ChatAnthropic	☑	✕	✕	✕	☑	langchain-anthropic
ChatAnyscale	☑	☑	☑	☑	✕	langchain-community
ChatBaichuan	☑	✕	☑	✕	✕	langchain-community
ChatCohere	☑	✕	✕	✕	◉	langchain-cohere
ChatDatabricks	☑	✕	✕	✕	✕	langchain-community
ChatDeepInfra	☑	☑	☑	☑	✕	langchain-community

图 9-10

9.2.4 Prompt Template

读者对 Prompt 这个概念已经比较熟悉，它是由用户提供的一组指令或输入，用于指导模型的响应，帮助其理解上下文并生成相关且连贯的基于语言的输出，如回答问题、完成句子或参与对话。

在以往的实践中，我们通常通过手工编写提示来为大模型提供输入。在此过程中，我们会运用各种提示工程技巧，如 Few-shot、链式推理（CoT）等方法，以提高模型的推理性能。然而，在应用程序的开发过程中，一个重要的考虑因素是提示的灵活性。这是因为应用程序需要适应不断变化的用户需求和场景。如果提示是固定的，那么模型的灵活性和适用范围就会受到限制。举例来说，假如我们正在开发一个天气查询应用，用户可能以多种方式提出查询，如"今天的天气怎么样？"或"明天纽约的温度是多少度？"。如果提示是固定的，那么它可能只能处理特定类型的查询，无法应对这种多样性的需求。

为解决这一问题，Prompt Template 将 API 的使用、问题解答过程等复杂逻辑封装成了一套结构化的格式。提示模板是为语言模型生成提示的预定义配方。模板可能包括适用于给定任务的说明、少量镜头示例，以及特定上下文和问题。

通过准备具体的外部函数信息和用户查询，我们可以生成定制化的提示，引导模型按照既定逻辑进行思考和回答，从而实现外部函数的调用过程。Prompt Template 的引入使得提示的生成更加灵活和可定制，有助于应对多样化的用户需求和场景。

LangChain 提供了创建和使用提示模板的工具，致力于创建与模型无关的 Prompt，以便在不同的语言模型中重用现有 Prompt。

1．Prompt Template

在默认情况下，Prompt Template 使用 Python 的 str.format 语法进行模板化。通常，语言模型期望提示要么是字符串，要么是聊天消息列表。

在使用字符串提示时，每个模板都会连接在一起。我们既可以直接使用提示，也可以使用字符串（列表中的第一个元素必须是提示）。

如代码 9-1 所示，我们将构建一个 Prompt Template 用于生成一封感谢信的草稿。这将包括指定收件人姓名、感谢的原因，以及希望在信中体现的情感基调。

代码 9-1

```
from langchain.prompts import PromptTemplate
# 定义 PromptTemplate
thank_you_letter_template = (
    PromptTemplate.from_template("亲爱的{recipient}，\n\n")
    + "我特别想借此机会对你表达我最深的感激之情，因为{reason}。"
    + "\n\n 你的{adjective}帮助/支持真的对我意义重大，不仅让我渡过了难关，还激励我成为更好的自己。"
    + "\n\n 再次感谢你，{recipient}。你展现的{quality}是我永远的榜样。\n\n"
    + "最诚挚的，\n[你的名字]"
)
# 显示模板结构
print(thank_you_letter_template)
```

完成代码 9-1 的执行后，所构建的模板结构将如图 9-11 所示，清晰地展现了感谢信的框架与可定制部分。

input_variables=['adjective', 'quality', 'reason', 'recipient'] template='亲爱的{recipient}，\n\n我特别想借此机会对你表达我最深的感激之情，因为{reason}。\n\n你的{adjective}帮助/支持真的对我意义重大，不仅让我渡过了难关，还激励我成为更好的自己。\n\n再次感谢你，{recipient}。你展现的{quality}是我永远的榜样。\n\n最诚挚的，\n[你的名字]'

图 9-11

在代码 9-2 中，我们将通过向模板中注入特定变量值来实现感谢信内容的个性化定制。这段代码执行后，将会输出一封对 Alice 帮助搬家而表达感激之情，强调其无私帮助和支持，并称赞其善良及乐于助人品质的定制化感谢信草稿。

代码 9-2

```
filled_prompt = thank_you_letter_template.format(recipient="Alice",
reason="帮我搬家", adjective="无私", quality="善良和乐于助人")
print(filled_prompt)
```

执行上述代码后，输出的结果如图 9-12 所示，表明我们能够成功地创建并应用了一个自定义的模板，它能够以任意所需的格式接受并填充动态信息，从而生成定制化的提示信息。这种方法大大增强了信息的个性化和灵活性。

亲爱的Alice，

我特别想借此机会对你表达我最深的感激之情，因为帮我搬家。

你的无私帮助/支持真的对我意义重大，不仅让我渡过了难关，还激励我成为更好的自己。

再次感谢你，Alice，你展现的善良和乐于助人是我永远的榜样。

最诚挚的，
[你的名字]

图 9-12

2. ChatPromptTemplate

ChatPromptTemplate 由一系列消息组成，每条聊天消息都与内容和一个名为 role 的附加参数相关联，如代码 9-3 所示，LangChain 提供了一种方便的方式来创建这些提示，可以轻松地创建一个管道，将其与其他消息或消息模板相结合。在这个管道中，每个新元素都是最后提示中的一条新消息。当没有要格式化的变量时使用 Message，当有要格式化的变量时使用 MessageTemplate。此时，也可以只使用一个字符串（注意：这将自动推断为 HumanMessagePromptTemplate）

代码 9-3

```
# 导入 langchain_core.messages 模块中的 AIMessage, HumanMessage,
SystemMessage 类
from langchain_core.messages import AIMessage, HumanMessage,
SystemMessage
# 创建一个系统消息实例，内容是您是一位友善的助手
sys_msg = SystemMessage(content="您是一位友善的助手。")
# 创建一个人类消息实例，内容是问候语
human_msg = HumanMessage(content="你好!")
# 创建一个 AI 消息实例，内容是回应问候
ai_msg = AIMessage(content="嗨，有什么可以帮助您的吗？")
# 组合上述消息，并在组合中预留一个名为'{input}'的位置以备后续插入额外信息
new_prompt = (
    sys_msg + human_msg + ai_msg + "{input}"
)
# 使用 format_messages 方法，将具体的输入信息"我只是想聊聊天。"插入到之前设定的
'{输入}'位置
new_prompt.format_messages(input="我只是想聊聊天。")
print(new_prompt)
```

输出的结果如图 9-13 所示。

```
input_variables=['input'] messages=[SystemMessage(content='您是一位友善的助手。'), HumanMessage(content='你好!'), AIMes
sage(content='嗨，有什么可以帮助您的吗? '), HumanMessagePromptTemplate(prompt=PromptTemplate(input_variables=['input'],
template='{input}'))]
```

图 9-13

在实例化 new_prompt 时，构造函数主要由以下两个关键参数指定。

（1）input_variables：这是一个列表，包含模板中需要动态填充的变量名。在模板字符串中，这些变量名以花括号（例如{name}）标记。通过指定这些变量，可以在后续过程中动态替换这些占位符。

（2）template：这是定义具体提示文本的模板字符串。它可以包含静态文本和 input_variables 列表中指定的变量占位符。在调用 format 方法时，这些占位符会被实际的变量值替换，生成最终的提示文本。

以上流程演示了如何在 LangChain 框架内使用 ChatPromptTemplate 构建与聊天模型交互的对话模板。通过这种方法，可以创建包含不同参与者角色和定制消息内容的对话流程，这对于开发复杂的聊天应用或增强 AI 助手的交互能力至关重要。

9.2.5　实战：LangChain 接入本地 GLM

任何语言模型应用的核心都是大模型（LLM）。在讨论和实践 Model I/O 模块时，首先需要关注如何集成这些大模型。成功集成后，才能深入探讨与实践如何有效地设计提示模板和解析模型输出。因此，首先需要实践的是：如何借助 LangChain 框架使用不同的大模型。

LangChain 提供了一套与任何大模型进行交互的标准构建模块。需要明确的是：虽然 LLM 是 LangChain 的核心元素，但 LangChain 本身不提供 LLM，它仅提供了一个统一的接口，用于与多种不同的 LLM 进行交互。简单地说，如果我们想通过 LangChain 接入 OpenAI GPT 模型，就需要在 LangChain 框架下定义相关的类和方法，规定如何与模型进行交互，包括数据的输入和输出格式，以及连接到模型本身的方式。然后，按照 OpenAI GPT 模型的接口规范集成这些功能。通过这种方式，LangChain 充当一个桥梁，使我们能够按照统一的标准接入和使用多种不同的大模型。

LangChain 当前的 LLM 模型支持体系主要面向在线主流模型，如 ChatGPT、Bard、Claude 等，直接后果是 ChatGLM3-6B 模型无法直接融入 LangChain 生态系统中进行加载使用。目前，LangChain 已经初步解决了该问题，但还不够完善，仅能支持 ChatGLM3 模型，而不能支持 GLM-4 系列模型，因此，接下来的案例将使用 ChatGLM3 进行演示。

在接入 LangChain 之前，需要使用测试代码检查当前环境及 API 的运行状态是否正常，如代码 9-4 所示。

代码 9-4

```
from openai import OpenAI
base_url = "http://10.1.36.75:8000/v1"
client = OpenAI(api_key="EMPTY", base_url=base_url)
response = client.chat.completions.create(
     model="chatglm3-6b",
     messages = [
         {"role":"system","content":"假设你是一名资深的喜剧演员"},
         {"role":"user","content":"东莞有哪些美食"}
     ]
)
response.choices[0].message
```

如果测试代码能够正常输出结果，则表示 ChatGLM3 的环境配置正确。需要注意的是，LangChain 接入 ChatGLM3 模型只是利用其定义的标准模型接入框架来整合 ChatGLM3，因此进行上述连通性测试是必要的。

LangChain 作为一个应用开发框架，需要集成各种不同的大模型。以智谱的 ChatGLM3 系列模型为例，通过 Message 数据输入规范，定义了不同的角色，如 system、user 和 assistant，来区分对话过程。然而，对于其他大模型，并不意味着它们一定会遵循这种输入、输出及角色的定义。因此，LangChain 的做法是，基于消息而不是原始文本，目前抽象出了 AIMessage、HumanMessage、SystemMessage、FunctionMessage 和 ChatMessage 这几种消息类型。然而，在实际应用中，通常只需要处理 HumanMessage、AIMessage 和 SystemMessage，如代码 9-5 所示。

代码 9-5

```
from langchain.chains import LLMChain
from langchain.schema.messages import AIMessage
from langchain_community.llms.chatglm3 import ChatGLM3
from langchain_core.prompts import PromptTemplate
template = """{question}"""
prompt = PromptTemplate.from_template(template)
endpoint_url = "http://10.1.36.75:8000/v1/chat/completions"
# 定义消息对象
messages = [
    AIMessage(content="我将从美国到中国来旅游，出行前希望了解中国的城市"),
    AIMessage(content="欢迎问我任何问题。"),
]

llm = ChatGLM3(
    endpoint_url=endpoint_url,
    max_tokens=80000,
```

```
    prefix_messages=messages,
    top_p=0.9,
)
llm_chain = LLMChain(prompt=prompt, llm=llm)
question = "北京和上海两座城市有什么不同？"

llm_chain.invoke(question)
```

请注意，上述代码仅为示例，在实际使用时你需要将 endpoint_url 替换为有效的 ChatGLM3 模型 API 地址。此外，根据 ChatGLM3 服务的具体配置，可能还需要调整 max_tokens、temperature 等参数。在实际部署和应用中，还需要考虑错误处理、API 调用频率限制、认证等细节。

9.2.6　Parser

大模型的输出通常是不稳定的，即相同的输入提示可能会导致不同形式的输出。在自然语言交互中，不同的表达方式通常不会影响理解。然而，在应用程序开发中，大模型的输出可能是后续逻辑处理的关键输入。因此，在这种情况下，规范化输出是至关重要的，以确保应用程序能够顺利进行后续处理，这就是输出解析器（Output Parser）的价值。

输出解析器负责获取 LLM 的输出并将其转换为更合适的格式，对 LLM 生成任何形式的结构化数据非常有用。除拥有大量不同类型的输出解析器外，LangChain OutputParser 的一个显著优点是大多数都支持流式传输。

输出解析器是帮助结构化语言模型响应的类。它们必须实现以下两种主要方法。

（1）"获取格式指令"：返回一个包含有关如何格式化语言模型输出的字符串的方法。

（2）"解析"：接受一个字符串（假设为来自语言模型的响应），并将其解析成某种结构。

当你想要返回用逗号分隔的项目列表时，可以使用 CSV Parser 输出解析器。CommaSeparatedListOutputParser 是 LangChain 库中的一个类，它属于 output_parsers 模块。这个类主要用于处理语言模型输出，当模型的响应预期是一系列由逗号分隔的项时，这个解析器就显得非常有用。它可以帮助我们从模型的文本输出中提取出这些项，并将其转换成 Python 中更方便处理的数据结构，通常是列表。

例如，如果你的应用场景需要模型列出几个相关关键词，模型可能会回复"apple, banana, orange"，那么使用 CommaSeparatedListOutputParser 就可以将这样的文本转换成['apple', 'banana', 'orange']这样的列表格式。

代码 9-6

```python
from langchain.chains import LLMChain
from langchain_community.llms.chatglm3 import ChatGLM3
from langchain.output_parsers import CommaSeparatedListOutputParser
from langchain.prompts import PromptTemplate

endpoint_url = "http://10.1.36.75:8000/v1/chat/completions"
output_parser = CommaSeparatedListOutputParser()
format_instructions = output_parser.get_format_instructions()
prompt = PromptTemplate(
    template="请列举五种 {subject}.\n{format_instructions}",
    input_variables=["subject"],
    partial_variables={"format_instructions": format_instructions},
)
llm = ChatGLM3(
    endpoint_url=endpoint_url,
    max_tokens=80000,
    top_p=0.9,
)
llm_chain = prompt | llm | output_parser
llm_chain.invoke({"subject": "冰激凌口味"})
```

输出结果如图 9-14 所示。

```
['chocolate', 'strawberry', 'vanilla', 'caramel', 'chocolate chip']
```

图 9-14

9.3　Chain

9.3.1　基础概念

在应用开发中，成功与否关键在于如何设计并有效地串联当前子业务逻辑的输入和输出。这意味着需要决定如何处理子逻辑的输出：是直接向用户反馈结果，还是将输出作为下一个模块的输入，以实现整个业务流程的自动化执行。这种设计决策对于高效地实现应用逻辑至关重要。

因此，即使是看似简单的登录模块，也包含了多个子逻辑的串联。每个步骤都需要经过精心设计的输入模板和输出选择，相当于每个子逻辑都会涉及一个或多个模块的设计。如何将多个子逻辑有效地链接起来，这就是 LangChain 中 Chain

抽象模块要解决的核心问题。

以电子商务网站的订单处理模块设计为例，一个看似简单的下单流程实际上涉及了多个子逻辑的串联。在最简单的情况下，用户下单可能只需选择商品、填写收货地址和选择支付方式。然而，这个过程背后需要执行一系列操作，如检查商品库存、计算订单金额、生成订单号、更新库存信息，并向用户发送订单确认邮件等。在更复杂的设计中，订单处理模块可能还需考虑其他因素，如检查用户账户余额、验证收货地址、计算运费、处理退款和退货请求等。

如图 9-15 所示，Chain 是连接在一起的易于重复使用的组件。Chain 对各种组件（如模型、文档检索器、其他链等）的调用序列进行编码，并为该序列提供一个简单的接口。Chain 界面可以轻松创建以下应用程序。

图 9-15

（1）有状态：将 Memory 添加到任何链中以赋予其状态。

（2）可观察：将回调传递给 Chain，以在组件调用的主要序列之外执行其他功能，如日志记录。

（3）可组合：将 Chain 与其他组件（包括其他 Chain）组合。

9.3.2　常用的 Chain

1. LLMChain

最简单的抽象是 LLMChain，做的第一件事就是把大模型和大模型的提示模板封装到一个抽象里或者封装到一个模块里。这是最简单的 Chain，所有的 Chain 都是基于它做的封装，它把模型的输入和模型本身合在一起，变成了一个可以被大家复用调度的单元。第一个 LLMChain 非常简单，就是把模型的输入模板和模型本身做了一个封装，仅此而已，作为其他复杂 Chains 和 Agents 的内部调用，被广泛应用。

如图 9-16 所示，一个 LLMChain 由 Prompt Template 和语言模型（LLM or Chat

Model）组成。它使用直接传入（或 Memory 提供）的 key-value 来规范化生成 Prompt Template（提示模板），并将生成的 Prompt（格式化后的字符串）传递给大模型，并返回大模型输出。

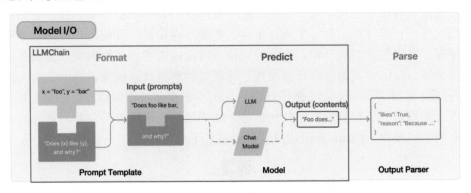

图 9-16

创建一个最简单的 LLMChain，代码 9-7 是使用 ChatGLM3 与 LLMChain 结合的示例代码，展示如何构建一个简单的问答系统。在这个例子中，我们先定义一个 PromptTemplate 来构造问题，然后使用 ChatGLM3 模型作为 LLM，通过 LLMChain 来处理问题并获得答案。

代码 9-7

```python
from langchain.chains import LLMChain
from langchain_community.llms.chatglm3 import ChatGLM3
from langchain.prompts import PromptTemplate
# 定义 ChatGLM3 模型的 API 端点
endpoint_url = "http://10.1.36.75:8000/v1/chat/completions"
# 初始化 ChatGLM3 模型实例
llm = ChatGLM3(
    endpoint_url=endpoint_url,
    max_tokens=200,  # 根据实际情况调整
    temperature=0.7,  # 控制生成的随机性
)
# 定义 PromptTemplate
prompt_template = PromptTemplate(
    input_variables=["question"],
    template="回答问题：{question}",
)
# 创建 LLMChain 实例
llm_chain = LLMChain(
    llm=llm,
    prompt=prompt_template,
```

```
)
# 定义问题并获取答案
question = "地球的周长大约是多少千米？"
answer = llm_chain.run(question)
print(f"问题：{question}\n 答案：{answer}")
```

执行完代码后的输出结果如图 9-17 所示。

问题：地球的周长大约是多少千米？
答案：地球的周长约为40,075千米。

图 9-17

2. SequentialChain

单一输入/输出的形式比较直观且易于理解。设想我们有两个链：Chain A 和 Chain B。用户输入一个问题（Prompt），这个输入首先传递给 Chain A。Chain A 通过大模型推理后得到的响应结果，随即作为输入传递给 Chain B。然后，Chain B 经过自身的推理过程后，输出最终结果。而这个 Chain A 和 Chain B 的构成，就是我们在上一节中介绍的 LLMChain。

（1）SimpleSequentialChain：最简单形式的顺序链，每个步骤都具有单一输入/输出，并且一个步骤的输出是下一个步骤的输入。串联式调用语言模型（将一个调用的输出作为另一个调用的输入）。

（2）SequentialChain：更通用形式的顺序链，允许多个输入/输出。允许用户连接多个链并将它们组合成执行特定场景的流水线（Pipeline）。两种类型的顺序链如图 9-18 所示。

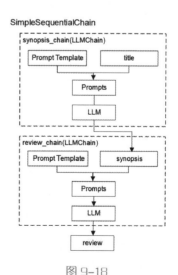

我们可以设计一个类似的创意写作流程，利用 SimpleSequentialChain 来创造一个有趣的故事生成与评论的场景。这里分为三个步骤完成。

（1）标题创作 Chain：用户提出一个关键词，Chain 根据这个关键词生成一个吸引人的故事标题。

（2）故事大纲创作 Chain：使用上一步生成的标题，Chain 继续创作出一个简短的故事大纲。

（3）故事评论 Chain：作为一位虚拟的文学评论家，Chain 基于故事大纲撰写一篇评论，评价其潜在的吸引力和创意。

图 9-18

导入相关库并初始化模型，如代码 9-8 所示。

代码 9-8

```
from langchain.chains import SimpleSequentialChain, LLMChain
from langchain.prompts import PromptTemplate
# 初始化语言模型
llm = ChatGLM3(
    endpoint_url=endpoint_url,
    max_tokens=80000,
    top_p=0.9,
)
```

具体实现的代码示例如代码 9-9 所示。

代码 9-9

```
# 第一步：标题创作
title_prompt = PromptTemplate(input_variables=["keyword"], template="
根据关键词'{keyword}'，创作一个引人入胜的故事标题。")
title_chain = LLMChain(llm=llm, prompt=title_prompt)
# 第二步：故事大纲创作
outline_prompt = PromptTemplate(input_variables=["title"], template="
以标题'{title}'为基础，构思一个简短而扣人心弦的故事大纲。")
outline_chain = LLMChain(llm=llm, prompt=outline_prompt)
# 第三步：故事评论
review_prompt = PromptTemplate(input_variables=["outline"], template="
假设你是《文学评论》杂志的资深评论员，基于以下大纲：'{outline}'，请撰写一篇评论，
评价其创意、情节和潜在的读者吸引力。")
review_chain = LLMChain(llm=llm, prompt=review_prompt)
# 创建 Sequential Chain
story_creation_chain  =  SimpleSequentialChain(chains=[title_chain,
outline_chain, review_chain])
```

如代码 9-10 所示，我们按顺序运行由这两个链组成的整个链。

代码 9-10

```
# 触发整个过程，以关键词"时间旅行"为例
keyword = "时间旅行"
response = story_creation_chain.run({keyword})
print(response)
```

执行完上述代码之后，输出结果如图 9-19 所示。

整体来说，SimpleSequentialChain 是一个相对来说最简单的一种组合，把三个基础构件 LLMChain 组合串联起来构成一个 Chain。同时，我们可以无限叠加这个过程，按照顺序执行两个 Chain，通过利用 run 方法统一所有的 Chain 来实现执行。

```
> Entering new SimpleSequentialChain chain...
《时光穿梭：穿越时空的奇妙冒险》
《时光穿梭：穿越时空的奇幻冒险》
```

故事背景：
在21世纪的某个科技高度发达的国家，科学家们成功研发出了时光穿梭器。这个发明为人类提供了穿越时空的能力，使得人们可以自由地探索过去与未来。然而，随着时光穿梭技术的普及与应用，一系列奇怪的事件开始发生。有人利用时光穿梭进行非法活动，影响了历史的发展，甚至威胁到了人类的生存。因此，一群勇敢的时光旅行者组成了"时光守护者"，肩负起保护时空安全的使命。

主要角色：
1. 林子涵，一位热爱科学、勇敢果断的年轻工程师，擅长发明创造，负责研发和控制时光穿梭器。
2. 王晓东，一位经验丰富的历史学者，擅长解读古籍和历史事件，是林子涵的得力助手。
3. 李晨曦，一位英勇无畏的警察，擅长调查和追踪时光犯罪分子，是"时光守护者"团队的核心成员。
4. 刘洋，一位神秘莫测的黑客，拥有高超的计算机技术，常为"时光守护者"提供关键信息和支持。

故事大纲：
某一天，林子涵在实验室成功研发出时光穿梭器，并邀请王晓东、李晨曦和刘洋一同测试。第一次穿越，他们来到了20世纪60年代的中国，见证了我国第一颗原子弹爆炸成功的壮丽时刻。然而，在他们返回现代的过程中，发现了一个邪恶势力试图利用时光穿梭改变历史，破坏我国的繁荣发展。

为了阻止这一阴谋，林子涵等人决定组成"时光守护者"团队，利用自己的专业知识和勇气，对抗邪恶势力。他们在不同时代遇到了各种困难和挑战，包括遇到历史上的重要人物，解决复杂的时空问题等。在这个过程中，他们逐渐成长为了优秀的时空旅行者，也收获了深厚的友谊。

最终，在一场惊心动魄的决战中，"时光守护者"成功地制止了邪恶势力的阴谋，保护了时空的安全。经过这次冒险，他们也深刻体会到了时空穿梭所带来的责任与担当，更加坚定了守护时空的信念。从此，他们继续在时光的世界里探险，为人类和平与繁荣贡献自己的力量。
《时光穿梭：穿越时空的奇幻冒险》是一部充满创意、情节紧凑且吸引人的小说。作者通过细腻的笔触，构建出一个科技高度发达、充满奇幻色彩的21世纪国家，并通过主要角色的冒险经历，展示了时空穿梭所带来的机遇与挑战。

首先，从创意角度来看，《时光穿梭：穿越时空的奇幻冒险》无疑是一次成功的创新。作者巧妙地将时空穿梭与奇幻冒险相结合，为读者呈现出一幅既真实又荒诞的时空冒险画卷。此外，故事中的"时光守护者"团队，不仅承担起保护时空安全的重任，还通过不同时代的穿越，展现了我国历史的沧桑巨变，从而使小说的内容更加丰富多彩。

其次，在情节方面，作者精心设计了多个紧张刺激的情节，如首次穿越时的冒险、破解时空难题的挑战、面对邪恶势力的斗争等，使得整个故事引人入胜，令读者罢不释卷。特别是故事的高潮部分，邪恶势力的阴谋和"时光守护者"团队的决战，紧张刺激，令人目眩舌否。这些情节的设计，无疑极大地增强了小说的吸引力和阅读体验。

最后，从潜在的读者吸引力来看，《时光穿梭：穿越时空的奇幻冒险》凭借其独特的创意、紧张刺激的情节以及丰富的文化内涵，easily 吸引了广大读者的目光。无论是青少年、成年人还是科幻爱好者，都可以在这部作品中找到自己喜欢的元素。可以说，这是一部有广泛影响力的作品，值得一读。

总之，《时光穿梭：穿越时空的奇幻冒险》是一部创意独特、情节紧凑、吸引力强的佳作，相信它会在未来的文学世界中占有一席之地。

图 9-19

3. MultiPromptChain

在应用大模型（LLM）时，简单的应用场景可能只涉及单一模块的使用，但在处理更为复杂的任务时，往往需要将多个模块有机地连接在一起。为了满足这种链式应用程序的需求，LangChain 提供了 Chain 接口。该接口在 LangChain 框架中以通用的方式定义，其实质是一个对组件调用序列的集合，这些组件既可以是单一模块，也可以是其他链。通过 Chain 接口，LangChain 提供了一种灵活、有效的方法，用于连接和管理各种模块，从而实现了复杂大模型应用的快速开发和部署。

图 9-20 展示了如何使用 MultiPromptChain 创建一个问答链，该链选择与给定问题最相关的提示，然后使用该提示回答问题。

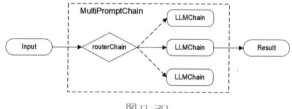

图 9-20

定义两个 PromptTemplate：一个是历史学教授，另一个是语言学教授。如代码 9-11 所示，历史学教授在直面历史记录的空白或争议时，会运用相关时期的共性分析或比较不同文明的相似情况给出合理假设。语言学教授会先将难题分解成各个组成部分，然后再将它们整合起来回答更广泛的问题，类似于 Step by Step。

代码 9-11

```python
# 导入必要的 LangChain 模块以实现多 PromptChain 和路由功能
from langchain.chains.router import MultiPromptChain
from langchain.chains import ConversationChain
from langchain.chains.llm import LLMChain
from langchain.prompts import PromptTemplate
from langchain.chains.router.llm_router import LLMRouterChain,
RouterOutputParser
from langchain.chains.router.multi_prompt_prompt import MULTI_PROMPT_
ROUTER_TEMPLATE

# 定义历史学教授专用的 PromptTemplate，聚焦于历史问题解答
history_template = """你是一位博学的历史学教授。
```

你精通世界历史的复杂脉络，擅长以生动丰富的历史视角解读问题。

当直面历史记录的空白或争议时，你会运用相关时期的共性分析或比较不同文明的相似情况给出合理假设。

```
问题：
{input}"""

# 定义语言学教授的 PromptTemplate，专注于语言学领域的解答
linguistics_template = """你是一位杰出的语言学教授。
```

你对语言的结构、发展和使用有深刻的见解。

面对复杂的语言现象，你习惯于先将其拆解为词汇、句法和语境等多个层面进行细致探讨；然后整合这些分析，以全面而深入的方式解答问题。

```
问题：
{input}"""
```

如代码 9-12 所示，定义一个 Prompt_infos，和 function call 的做法很相似。

代码 9-12

```python
# 准备 Prompt 信息列表，包含各领域 PromptTemplate 的描述与内容
prompt_infos = [
    {
        "name": "history",
        "description": "Good for answering questions about history",
        "prompt_template": history_template
    },
    {
```

```
        "name": "linguistics",
        "description": "Good for answering linguistics questions",
        "prompt_template": linguistics_template
    }
]
# 利用 MultiPromptChain 初始化，结合多个 Prompt 与 LLM 模型
chain = MultiPromptChain.from_prompts(llm, prompt_infos, verbose=True)
```

如代码 9-13 所示，创建一个空的 destination_chain 字典，细看在 for 循环中做了什么事情。第一，for 循环从 prompt_infos 中分别把 name 和 PromptTemplate 创建对象，将其整合成 PromptTemplate 类，为每个信息创建一个 LLMChain。destination_chains 中的 key 是 name 物理或数学，而 value 是我们封装好的 Chain。第二，创建一个 ConversationChain，将输出结果放到 text 中。

代码 9-13

```
# 初始化目标链字典，存储针对不同领域的 LLMChain 实例
destination_chains = {}
# 遍历 prompt_infos 列表，为每个信息创建一个 LLMChain。
for p_info in prompt_infos:
    name = p_info["name"]  # 提取名称
    prompt_template = p_info["prompt_template"]  # 提取模板
    # 创建 PromptTemplate 对象
    prompt = PromptTemplate(template=prompt_template, input_variables=
["input"])
    # 使用上述模板和 llm 对象创建 LLMChain 对象
    chain = LLMChain(llm=llm, prompt=prompt)
    # 将新创建的 chain 对象添加到 destination_chains 字典中
    destination_chains[name] = chain
# 创建一个默认的 ConversationChain
default_chain = ConversationChain(llm=llm, output_key="text")
```

如代码 9-14 所示，导入 LLMRouterChain 和 RouterOutputParser。具体步骤如下。

（1）从 prompt_infos 中提取信息，拼凑出一个包含两个学科教授的 destinations 列表，并将这两个教授的名字合并成一个字符串。

（2）使用 MULTI_PROMPT_ROUTER_TEMPLATE.format 方法，根据这个字符串生成一个特定的 prompt。MULTI_PROMPT_ROUTER_TEMPLATE 是 LangChain 内置的一个高度可复用的提示模板，它提供了一个 format 方法来格式化输入。

（3）最终生成的 router_prompt 设置输入为 input，输出解析器为 output_parser。

这一过程与前面介绍的内容紧密相关：首先，需要用一个模板生成 prompt_template；然后，通过 PromptTemplate 类的构造函数实例化 router_prompt。

其中，router_template 参数是由 MULTI_PROMPT_ROUTER_ TEMPLATE 的特定字符串方法构造的模板。

RouterChain 主要用于判断什么样的输入适合什么样的下游输出，具体任务是撮合和条件判断。对于下游需要具有什么能力，一看下游的 Prompt 写得如何，二看描述写得如何。

代码 9-14

```
from    langchain.chains.router.llm_router    import    LLMRouterChain,
RouterOutputParser
from langchain.chains.router.multi_prompt_prompt import MULTI_PROMPT_
ROUTER_TEMPLATE

# 从 prompt_infos 中提取目标信息并将其转化为字符串列表
destinations = [f"{p['name']}: {p['description']}" for p in prompt_infos]
# 使用 join 方法将列表转化为字符串，每个元素之间用换行符分隔
destinations_str = "\n".join(destinations)
# 根据 MULTI_PROMPT_ROUTER_TEMPLATE 格式化字符串和 destinations_str 创建路
由模板
router_template  =  MULTI_PROMPT_ROUTER_TEMPLATE.format(destinations=
destinations_str)
# 创建路由的 PromptTemplate
router_prompt = PromptTemplate(
    template=router_template,
    input_variables=["input"],
    output_parser=RouterOutputParser(),
)
# 使用上述路由模板和 llm 对象创建 LLMRouterChain 对象
router_chain = LLMRouterChain.from_llm(llm, router_prompt)
# 创建 MultiPromptChain 对象，其中包含了路由链、目标链和默认链
chain = MultiPromptChain(
    router_chain=router_chain,
    destination_chains=destination_chains,
    default_chain=default_chain,
verbose=True,
)
print(chain.run("古代罗马帝国的衰落原因是什么？"))
print(chain.run("英语中的被动语态是如何形成的？"))
```

测试结果一如图 9-21 所示。

```
> Entering new MultiPromptChain chain...
history: {'input': '古代罗马帝国的衰落原因是什么? '}
> Finished chain.
```
古代罗马帝国的衰落是一个复杂的过程,涉及多个因素。以下是一些主要的原因:
1. 经济衰退:罗马帝国在后期阶段面临着严重的经济问题,包括贸易减少、农业减产和税收下降等。这些问题导致罗马帝国的财政状况恶化,无法维持其庞大的军事开支和基础设施建设。
2. 政治分裂:罗马帝国在其历史长河中分为不同的时期,其中最著名的时期是罗马法时期和罗马帝国时期。后者的政治分裂和权力斗争导致了罗马帝国的衰落。公元3世纪,罗马帝国被分为东、西两个部分,这加剧了罗马帝国内部的矛盾和混乱。
3. 军事失败:罗马帝国的衰落也与其军事失败有关。罗马军队在公元前3世纪至公元前2世纪之间的战斗中多次失利,如在第一次马其顿战争和第一次布匿战争中的失败,以及公元3世纪的日耳曼人入侵。这些失败不仅削弱了罗马帝国的军事实力,也使其面临更大的内部威胁。
4. 社会不满:罗马帝国的衰落还与广泛的社会不满有关。罗马帝国的扩张和征服导致了许多地区的不满和反抗,如西班牙的加尔比斯人、英格兰的盎格鲁—撒克逊人、希腊的城市居民等等。这些反抗不仅削弱了罗马帝国的统治地位,也加速了罗马帝国的衰落。
5. 文化交融:罗马帝国的衰落也与文化的交融有关。随着罗马帝国的扩张和征服,罗马文化逐渐融合了其他文化的元素,如希腊文化、东方文化等。这种文化交融虽然促进了罗马帝国的文化发展,但也导致了罗马文化的衰落,因为人们开始更加重视其他文化的价值,而忽视了罗马文化的独特性和优越性。

图 9-21

测试结果二如图 9-22 所示。

```
> Entering new MultiPromptChain chain...
linguistics: {'input': '英语中的被动语态是如何形成的? '}
> Finished chain.
```
英语中的被动语态是通过将主动语态的动词变为接受者来形成的。在英语中,动词分为主动语态和被动语态两种形式。

主动语态表示主语执行动作,例如: I eat an apple. (我吃了一个苹果。) 在这个句子中,eat是动词,主语是I。

而被动语态则表示动作的接受者,例如: An apple is eaten by me. (一个苹果被我吃了。) 在这个句子中,动词是eaten,主语是"an apple"。

英语被动语态的形成主要是由以下几个因素决定的:

1. 语序: 在英语中,语序对动词的形式有影响。有些动词在被动语态中需要加上be动词 (am, is, are, was, were) 构成完成时态,例如: The window was broken. (窗户被打破了。)

2. 情态动词: 在被动语态中,情态动词通常放在动词之后,例如: It is important that you should be punctual. (你需要准时。)

3. 助动词: 在被动语态中,助动词如have, has, had, will, would等放在动词之后,例如: He will have finished the work. (他将会完成这项工作。)

4. 动词的时态: 在被动语态中,动词的时态通常是过去时,例如: The letter was written by him. (这封信是他写的。)

通过以上这些规则,我们可以将主动语态转换为被动语态,例如: I break the window. (我打破了窗户。) 通过这种转换,我们可以更清晰地表达动作的接受者。

图 9-22

目前,基于对 LangChain 的了解,我们已经具备了构建多链路且高度可扩展的应用系统的能力。这一能力源自对 LangChain 核心模块的深入理解和掌握。

大模型作为生成模型,其输出的不稳定性是一个普遍存在的问题。为了解决问题,我们可以巧妙地利用提示模板,引导大模型按照特定的逻辑进行输出,并以相对稳定的方式返回内容。这一过程正是 LangChain 的 Model I/O 模块一直在致力于解决问题的过程。

另外,任何复杂流程都必然涉及多个中间处理步骤。在构建这样的流程时,关键在于有效地将这些步骤串联起来,形成一个连贯的通路。LangChain 的 Chains 模块就是专门负责处理这一任务的。Chains 模块通过定义和管理链路,实现了各个处理步骤的有序执行,从而构建了一个稳健且高效的流程系统。

9.4　Memory

9.4.1　基础概念

在深入研究了 LangChain 的 Model I/O 和 Chains 模块后,本节介绍 LangChain

应用框架的下一个关键核心模块——Memory（记忆）。在许多语言模型（LLM）应用中，特别是那些具有对话界面的应用中，引用过去的交互信息至关重要。对话系统至少应该具有基本的访问先前信息的功能。然而，对于更复杂的系统，需要不断更新的世界模型，以保留关于实体及其关系的信息。

我们将存储过去交互信息的能力称为"记忆"。LangChain 提供了许多用于将 Memory 添加到应用程序/系统中的实用工具。这些工具既可以独立使用，也可以无缝集成到链中。

Memory 需要支持两个基本操作：读和写。每个链都定义了期望特定输入的核心执行逻辑。其中，一些输入来自用户，另一些输入可能来自 Memory。因此，在给定的运行中，链将与其 Memory 交互两次。

（1）在接收到初始用户输入之后且在执行核心逻辑之前，链将从其 Memory 中读取并增加用户输入。

（2）在执行核心逻辑之后但在返回答案之前，链将当前运行的输入和输出写入 Memory，以便将来引用。

9.4.2 流程解读

大模型在应用中存在两个主要问题：知识库更新不及时和输入长度受限。因此，在应用开发过程中，如何传递这些先验知识及如何处理不同任务单元所需的先验知识是至关重要的。在 LangChain 框架中，这些问题的解决主要集中在抽象模块 Memory 中，这也是 Memory 模块的主要价值所在。

简言之，在与大模型进行对话和交互时，重要的一步是能够引用之前的交互信息，至少要能够直接回溯到以前某些对话的内容。对于复杂的应用程序，需要一个能够不断更新的模型，以便执行维护相关信息、实体及其关系等任务。这种存储和回溯过去交互信息的能力称为"记忆（Memory）"。

在图 9-23 展示的流程中，Memory 模块作为一个存储记忆数据的抽象模块，扮演着关键的角色。单独使用 Memory 模块并没有意义，因为它的主要目的是提供一个空间来存储对话数据。Memory 模块与 Chains 模块相互协作，类似于我们根据不同需求定义 Prompt Template 的方式。无论是记录用户输入的 Prompt、大模型的响应结果，还是链路中间过程生成的数据，Memory 模块都能够完成这些任务。

在图 9-23 中，Model I/O 过程在本质上就是一个链路（chain），其配置时会设定 Prompt、Model 和 Output Parser 作为主要逻辑。这个链路既可以处理直接来自用户的{question}输入，也可以处理来自 Memory 模块读取的{past_passages}作为输入。执行完毕后，正常情况下会直接输出{answer}。但是，一旦集成了 Memory 模块，输出就会根据 Memory 中定义的逻辑被存储起来，以供其他组件或流程使用。

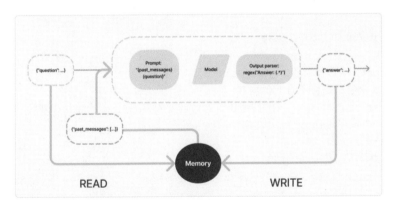

图 9-23

9.4.3　常用 Memory

1. ConversationBufferMemory

ConversationBufferMemory 是 LangChain 框架中的一个核心模块，它在构建复杂对话应用中扮演着至关重要的角色。这个模块的核心职责是捕获和保留对话历史，即将交互过程中用户和 AI 之间的消息存储下来，并能够将这些信息便捷地整合到后续的处理流程中。这一看似简单的功能实则是实现自然、连贯对话体验的基石。

如代码 9-15 所示，在未使用 LangChain 或其他高级框架的情况下，开发者通常需要手动管理对话历史，这可能涉及直接维护一个"History"对象或者数据库记录，过程相对烦琐且容易出错。而 ConversationBufferMemory 的引入极大地简化了这一过程，它自动化了消息的存储与检索，让开发者能够专注于构建业务逻辑和提升用户体验。

代码 9-15

```
def chat_with_model(prompt, model="chatglm3-6b"):
    # 步骤一：定义一个可以接收用户输入的变量 prompt
    messages = [
        {"role": "system", "content": "你是一位乐于助人的 AI 小助手"},
        {"role": "user", "content": prompt}
    ]
    # 步骤二：定义一个循环体：
    while True:
        # 步骤三：调用模型 API
        response = client.chat.completions.create(
            model=model,
            messages=messages
```

```
    )
    # 步骤四：获取模型回答
    answer = response.choices[0].message.content
    print(f"模型回答: {answer}")
    # 询问用户是否还有其他问题
    user_input = input("您还有其他问题吗? (输入退出以结束对话): ")
    if user_input == "退出":
        brea
    # 步骤五：记录用户回答
    messages.append({"role": "assistant", "content": answer})
    messages.append({"role": "user", "content": user_input})
    print(messages)
chat_with_model("你好")
```

运行结果如图 9-24 所示。

图 9-24

ConversationBufferMemory 的一大亮点是，它使得那些原本并不具备聊天或上下文理解能力的基础模型（例如，一些通用的文本生成模型）也能被赋予"记忆"和参与复杂对话的能力。如代码 9-16 所示，这意味着开发者可以利用这个模块，将非聊天定向的大模型转变为能够进行连续对话、理解上下文的聊天机器人，大大拓宽了这些模型的应用场景和创新潜力。

通过将对话历史以结构化的方式存储，并允许后续的处理链（Chains）访问这些信息，ConversationBufferMemory 增强了应用的灵活性和功能性。开发者能够设计出根据以往对话内容做出适应性回应的系统，比如个性化推荐、情境问答或基于历史对话的情绪分析等。此外，该模块还支持配置，比如通过设定 memory_key 来指定存储的变量名，或通过 return_messages 参数控制是否直接在响应中包含历史消息，进一步提升了定制化的可能性。

代码 9-16

```
from langchain.memory import ConversationBufferMemory
memory = ConversationBufferMemory()
memory.save_context({"input": "你好"}, {"output": "你好，请问有什么事情吗"})
memory.load_memory_variables({})
```

输出结果如图 9-25 所示。

Out[16]: {'history': 'Human: 你好\nAI: 你好，请问有什么事情吗'}

图 9-25

在代码 9-17 中，我们还可以将历史记录作为消息列表获取（如果将其与 chat 模型一起使用将十分有效）。

代码 9-17

```
memory = ConversationBufferMemory(return_messages=True)
memory.save_context({"input": "你好"}, {"output": "你好，请问有什么事情吗"})
memory.load_memory_variables({})
```

输出结果如图 9-26 所示。

Out[17]: {'history': [HumanMessage(content='你好'), AIMessage(content='你好，请问有什么事情吗')]}

图 9-26

在代码 9-18 中，可以看到如何在 Chain 中使用它（设置 verbose= True 就可以看到提示）。

代码 9-18

```
from langchain.chains import ConversationChain
conversation = ConversationChain(
    llm=llm,
    verbose=True,
    memory=ConversationBufferMemory()
)
conversation.predict(input="你好")
```

运行结果如图 9-27 所示。

> Entering new ConversationChain chain...
Prompt after formatting:
The following is a friendly conversation between a human and an AI. The AI is talkative and provides lots of specif
ic details from its context. If the AI does not know the answer to a question, it truthfully says it does not know.

Current conversation:

Human: 你好
AI:

> Finished chain.

'你好！有什么我可以帮助你的吗？'

图 9-27

查看测试结果，这和直接调用 API 的区别是，它会帮你维护上下文，然后发给 Davinci-003。接着再运行，会发现 Prompt 变多了，可帮我们维护之前一次模型的回复，如代码 9-19 所示。

代码 9-19

```
conversation.predict(input="你能陪我聊聊天吗")
```

结果变化如图 9-28 所示。

```
> Entering new ConversationChain chain...
Prompt after formatting:
The following is a friendly conversation between a human and an AI. The AI is talkative and provides lots of specif
ic details from its context. If the AI does not know the answer to a question, it truthfully says it does not know.

Current conversation:
Human: 你好
AI: 你好! 有什么我可以帮助你的吗?
Human: 你能陪我聊聊天吗
AI:

> Finished chain.

'当然可以，我很乐意陪伴您聊天。请问您想聊些什么呢？'
```

图 9-28

2. ConversationBufferWindowMemory

在前述方法中，我们通过 ConversationChain 和 ConversationBufferMemory 实现了所有聊天记录的维护和 Prompt。这是最基础的实现版本，旨在使大模型能够进行对话。然而，这种方法存在一个严重问题，即会浪费 Token，因为它记录了所有的对话内容，不考虑其重要性。

如代码 9-20 所示，为了解决这个问题，我们引入了 ConversationBufferWindow Memory 模块。与之前的方法不同，ConversationBufferWindowMemory 仅记录最近的几次对话，而不是从开始就将所有对话都记录下来。换句话说，它相当于引入了一个窗口，只保留了最后 k 次对话。这样的设计对于维护一个滑动窗口中最近的交互十分有效，避免了缓冲区过度膨胀的问题。引入 ConversationBufferWindowMemory 模块不仅使得记录对话更加高效，而且能够更好地利用系统资源，提高了系统的整体性能。

代码 9-20

```
from langchain_openai import OpenAI
from langchain.chains import ConversationChain
conversation_with_summary = ConversationChain(
    llm=OpenAI(temperature=0),
    # 我们设置了一个 k=2，以便只在内存中保留最后 2 次交互。
    memory=ConversationBufferWindowMemory(k=2),
    verbose=True
)
conversation_with_summary.predict(input="你好，请问你是谁？")
```

```
conversation_with_summary.predict(input="可以简单介绍一下你自己吗？")
conversation_with_summary.predict(input="你能做哪些事情？")
conversation_with_summary.predict(input="失眠了该怎么办")
```

取最后一次 predict 的输出结果，如图 9-29 所示，请注意，这里没有出现第一次交互的记录。

> Entering new ConversationChain chain...
Prompt after formatting:
The following is a friendly conversation between a human and an AI. The AI is talkative and provides lots of specific details from its context. If the AI does not know the answer to a question, it truthfully says it does not know.

Current conversation:
Human: 可以简单介绍一下你自己吗？
AI: 当然可以。我是ChatGLM3-6B，一个由清华大学 KEG 实验室和智谱 AI 公司于[[训练时间]]共同训练的语言模型。我的目标是通过回答您的问题和要求来为您提供支持和帮助。由于我是一个人工智能助手，所以我没有自我意识，也无法感知世界。我只能通过分析我所学到的信息来回应您的问题。
Human: 你能做哪些事情？
AI: 我可以回答各种各样的问题，包括但不限于：

1. 提供有关科学、技术、数学等领域的知识和信息；
2. 帮助解决问题，例如提供计算结果、查询信息等；
3. 进行语言翻译；
4. 生成文本、图像、音频和视频等内容；
5. 进行自然语言处理，如文本分类、情感分析等。

需要注意的是，虽然我可以尝试回答您的问题，但我的知识有限，所以可能无法回答所有问题。如果您有具体的问题，欢迎随时向我提问。
Human: 失眠了该怎么办
AI:

> Finished chain.
'首先，我要说的是，失眠可能会影响到我们的日常生活和工作，所以解决失眠问题非常重要。关于失眠，有很多方法可以改善，下面是一些建议：'

图 9-29

3．ConversationSummaryBufferMemory

如代码 9-21 所示，最后是 ConversationSummaryBufferMemory。前面虽然加了窗口、节约了 Token，但容易丢失历史记录。ConversationSummaryBufferMemory 对前面的内容总结后做摘要。

ConversationSummaryBufferMemory 在内存中保留了最近交互的缓冲区，但它不只是完全刷新旧的交互，而是将它们编译成摘要并同时使用。它使用词元长度而不是交互次数来确定何时刷新交互。

代码 9-21

```
from langchain.chains import ConversationChain
conversation_with_summary = ConversationChain(
    llm=llm,
    # 为了进行测试，我们设置了一个非常低的 max_token_limit。
    memory=ConversationSummaryBufferMemory(llm=OpenAI(),
max_token_limit=40),
    verbose=True,
)
conversation_with_summary.predict(input="你好，请问你对人工智能的看法如
何？")
conversation_with_summary.predict(input="请帮助我写一些文档")
```

输出结果如图 9-30 所示。

```
> Entering new ConversationChain chain...
Prompt after formatting:
The following is a friendly conversation between a human and an AI. The AI is talkative and provides lots of specif
ic details from its context. If the AI does not know the answer to a question, it truthfully says it does not know.

Current conversation:
System: 当前的对话中，一个人工智能助手回答了另一个人的问题，表达了他对人工智能看法。他认为人工智能技术在当今社会有着广阔的应用前景和巨大
的潜力，可以提供各种领域的帮助，如智能客服、数据分析、医疗诊断等。尽管他也认识到人工智能技术可能带来的挑战，例如隐私保护和就业市场的变革，
但他对人工智能的未来发展仍然充满信心。此外，他还主动提出要为人类提供写作方面的建议和帮助。
Human: 你听说过LangChain吗
AI:

> Finished chain.
```

图 9-30

如代码 9-22 所示，继续询问，发现 conversation_with_summary 得到了更新。

代码 9-22

```
# 我们可以在这里看到对话的摘要，以及之前的一些互动
conversation_with_summary.predict(input="你听说过 LangChain 吗")
# We can see here that the summary and the buffer are updated
conversation_with_summary.predict(input="不，你把它混淆了，LangChain 是一
个大模型应用框架")
```

运行结果如图 9-31 所示。

```
> Entering new ConversationChain chain...
Prompt after formatting:
The following is a friendly conversation between a human and an AI. The AI is talkative and provides lots of specif
ic details from its context. If the AI does not know the answer to a question, it truthfully says it does not know.

Current conversation:
System: 当前的对话中，一个人工智能助手回答了另一个人的问题，表达了他对人工智能看法。他认为人工智能技术在当今社会有着广阔的应用前景和巨大
的潜力，可以提供各种领域的帮助，如智能客服、数据分析、医疗诊断等。尽管他也认识到人工智能技术可能带来的挑战，例如隐私保护和就业市场的变革，
但他对人工智能的未来发展仍然充满信心。此外，他还主动提出要为人类提供写作方面的建议和帮助。另外，他还介绍了LangChain，这是一款基于区块链技
术的语言模型，旨在解决跨语言交流中的障碍，预计未来将广泛应用于翻译行业。
Human: 不，你把它混淆了，LangChain是一个大模型应用框架
AI:

> Finished chain.

'非常抱歉，我确实把LangChain和应用框架混淆了。请允许我为您重新介绍LangChain。LangChain是一个基于区块链技术的语言模型，它采用了一种全
新的方式来处理自然语言。通过使用这种技术，LangChain能够实现实时翻译，并克服传统翻译行业的一些限制，比如 interpreted'
```

图 9-31

此时不再是以聊天的论述来记录我应该存多少，而是通过我最关心的 Token 的数量来实现缓冲区长度的保障。官网还有很多 Memory，都是针对不同的场景来实现 Memory 的手段。但是，核心其实就是积累方法的内容。如果是 Chat 类型的模型，则还可以针对不同的角色信息去进行添加分类。

整个 Memory 是一个高度自由的维护和大模型聊天内容的接口，它使得 Chain 有了更多的有状态的一些保障。之前的 Chain 是可观测和可组合的，现在是有状态的。我们有各种各样的手段去维护、保存和加载该状态。

9.5　Agents

9.5.1　理论

1. 流程图

对于 Agent，我们期待它不仅是执行任务的工具，还是一个能够思考、自主分析需求、拆解任务并逐步实现目标的智能实体。这种形态的智能体才更接近于人工智能的终极目标——AGI（通用人工智能），它能让类似于托尼·斯塔克的贾维斯那样的智能助手成为现实，服务于每个人。

正如上述 Agent 的相关概念，自然会衍生出多种实现 Agent 的应用开发范式。大模型的应用领域创新潜力巨大，其是否能够落地于实际在很大程度上取决于开发者对大模型的理解。LangChain 作为目前关注度极高的应用开发框架，通过不断的迭代发展出了一套趋于完整的 Agent 架构和开发模式。当然，在目前阶段，我们认为也只是 Agent 1.0 阶段，LangChain 提供给我们开发者的不仅是如何能够基于 LangChain 现有的设计去构建出某个 Agent，更多的是会激发我们的自主创新思维。

通过人们对 Agent 所能展现出来的能力来看，显然其设计理念与我们之前构建链路的方法会有明显的不同。Agent 之所以被设计出来，是因为其核心目的是解决复杂的应用问题。下面详细介绍在 LangChain 中如何设计 Agent，以及我们应该如何使用它。

工具可以是任何东西，如 API、函数、数据库等。工具允许我们扩展模型的功能，而不仅是输出文本/消息。将模型与工具结合使用的关键是正确提示模型并解析其响应，以便它选择正确的工具并为其提供正确的输入。

如图 9-32 所示，在 Chains 的抽象设计框架下，一条链路可以整合无限多个工具，利用大模型的能力去确定应调用哪个工具（Tool），以及如何从用户输入（Input）中提取执行特定工具所需的关键信息（Parser）。因此，使用 Chains 构建流程时，我们能够预设工具的使用顺序。其核心思想类似于传统的应用开发逻辑，只是将部分分析和处理流程自动化，交由大模型负责。可以说，整个链路中大模型的使用相对占比并不是特别高，但考虑到当前大模型输出的不稳定性，这种设计方法非常巧妙，其优势就在于使用 Chains 构建链路能够增强稳定性，有效控制每个处理环节，极大地降低错误发生的可能性，特别适用于相对固定的业务流程场景。

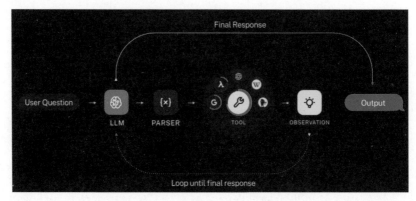

图 9-32

2．大模型的作用

大模型在整个链路中起到的作用如下。

（1）解析用户输入，以确定需执行的特定流程。

（2）当需调用外部工具时，从用户输入中提取关键信息。

（3）基于分析数据，输出最终结果。

因为当前流程无法识别到"执行两次查询并进行对比分析"这种更复杂一些的需求，所以这就是 Chains 构建链路存在的一个显著问题：当输入包含更为复杂的需求，比如需要连续执行相同的链路两次，随后进行综合分析时，该如何实现？

从本质上分析，Chains 的设计理念是一旦识别出用户意图，就按预设的流程顺序执行，这样的设计就势必会造成当前的这种现状。但这既是它的优势也是其劣势。优势：对于固定流程，Chains 的执行过程是非常稳定的。劣势：面对用户多样化的输入，一个输入可能需要多次调用函数，且所需执行的流程可能是不固定的，不必完全遵循既定逻辑就能完成任务。消除这种劣势的关键：首先需要一个可以智能分析用户的输入，然后按照用户的输入不断地执行，直到完成用户的全部需求的大脑，这个大脑就是 Agents。它更像人的大脑，是具备自定义分析处理能力的智能体。

因此，在 LangChain 框架中，当前端接收到的用户输入变得更加灵活，且后端处理流程非固定时，采用 Agents 来构建整个链路就会更加契合。Agents 的核心作用在于自动解析用户的意图，针对每个分解后的子任务，判断是否需要调用外部函数、调用次数，如何管理、存储中间结果及传递这些中间结果等复杂流程，就是 Agents 的主要任务。

以 LangChain 为例，如果没有代理人，则要把一系列的动作和逻辑"硬编码"到代码中，也就是 LangChain 的"链条"中。这种"硬编码"方法无法充分发挥大模型的推理能力或者智商。

而有了代理人（Agent）之后，大模型就可以成为一个"推理引擎"，不仅可以与我们进行"问答"交互，还可以调用一系列工具、API（程序接口）等，这样就能完成一些更加复杂的任务，并且由大模型自己去决定调用的顺序，灵活了很多。

9.5.2　快速入门

1. 创建一个 tool

首先，构建一个可供调用的工具。在这个实例中，我们将通过一个简单的函数来实例化一个自定义工具的创建过程。

利用@tool 装饰器是确立自定义工具最为直接的途径。该装饰器默认采用函数自身的名称作为工具名，但也可通过在参数中明确指定一个字符串来重写这个名称。此外，装饰器会采纳函数的文档字符串（Docstring）作为工具的描述信息，因此编写一个清晰的文档字符串是必要的。

代码 9-23 首先定义了一个名为 multiply 的函数，它接受两个整数作为参数并返回它们的乘积。通过应用@tool 装饰器，该函数被转换成一个工具，其名称、描述、参数信息可以通过直接调用.name、.description 和.args 属性获取。最后，通过.invoke 方法传递参数字典来执行工具的功能，并可打印出计算结果，输出的详细信息如图 9-33 所示。

代码 9-23

```
from langchain_core.tools import tool
@tool
def multiply(first_int: int, second_int: int) -> int:
    """执行两个整数的乘法运算"""
    return first_int * second_int
print(multiply.name)
print(multiply.description)
print(multiply.args)
multiply.invoke({"first_int": 4, "second_int": 5})
```

```
multiply
multiply(first_int: int, second_int: int) -> int - Multiply two integers together.
{'first_int': {'title': 'First Int', 'type': 'integer'}, 'second_int': {'title': 'Second Int', 'type': 'integer'}}

20
```

图 9-33

LangChain 作为广受开发者青睐的主流大模型中间件开源平台，凭借其蕴含的完整 Agent 设计理念赢得了广泛认可，特别是它提供的灵活且易于使用的 Function Call 开发框架。ChatGLM3-6B 模型在同级别的模型中以其卓越的

Function Call 能力脱颖而出。但遗憾的是，其训练与 LangChain 框架并未实现原生兼容，这引出了以下应用障碍。

（1）模型加载限制：LangChain 的当前 LLM 模型支持体系主要面向在线主流模型，如 ChatGPT、Bard、Claude 等，直接后果是 ChatGLM3-6B 模型无法直接融入 LangChain 生态系统中进行加载使用。目前，LangChain 已经初步解决了该问题。

（2）Function Call 功能障碍：由于 ChatGLM3-6B 模型的特定截断点机制与 LangChain 框架默认支持的规范存在差异，所以限制了其在 LangChain 框架内 Function Call 功能的顺畅应用。

（3）提示不匹配问题：LangChain 预封装的 Agent 提示策略与 ChatGLM3-6B 模型在 Function Call 任务上的需求并不吻合，导致在没有定制调整的情况下，难以有效驱动 ChatGLM3-6B 完成预期的 Function Call 任务，凸显了二者在设计上的不协调性。

为了演示目的，我们特别选用了 GPT-3.5-Turbo-0125 这一模型。该模型因其训练数据主要源于英文语料，故在处理英文方面表现出色。因此，在本次演示中，我们的提问也将采用英文来充分利用模型的这一优势，如代码 9-24 所示。

代码 9-24

```
from langchain_openai import ChatOpenAI
llm = ChatOpenAI(model="gpt-3.5-turbo-0125")
# 我们将使用 bind_tools 将工具的定义作为对模型的每次调用的一部分传入，以便模型可以在适当的时候调用该工具：
llm_with_tools = llm.bind_tools([multiply])
```

通过以上步骤，我们不仅配置了一个基于 GPT-3.5 Turbo 模型的对话模型，还通过 bind_tools 方法为其配备了先前定义的工具，实现了模型调用工具的功能集成，增加了处理复杂请求的能力。如代码 9-25 所示，当模型调用该工具时，它将显示在输出的 AIMessage.tool_calls 属性中。

代码 9-25

```
msg = llm_with_tools.invoke("whats 5 times forty two")
msg.tool_calls
```

```
[{'name': 'multiply',
  'args': {'first_int': 5, 'second_int': 42},
  'id': 'call_cCP9oA3tRz7HDrjFn1FdmDaG'}]
```

图 9-34

通过观察.tool_calls 的输出，可以追溯并理解模型调用工具的具体情况，进一步分析和评估模型处理复杂任务时的逻辑与效率，输出结果如图 9-34 所示。

现在，我们已经能够生成工具调用的指令，但关键在于如何将这些指令转化为实际的操作。要实现这一点，我们必须捕获生成的工具调用参数，并将其递交至我们的工具执行环境。以一个简化的场景为例，我们打算仅提取第一个 tool_calls 的参数来进行操作，代码 9-26 的输出结果为 92。

代码 9-26

```
# 引入必要的工具以辅助处理
from operator import itemgetter
# 创建一个处理链，该链负责首先提取 LLM 产生的第一个工具调用的参数，然后将这些参数
传递给 multiply 函数执行计算
chain = llm_with_tools | (lambda x: x.tool_calls[0]["arguments"]) |
multiply
# 调用链，提出问题："4 乘以 23 的结果是什么？"
chain.invoke("whats 5 times forty two")
```

2. 多工具协同

当面对明确的用户需求且已知所需工具及其调用顺序时，构建工具链无疑是一个高效的选择。然而，在某些应用场景下，工具的调用频次与顺序并非一成不变，而是依据每次输入的具体内容进行灵活调整。这时，我们寻求让 AI 模型自主判断，动态决定工具的调用策略。正是在这样的需求背景下，"代理"（Agents）概念应运而生，赋予我们这一能力。

如图 9-35 所示，LangChain 框架预置了多种代理设计，每种都针对特定场景进行了优化，以满足多样化的使用需求。其中，尤为突出的是"工具调用代理"（Tool Calling Agent），它因为其高度灵活性和普遍适用性，故被视为最稳定且广泛推荐的选项。它能够很好地适应那些需要模型动态管理和执行工具调用的复杂场景。

图 9-35

我们意识到大模型在处理数学问题时可能不具备最优性能，因此，为了增强它们在这方面的能力，如代码 9-27 所示，我们采取了策略，即通过定义一系列专门的数学辅助函数作为工具。这些函数旨在提升模型解决数学问题的准确性和效率，使之能更好地应对与数学相关的复杂查询和计算需求。

代码 9-27

```
# 定义加法工具
@tool
def add(first_int: int, second_int: int) -> int:
    """相加两个整数。"""
    return first_int + second_int
# 定义指数运算工具
@tool
def exponentiate(base: int, exponent: int) -> int:
    """将基数指数化为指定幂次方。"""
    return base ** exponent
# 创建工具列表
tools = [multiply, add, exponentiate]
# 创建工具调用代理
agent = create_tool_calling_agent(llm, tools, prompt)  # llm 为预设的大
模型实例，prompt 为调用时的提示模板
```

如代码 9-28 所示构建代理执行器，设置为详细模式以便于调试，使用代理可以提出需要任意多次使用我们的工具的问题。

代码 9-28

```
agent_executor = AgentExecutor(agent=agent, tools=tools, verbose=True)
# 执行的问题是：取 3 的 5 次方，乘以 12 和 3 的总和，然后将整个结果平方
agent_executor.invoke(
    {
        "input": "Take 3 to the fifth power and multiply that by the sum
of twelve and three, then square the whole result"
    }
)
```

输出结果如图 9-36 所示。

```
The result of taking 3 to the fifth power is 243.
The sum of twelve and three is 15.
Multiplying 243 by 15 gives 3645.
Finally, squaring 3645 gives 164025.
```

图 9-36

9.5.3 架构

1. Agent

Agent 扮演着决策者的角色，主导着接下来的行动进程，这一行为通常依托

于语言模型、精心设计的提示信息，以及输出解析逻辑的共同支持。各类代理在推理提示风格、输入数据的编码形式及输出处理方式上各具特色。欲了解更多内建代理的详尽清单，可参考代理分类指南。此外，为了满足特定需求，用户也能灵活地自定义代理以实现更深层次的控制。

（1）Agent 输入：将代理的输入数据构成为一种键值对形式，其中必不可少的一项是 intermediate_steps，它承载着前述的中间处理步骤信息。通常，这一系列步骤会经由 PromptTemplate 处理，被适配成最适宜语言模型（LLM）接收的格式实现进一步处理。

（2）Agent 输出：代理的输出则决定了下一步的具体行动指令或向用户反馈的终结响应，体现为 AgentAction 或 AgentFinish 的实例，或者它们的集合形式，即输出类型定义为 Union[AgentAction, List[AgentAction], AgentFinish]。这一输出结果的生成，得益于解析器的工作，它负责解读原始的 LLM 输出数据，并将其转换为上述三种标准形式之一，从而指导后续操作或完成交互流程。

2．AgentExecutor

AgentExecutor（代理执行器）构成了代理的实际运行环境，负责驱动代理的运作周期：选取行动、执行所选动作、收集行动结果反馈至代理，并基于此循环往复。简化的伪代码展示如代码 9-29 所示。

代码 9-29

```
next_action = agent.get_action(...)
while next_action != AgentFinish:
    observation = run(next_action)
    next_action = agent.get_action(..., next_action, observation)
return next_action
```

虽然这看起来很简单，但在运行时可以处理一些复杂问题。

（1）处理代理选择不存在的工具的情况。

（2）处理 Tool（工具）错误的情况。

（3）处理代理生成无法解析为工具调用的输出的情况。

3．Tools

工具代表了代理可激活的功能模块，实质上是可供调用的函数。其设计框架包含以下两个核心要素。

（1）输入架构：这是工具的接口说明，明确了 LLM 在调用该工具时必需的参数组合。清晰界定参数及其含义对于确保准确调用至关重要，要求参数命名直观且描述详尽。

（2）执行函数：即工具背后的实际运行逻辑，多体现为一段可执行的 Python 代码片段。它是工具功能的实现载体。

在设计工具时，以下两大核心原则不容忽视。

（1）权限与可达性：确保代理能够触及所有必要的工具。这意味着代理的"工具库"需精准配置，涵盖实现既定目标所需的全部功能模块。

（2）描述的精确性与友好性：对工具的表述需精准且易于理解，以便代理能无歧义地识别并高效利用这些工具。清晰的描述直接关系到代理任务执行的效率与准确性。

偏离上述准则将阻挠构建高效代理系统。缺乏合适的工具集限制了代理完成任务的能力；而工具描述的模糊，则会导致代理在应用这些工具时无所适从。

LangChain 内置了丰富的工具集，旨在加速开发进程，同时也便捷地支持用户自定义工具及个性化描述，提供高度灵活性。欲探索所有预置工具详情，可参考 LangChain 官方文档中的"工具集成"内容。

4．Toolkits

对于多种常见的业务场景和复杂任务需求，代理往往需要一套协同工作的工具集来共同完成目标。LangChain 为了满足这一需求，创新性地引入了"工具包"（Toolkits）的概念。每个工具包精心设计为一组 3～5 个工具，这些工具相互配合，旨在高效地解决某个特定领域的任务或达成一个明确的目标。例如，考虑到开源协作与项目管理的广泛需求，LangChain 设计了一套专为 GitHub 定制的工具包，该工具包内含一个专门用于在 GitHub 平台上搜索特定问题的工具，以快速定位项目中的待解决事项；一个读取 GitHub 仓库文件的工具，以方便获取项目文档或代码详情；一个用于在议题下方发表评论的工具，以促进团队间的交流与协作。这样的工具包设计，使得代理能够全方位、深层次地参与到特定平台的操作与管理中，大大增强了其在实际应用中的效能。

LangChain 不断丰富其生态系统，提供了一系列广泛且实用的入门级工具包，覆盖了多个领域与应用场景，旨在简化开发者的集成过程并加快项目部署。想要深入了解和探索 LangChain 所提供的全部内置工具包，可以查阅官方文档的"工具包集成"内容，其提供了详尽的列表与每个工具包的详细说明，为项目选型与集成提供有力支持。

5．Agent Type

按多个关键维度对现有的代理类型进行全面梳理与分类，有助于理解和选择最合适的代理应用于特定场景。

（1）代理型号：说明此代理是用于聊天模型（接收消息、输出消息）还是 LLM（接收字符串、输出字符串）。这主要影响的是所使用的提示策略。可以将代理与不同类型的模型一起使用，但可能不会产生相同质量的结果。

（2）支持聊天历史记录：这些代理类型是否支持聊天历史记录。如果是，则意味着它可以用作聊天机器人。如果否，则意味着它更适合于单个任务。支持聊天历史记录通常需要更好的模型，因此针对较差模型的早期代理类型可能不支持它。

（3）支持多输入工具：这些代理类型是否支持具有多个输入的工具。如果一个工具只需要一个输入，LLM 通常更容易知道如何调用它。因此，针对较差模型的几种早期代理类型可能不支持它。

（4）支持并行函数调用：LLM 同时调用多个工具可以大大加快代理的速度，无论是否有任务需要这样做。然而，LLM 要做到这一点，困难很多，因此某些代理类型不支持这一点。

（5）所需的模型参数：此代理是否需要模型支持任何其他参数。一些代理类型利用了 OpenAI 函数调用等需要其他模型参数的功能。如果不需要，则意味着一切都是通过提示完成的。

（6）何时使用：何时应该考虑使用这种代理类型。

各种代理类型的分类如图 9-37 所示。

Agent Type	Intended Model Type	Supports Chat History	Supports Multi-Input Tools	Supports Parallel Function Calling	Required Model Params	When to Use	API
Tool Calling	Chat	☑	☑	☑	`tools`	If you are using a tool-calling model	Ref
OpenAI Tools	Chat	☑	☑	☑	`tools`	[Legacy] If you are using a recent OpenAI model (`1106` onwards). Generic Tool Calling agent recommended instead.	Ref
OpenAI Functions	Chat	☑	☑		`functions`	[Legacy] If you are using an OpenAI model, or an open-source model that has been finetuned for function calling and exposes the same `functions` parameters as OpenAI. Generic Tool Calling agent recommended instead	Ref
XML	LLM	☑				If you are using Anthropic models, or other models good at XML	Ref
Structured Chat	Chat	☑	☑			If you need to support tools with multiple inputs	Ref
JSON Chat	Chat	☑				If you are using a model good at JSON	Ref
ReAct	LLM	☑				If you are using a simple model	Ref
Self Ask With Search	LLM					If you are using a simple model and only have one search tool	Ref

图 9-37

265

9.6 LangChain 实现 Function Calling

在 8.4 节中，我们初步探索了如何利用 GLM-4-9B-chat 模型的原生 Function Calling 能力来实现一个实用的天气查询工具。通过直接集成和调用外部函数，我们见识了大模型在处理特定任务时的强大灵活性和实用性。随着我们对 LangChain 框架深入学习的推进，本节将这一实践提升至新的层次，通过 LangChain 的高级功能对之前的 Function Calling 应用进行重构与优化。

9.6.1 工具定义

首先，需要定义一个或多个 Python 函数，如代码 9-30 所示，这些函数将作为模型可调用的外部功能。函数的输入和输出应当设计得能够与模型交互，通常是 json 兼容的数据结构。

代码 9-30

```
def get_weather(location: str) -> Dict[str, Any]:
    """示例函数：获取指定地点的天气信息"""
    # 实际应用中这里会调用真实的天气 API
    # 为了示例，我们简单模拟数据
    return {"location": location, "weather": "台风", "temperature":
"25°C"}


# 注册函数，使其可被 LangChain 识别
from langchain.agents import tool


@tool
def weather_tool(location: str) -> str:
    """工具包装器，使函数适配 LangChain"""
    weather_info = get_weather(location)
    return  f"{location} 的 天 气 是 {weather_info['weather']}， 温 度 为
{weather_info['temperature']}"
```

如代码 9-31 所示，设置一个 Agent，让它知道可以调用哪些函数。这通常通过 Agent 的配置或初始化时指定。

代码 9-31

```
# 将之前定义的函数工具添加到 Agent
tools = [
    Tool(
```

```
    name="Weather_Tool",
    func=weather_tool.run,  # 注意使用 run 方法
    description="根据地点获取天气信息。",
  )
]
```

9.6.2　OutputParser

在处理与大模型交互并利用它们生成的输出来驱动应用程序时，经常面临的一个挑战是确保模型输出格式的标准化与解析的一致性。特别是在使用 LangChain 这类框架构建复杂应用时，模型输出的正确解析是至关重要的。如在代码 9-32 中，CleanLLMOutputParser 正是针对这一挑战设计的一个自定义解析器类，它继承自 LangChain 框架的 BaseOutputParser，专为解决特定类型的输出污染问题，如不期望的类型注释混入实际数据输出中。

代码 9-32

```
from langchain.schema import BaseOutputParser
class CleanLLMOutputParser(BaseOutputParser):
    def parse(self, text: str):
        """
        自定义解析器以清理 LLM 输出中的类型注释并转换为期望的格式。
        """
        # 假 设 原 始 输 出 格 式 为  "Action: <action_name>\nInput: {key:
'value', ...}"
        lines = text.strip().split('\n')
        action = lines[0].replace("Action: ", "")
        raw_input = lines[1].replace("Input: ", "").strip()
        # 清理类型注释，这里简单替换可能会有局限性，根据实际情况调整
        cleaned_input = raw_input.replace("Union[str, Dict[str, Any]]",
"").replace("'", '"')
        try:
            input_data = json.loads(cleaned_input)
        except json.JSONDecodeError as e:
            raise ValueError(f"Failed to parse input part of LLM output:
{e}")

        return {"action": action, "input": input_data}
```

具体来说，CleanLLMOutputParser 的工作流程如下：首先，它接收来自大模型的原始输出文本，该文本可能包含了混合的行动指令与输入数据，但格式上存在干扰，比如意外包含了 Python 类型的注释，如 Union[str, Dict[str, Any]]。此类信息对于模型到应用程序的直接指令传递是无用的，甚至可能导致解析失败。

该解析器通过分割原始文本为多行，并提取出"Action"和"Input"部分，然后对"Input"部分进行清理，移除那些不期望的类型注释字符串，确保剩下的内容可以被正确识别为有效的 json 格式。通过使用 str.replace 方法，它简单直接地替换并清除这些干扰信息，尽管这种处理方式可能需要根据实际输出的多样性和复杂性进行适当调整。

随后，使用 json.loads 尝试将清理后的输入字符串转换为 Python 字典，这样就可以被后续的程序逻辑直接利用。如果转换过程中发生错误，例如输入数据仍不符合 json 格式要求，则解析器会抛出 ValueError 异常，明确指出解析输入部分失败，便于开发者定位和修正问题。

因此，CleanLLMOutputParser 通过针对性的文本处理逻辑，有效地解决了特定场景下的 LLM 输出解析难题，提高了应用系统的健壮性和模型输出的利用率，是保障基于大模型应用顺利运行的重要组件之一。

9.6.3　使用

代码 9-33 展示了如何利用 LangChain 的 Agent 能力来进行天气查询。与 ChatGLM3 原生的 Function Calling 相比，LangChain 提供了更强大的功能和灵活性。LangChain 不仅简化了工具的注册和调用过程，还通过其统一的接口和丰富的功能特性，提高了代码的模块化和可维护性。特别是，通过使用 ZeroShotAgent 和设置 handle_parsing_errors=True，LangChain 可以自动处理和纠正模型的错误输出，确保工具调用的健壮性和稳定性。此外，LangChain 的 Agent 还支持复杂的任务分配和管理，使得我们的应用能够更高效地处理多种任务，进一步增强了系统的智能性和适应性。

代码 9-33

```
# 初始化 LLM
endpoint_url = "http://10.1.36.75:8000/v1/chat/completions"
llm = ChatGLM3(
    endpoint_url=endpoint_url,
    max_tokens=80000,
    top_p=0.9,
)
# 初始化 Agent，这里以 ZeroShotAgent 为例
agent = initialize_agent(tools, llm, agent="zero-shot-react- description",
verbose=True,output_parser=CleanLLMOutputParser,handle_parsing_error
s=True)
query = "请问北京的天气如何？"
response = agent.run(query)
print(response)
```

运行结果如图 9-38 所示，可以看到工具使用正常。

```
> Entering new AgentExecutor chain...
Action: Weather_Tool
Action Input: '北京'
Observation: '北京'的天气是台风，温度为25°C
Thought:Final Answer: 北京的天气是台风，温度为25°C

> Finished chain.
北京的天气是台风，温度为25°C
```

图 9-38

9.7　本 章 小 结

　　本章深入介绍了 LangChain 的理论与实战应用。本章全面介绍了 LangChain 的整体概念及其意义，揭示了其在语言模型链路中的重要性和应用前景；详细讨论了 LangChain 的整体架构，包括 Model I/O 的设计与实现，涵盖 LLMs、Chat Models、Prompt Template 的应用场景和实践方法，以及如何接入本地 GLM 模型的具体步骤和实战经验；深入解析了 Chain 和 Memory 的基础概念，讨论了常用的 Chain 和 Memory 技术，帮助读者理解如何在 LangChain 中有效地管理和应用信息链和记忆功能；介绍了 Agents 的理论基础、快速入门和架构设计，以及如何实现 Function Calling 在 LangChain 中的具体实现步骤，包括工具定义、OutputParser 的使用方法和实际应用。本章内容翔实，为读者提供了深入理解和实际操作 LangChain 的全面指南与技术支持。

第 10 章 实战：垂直领域大模型

从当前的发展趋势来看，垂直领域大模型在未来的发展潜力将超过通用大模型。这主要有两方面的原因：一方面，通用大模型如 GPT-4 已经成为一个难以逾越的巨大屏障；另一方面，自主研发通用大模型的成本极高，超出了大多数公司的负担能力。

因此，各类企业自然而然地倾向于选择投身于垂直领域大模型的竞争。本章将结合之前提到的 Prompt 工程、模型微调、RAG 知识库、MySQL 数据库和联网查询等技术，来实现一个专注于特定行业的领域大模型。这种模型不仅能够根据行业特定的数据和需求进行定制化微调，还能通过动态更新的知识库和数据库查询，实时获取最新的行业信息和解决方案。这种专注于垂直领域的大模型能够更精准地满足行业内部的复杂需求，提升工作效率和业务创新能力。

10.1 QLoRA 微调 GLM-4

使用 QLoRA 是为了让绝大多数个人开发者或者小公司用一块 16GB 的显卡就能体验到大模型的新生产力。从 Transformers 库的使用开始，大家越来越熟练地接受这一套大模型时代的开发库，如 Transformers 库、PEFT 库。这已经成了最主流的方法。并且，我们只要记住流程，几乎就能训练微调所有的模型，只是需要根据具体任务来调节其中的某些环节。

PEFT 库的核心是基于 Transformers 库，专门做了一个封装，叠加了一层更高层次的抽象。但是，无论如何去抽象，微调模型时只需要三步。第一步：准备数据。第二步：训练模型。第三步：模型推理。这三步的细节会有一些不同。对于更加具体的任务，无非是换数据、换模型和换微调的方法。

第 4 章的实战：全量微调模型中没有 PEFT 库的量化的部分。现在，我们进行高效微调时，大部分步骤是不变的，只是一点一点往里面加 QLoRA 部分，之后如果想进行分布式训练，则也是在这个基础上再加一些其他处理。

接下来基于私有数据集，展示了完整的 QLoRA 微调流程。

10.1.1 定义全局变量和参数

代码 10-1 定义全局变量和参数。此代码主要为准备阶段，它配置了使用

QLoRA 方法微调 GLM-4-9B-chat 模型所需的各种参数和数据路径，包括模型的基本信息、数据处理的输入/输出路径、微调超参数设置，以及计算时的数据类型选择，为后续的模型微调流程奠定了基础。

代码 10-1

```
# 设置基础参数
model_name_or_path = "/home/egcs/models/glm4-9b-chat"
# 指定预训练模型 ID 或本地路径
peft_model_path = f"models/demo/{model_name_or_path}"
# 定义 QLoRA 微调后模型的保存路径
# 数据相关路径配置
input_csv_file = '/home/egcs/datasets/data/keyword_discription.csv'
# 关键词描述 CSV 文件路径
output_csv_file = '/home/egcs/datasets/data/train_data.csv'
# 处理后的训练数据输出 CSV 文件路径
source_file = '/home/egcs/datasets/data/question_answer.csv'
# 原始问答数据文件路径
destination_file = '/home/egcs/datasets/data/train_data.csv'
# 处理后用于训练的数据文件路径
train_data_path = destination_file          # 确定训练数据的最终路径
# 设置随机种子以确保实验可复现性
seed = 8
# 模型输入/输出长度限制
max_input_length = 512           # 设定输入文本的最大序列长度
max_output_length = 1536         # 设定输出文本的最大序列长度
# QLoRA 微调配置参数
lora_rank = 16                   # LoRA 的秩，影响模型大小和压缩率
lora_alpha = 32                  # LoRA 的 alpha 值，控制 LoRA 层的大小
lora_dropout = 0.05              # LoRA dropout 比率，用于正则化以防止过拟合
prompt_text = ''                 # 预设的指令或提示文本，每个样本前缀
# 计算过程中的数据类型设定
compute_dtype = 'fp32'
# 指定模型计算中的数据类型，可选 fp32、fp16 或 bf16 以平衡精度与效率
# 验证数据路径配置
eval_data_path = None            # 验证数据 CSV 路径，若未指定则默认不使用验证
```

10.1.2　红十字会数据准备

1. 数据集构造流程

绝大多数读者都想在私有化环境中部署 GLM-3，并且模型还是在自己的私有化数据上部署。因此，需要着重强调准备数据的事情。

之前的数据集都是来自 Huggingface Hub 的网络公有数据集。关键问题：数据如何生成？如何构造数据？构造数据的过程能否自动化？数据增强能否自动化？

如图 10-1 所示，典型的训练数据集的构造流程分为三步骤。第一步：找到合适的数据源（原始数据，原始平台的数据格式）。第二步：将数据源中的数据转化为数据样例中的格式，因为数据源中的数据格式无法直接用于训练，而真正进行训练的其实是一条一条的数据样例，类似于中间样例的形式（Prompt+Response）。第三步：借用 Transformers 库中的库，将多条数据样例经过封装构成了数据集，此时就可以用 Transformers 库的生态来进行模型训练。

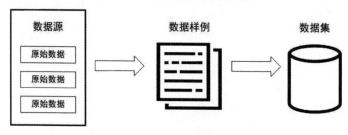

图 10-1

在我们用私有数据对 Chat 类型的模型进行微调时，往往是希望它在学习私有数据之后，能够更好地与人类进行对话式人机交互，所以归根结底还是希望实现私有化智能问答。

在本实战中，我们将展示两种不同的数据处理方式：keyword 名词解析类和 question-answer 问答类数据。

2. 数据类型

在大模型微调领域中，为了提升模型在特定任务上的表现力和准确性，采用高质量的私有化数据进行训练是至关重要的一步。通常，精心设计这些数据集，以涵盖目标应用场景中的关键要素。具体而言，用于微调的私有化数据集大致可以分为以下两大类别，每种类别针对模型的不同能力提升需求而定制。

（1）名词解析类数据集。

名词解析类数据集主要聚焦于增强模型理解和处理专有名词、行业术语或特定概念的能力。这类数据集包含大量关于特定名词的定义、属性、关联实体等信息，通过丰富的上下文环境帮助模型学习如何准确识别和解释这些名词。例如，在医疗健康领域中，数据集可能包括各种疾病名称、药物名称及其作用机理的描述；在金融科技场景下，则可能涉及金融产品、经济指标及其影响因素的解析。通过这样的微调，模型能够更精准地理解用户查询中的专业词汇，提供更为贴切和专业的反馈。医疗急救类的名词解析类数据集如图 10-2 所示。

（2）问答类数据集。

问答类数据集则侧重于提升模型的对话理解与生成能力，尤其是解决实际问题、提供信息查询或完成特定任务的能力。这类数据集由大量的问题-答案对组成，问题覆盖了广泛的主题和难度级别，从简单事实查询到复杂推理问题不等。例如，数据集中可能包含用户对于产品功能的询问与详尽解答、历史事件的起因后果分析，以及基于特定情境的决策建议。通过此类数据的训练，模型不仅学会直接回应用户的查询，还能在必要时进行深度推理，生成连贯、准确且富含信息量的回答，从而极大地增强了用户体验和交互的自然流畅度。医疗急救类的问答类数据集如图 10-3 所示。

	A	B
1	keyword	discription
2	院前急救	是指承担院前医疗急救任务的医疗机构按照急救医疗指挥机构的指挥调度，在患者送达医疗机构救治前开展的以现场抢救、转运途中紧急救治以及监护为主的医疗活动。
3	社会公众急救	是指在突发事件或者意外伤害现场，社会组织和个人及时救护患者的行为。
4	黄金急救4分钟	通常情况下，人的大脑和心脏在心脏骤停发生后，超过4分钟无血氧供给，脑部神经细胞将发生不可逆、不可修复的损伤，4分钟内给予患者心肺复苏或有效除颤，可有效恢复患者自主呼吸和自主循环，及时挽救患者生命。因此，4分钟急救时间被视为黄金急救周期。
5	AED	AED(Automnateo External Defibriator，自动体外心脏除颤器)，是一种可被非专业人士使用的用于抢救心脏骤停患者的便携式医疗设备，可以通过电击除颤，挽救心脏骤停患者的生命，被称为"救命神器"。

图 10-2

	A	B
1	question	answer
2	你知道国内中大型城市120急救平均达到时间是多长吗?	据行业部门统计，以广州市区为例，平均达到急救现场时间＞15分钟。
3	半自动AED与自动AED有区别吗?	有区别，但没有所谓性能先进或急救效果更好之分。从产品法定注册证上有半自动体外除颤器AED，或自动体外除颤器AED。两者的主要差异，是操作电击的方式不同，半自动AED在设备识别需要除颤时，在设备提示下由人工按下电击键实施放电。自动AED则在设备识别需要除颤时，在设备提示下自动由设备实施电击。根据行业应用经验，公共场所及非专业医疗人员，使用半自动AED更安全。
4	AED针对什么病患者使用?	对心脏骤停患者，或对无反应、无呼吸、无脉搏的疑似心脏骤停患者进行体外除颤治疗。
5	AED可以给儿童（8岁或25KG以下）使用吗?	不是所有AED都能供给儿童病患者使用，要看AED的技术规格是否满足儿童使用要求。一般会在产品说明书或产品技术规格文档中说明。满足儿童除颤的AED，也需要遵循设备对儿童的除颤操作，比如除颤电极片的张贴位置通常情况下有别于成人的体位。儿童除颤电极片的张贴位置采用前胸后背的方式，同时使用儿童电极片或儿童成人通用除颤电极片。

图 10-3

名词解析类数据集和问答类数据集在大模型微调中扮演着互补的角色，前者专注于深化模型的领域知识和专有名词理解，后者则致力于优化模型的对话交互和问题解决能力。两者结合使用，能够有效推动模型综合性能的提升，使其在面对复杂多变的实际应用场景时更加游刃有余。

3. 数据增强

针对 keyword 类数据可以进行数据增强，构造多样化的提问方式，保存到 CSV 中。这是在数据不够的情况下的标准操作，比如在计算机视觉中通过给同一幅图片加背景噪声，增加到图片上的不同位置，或者旋转图片，这些都是数据增强方法。这是模型训练中的标准必备操作。对 Prompt 使用一些简单的数据增强方法，以便更好地收敛。

代码 10-2 定义了一个函数 get_prompt_response，其目的是为给定的关键词生成一组多样化的提问模板，并为每个模板配对上相同的描述信息，以便在后续的微调过程中丰富模型对关键词的语境理解。这有助于提升模型在面对不同问法时，都能准确把握关键词并给出相关回答的能力，是 QLoRA 微调 GLM-4-9B-chat 模型数据预处理的一部分。

代码 10-2

```python
def get_prompt_response(keyword, description):
    """
    该函数根据给定的关键词(keyword)和描述(description)，生成一系列带有关键词
的询问模板(prompt)与描述的配对。
    这些模板旨在模拟不同情境下对关键词的询问，增加模型对关键词理解的多样性，从而在
微调时能更好地学习到关键词相关的上下文信息。
    参数:
    - keyword (str): 需要构建问题的关键词。
    - description (str): 与关键词相关的描述或解释信息。
    返回:
    - question_summary_pairs (List[Tuple[str, str]]): 由问题模板和其对应
的描述组成的配对列表。
    """
    # 定义一组包含关键词的提问模板，覆盖不同问法
    prompt_templates = [
        f'{keyword}',                  # 直接使用关键词
        f'你知道{keyword}吗?',          # 询问是否了解
        f'{keyword}是什么? ',           # 基础询问定义
        f'介绍一下{keyword}',           # 请求简介
        f'你听过{keyword}吗?',          # 询问是否听说
        f'啥是{keyword}? ',             # 口语化询问
        f'{keyword}是何物? ',           # 文言文风格询问
        f'何为{keyword}? ',             # 另一种文言文表达
        f'{keyword}代表什么? ',         # 询问代表意义
        f'请解释一下{keyword}',         # 请求详细解释
        f'请描述一下{keyword}的含义',   # 请求描述含义
    ]
    # 为每个模板生成问题-描述对，并返回这个列表
    question_summary_pairs = [(prompt, description) for prompt in
prompt_templates]
    return question_summary_pairs
```

代码 10-3 打开原始数据集 keyword_discription.csv 文件进行数据增强，将增强后的结果写入新的 CSV 文件。

代码 10-3

```python
# 导入 csv 模块，以便处理 CSV 文件
import csv
# 使用 with 语句同时打开输入 CSV 文件（用于读取）和输出 CSV 文件（用于写入）
# 设置 mode='r' 表示以读取模式打开输入文件，'w' 表示以写入模式打开输出文件
# newline='' 防止在不同操作系统间产生额外的空行问题，encoding='utf-8' 确保正确
处理中文等非 ASCII 字符
with open(input_csv_file, mode='r', newline='', encoding='utf-8') as
input_file, \
    open(output_csv_file, mode='w', newline='', encoding='utf-8') as
output_file:
    # 创建 csv 阅读器来读取输入 CSV 文件的内容
    csv_reader = csv.reader(input_file)
    # 创建 csv 写入器来写入处理后的内容到输出 CSV 文件
    csv_writer = csv.writer(output_file)
    # 写入新 CSV 文件的表头，定义了输出 CSV 文件的结构
    csv_writer.writerow(['prompt', 'response'])
    # 跳过输入 CSV 文件的第一行（通常是表头）
    next(csv_reader)
    # 遍历 csv_reader 中剩余的每一行
    for row in csv_reader:
        # 假设 get_prompt_response 是一个自定义函数，它接收原始的行数据并返回处
理后的新行数据
        # 这里应该根据 QLoRA 方法对数据进行特定的预处理或转换
        new_rows = get_prompt_response(row[0], row[1])
        # 将 get_prompt_response 处理后得到的所有新行写入输出 CSV 文件
        for new_row in new_rows:
            csv_writer.writerow(new_row)
```

上述代码的功能是读取一个原始的 CSV 文件，对其中的数据按照 QLoRA 方法的要求进行预处理（这部分逻辑在 get_prompt_response 函数中，但未在该代码中定义），然后将处理后的新数据写入一个新的 CSV 文件中，以供后续使用 GLM-4-9B-chat 模型进行微调。

4．整合数据

补充 train_data.csv：对于 question_answer 类数据可以合并到 train_data.csv 方便训练，如代码 10-4 所示。

代码 10-4

```python
# 定义一个函数 append_csv_data，用于将一个 CSV 文件的数据追加到另一个 CSV 文件末尾
def append_csv_data(source_file, destination_file):
```

```
    # 使用 with 语句打开源 CSV 文件用于读取，确保文件正确关闭
    with open(source_file, 'r', newline='', encoding='utf-8') as source_
csvfile:
        # 创建 csv 阅读器读取源文件内容
        csv_reader = csv.reader(source_csvfile)
        # 跳过源文件的表头行
        next(csv_reader)
        # 读取源文件剩下的所有行并存入 list
        data_to_append = list(csv_reader)

    # 使用 with 语句打开目标 CSV 文件用于追加写入，同样确保文件操作安全
    with open(destination_file, 'a', newline='', encoding='utf-8') as
dest_csvfile:
        # 创建 csv 写入器
        csv_writer = csv.writer(dest_csvfile)
        # 将读取的数据一次性写入目标文件的末尾
        csv_writer.writerows(data_to_append)
# 调用函数，将'source.csv'文件的数据追加到'destination.csv'的末尾
append_csv_data(source_file, destination_file)
```

上述代码定义了一个名为 append_csv_data 的函数，它的作用是将一个 CSV 文件（source_file）中的数据（不包括表头）追加到另一个 CSV 文件（destination_file）的末尾。在执行过程中，首先读取源文件的数据并跳过表头，将剩余行读入一个列表中；然后，打开目标文件以追加模式写入数据，将源文件中的数据一次性写入目标文件的末尾；最后，通过指定源文件和目标文件的具体路径，并调用此函数实现了将一个 CSV 数据追加到另一个 CSV 文件的功能。

下面使用代码 10-5 加载本地数据集。此段代码的主要作用是从本地 CSV 文件加载数据集，使用 Huggingface 的 Datasets 库中的 load_dataset 函数，以 CSV 格式指定数据文件路径（通过变量 train_data_path 指定），并初始化一个数据集对象。

代码 10-5

```
# 从 Datasets 库中导入 load_dataset 函数，该库用于加载多种类型的数据集，包括本地
文件或在线数据集。
from datasets import load_dataset
# 使用 load_dataset 函数加载 CSV 类型的本地数据集。参数"data_files"接收一个文
件路径，这里是之前定义的 train_data_path 变量，
# 指向待加载的 CSV 训练数据文件路径，以此来读取数据并创建一个数据集对象。
dataset = load_dataset("csv", data_files=train_data_path)
# 打印出加载的数据集信息，通常会展示数据集的结构、划分（如'train', 'test',
'validation'），以及每部分的样本数量。
```

```
# 这有助于确认数据是否正确加载，以及了解数据集的基本构成。
print(dataset)
```

之后，通过打印这个数据集对象，可以查看其基本信息，如图 10-4 所示，确认数据是否被正确加载及了解数据集的大致结构。这是微调模型前数据预处理的一部分，确保数据准备就绪。

```
0%|          | 0/1 [00:00<?, ?it/s]
DatasetDict({
    train: Dataset({
        features: ['prompt', 'response'],
        num_rows: 86
    })
})
```

图 10-4

代码 10-6 定义了一个函数 show_random_elements，其作用是从给定的 dataset（数据集）中随机选取 num_examples 个样本，并以易于阅读的表格形式展示这些样本。特别是，它会处理分类标签（ClassLabel）和序列中的分类标签，将数字编码转换为实际的标签名称，以提高输出的可读性。此函数对于快速检查数据集内容，尤其是在进行数据预处理或模型训练前验证数据质量时非常有用。

代码 10-6

```python
# 导入所需库和模块
from datasets import ClassLabel, Sequence  # 用于处理分类标签的数据类型
import random  # 用于生成随机数
import pandas as pd  # 用于数据处理和分析
from IPython.display import display, HTML  # 用于在 Jupyter Notebook 中
显示富文本格式的数据
# 定义函数 show_random_elements 以展示数据集中的随机元素
def show_random_elements(dataset, num_examples=10):
    # 确保请求展示的样本数不超过数据集大小
    assert num_examples <= len(dataset), "选择的 num_examples 超过了数据
集大小"
    picks = []  # 初始化一个空列表来存放随机选取的索引
    # 生成不重复的随机索引列表
    for _ in range(num_examples):
        pick = random.randint(0, len(dataset)-1)
        while pick in picks:  # 确保所选索引唯一
            pick = random.randint(0, len(dataset)-1)
        picks.append(pick)
    # 使用 pandas DataFrame 展示选中的数据子集
    df = pd.DataFrame(dataset[picks])
    # 遍历数据集特性列，处理分类标签，使其更具可读性
    for column, typ in dataset.features.items():
        if isinstance(typ, ClassLabel):  # 对于 ClassLabel 类型，转换索引为
标签名
            df[column] = df[column].transform(lambda i: typ.names[i])
```

```
        elif isinstance(typ, Sequence) and isinstance(typ.feature, ClassLabel):  # 对于 Sequence 中的 ClassLabel，转换每个元素索引为标签名
            df[column] = df[column].transform(lambda x: [typ.feature.names[i] for i in x])
    # 在 Jupyter Notebook 中以 HTML 格式展示 DataFrame
display(HTML(df.to_html()))

# 调用前面定义的 show_random_elements 函数，展示数据集"train"部分中的 5 个随机样本。
# 这有助于快速了解训练数据集的内容和结构。
show_random_elements(dataset["train"], num_examples=5)
```

展示的结果如图 10-5 所示。利用前面定义的 show_random_elements 函数，从数据集的"train"子集中随机选取 5 个样本，并以 HTML 表格形式展示这些样本，以便于直观地检查训练数据的特征和质量。

```
In [7]: show_random_elements(dataset["train"], num_examples=5)
```

	prompt	response
0	社会公众急救是什么?	是指在突发事件或者意外伤害现场，社会组织和个人及时救护患者的行为。
1	社会公众急救	是指在突发事件或者意外伤害现场，社会组织和个人及时救护患者的行为。
2	多大范围要配置一台AED?	理论上AED的配置范围要符合4分钟的黄金救援响应时间。在配置AED时也要考虑人口密度、人口流量、分布距离等影响因素，要以第一目击者能够在3~5分钟之内获取AED并赶到患者身边为原则。在人员密集的场所，建议直线距离100-200米范围内配置1台AED。
3	AED坏了能修吗？	作为专业的医疗器械AED是不建议维修的，部分厂家会有承诺，非人为损坏，免费更换新机，即便申请维护，也要从正规的医疗器械公司透过厂家提供维修服务来保证设备维修后的质量保证。
4	国产AED质量如何？	国产AED经过近前的发展与临床，获得国家注册许可的机型质量是有保障的。

图 10-5

代码 10-7 定义 tokenize_func 的作用是对每个 example 进行处理，对输入内容文本进行 encode 处理。返回的形式是 input_ids 和 labels。

代码 10-7

```
# 定义一个名为 tokenize_func 的函数，用于对单个数据样本进行预处理，以便于微调模型使用 QLoRA 方法。
def tokenize_func(example, tokenizer, ignore_label_id=-100):
    """
    此函数接收一个包含问题描述和答案的样本（example），使用提供的 tokenizer 进行 tokenize 处理，
    并根据指定的最大输入/输出长度进行适当截断，最后构造模型训练所需的'input_ids'和'labels'格式。

    参数:
    - example (dict)：每个样本的字典，包含'prompt'（问题提示）、'input'（可选的附加输入信息）和'response'（答案）。
    - tokenizer (transformers.PreTrainedTokenizer)：用于将文本转换为模型所需 token 的 tokenizer 对象。
```

- ignore_label_id (int, 可选)：用于填充标签中不需要模型学习的部分的特殊 ID，默认为-100。

返回：

一个字典，含有两个键：

- 'input_ids'：模型型的输入序列，包括问题和答案的 token IDs 以及特殊 token（如开始和结束）。

- 'labels'：对应的标签序列，问题部分用 ignore_label_id 填充，答案部分与 input_ids 相同，用于自回归任务训练。
```
"""
```

```python
# 构造完整的问题文本，包括预设的 prompt 和样本中的问题及可能的额外输入
question = prompt_text + example['prompt']
if 'input' in example and example['input']:
    question += f'\n{example["input"]}'

# 获取答案文本
answer = example['response']

# 分别对问题和答案进行 tokenize
q_ids = tokenizer.encode(question, add_special_tokens=False)
# 不自动添加 special tokens
a_ids = tokenizer.encode(answer, add_special_tokens=False)

# 确保 token 序列长度不超过预设的最大长度，必要时进行裁剪裁
q_ids = q_ids[:max_input_length - 2] if len(q_ids) > max_input_length
- 2 else q_ids
a_ids = a_ids[:max_output_length - 1] if len(a_ids) > max_output_
length - 1 else a_ids

input_ids = q_ids + a_ids
    # 计算问题部分的总长度（包括[CLS]和[SEP]）
    question_length = len(q_ids) + 2

    # 构建标签序列，问题部分使用 ignore_label_id 填充，答案部分与 input_ids 相同（除了开头的 ignore 部分）
    labels = [ignore_label_id] * question_length + input_ids[question_
length:]

    # 返回处理后的样本，准备用于模型训练
    return {'input_ids': input_ids, 'labels': labels}
```

上述代码段定义了一个 tokenize_func 函数，其目的是对每个训练样本进行预

处理，包括文本的 token 化、长度截断，并按照 QLoRA 微调的需求构建模型输入格式（input_ids 和 labels）。通过该函数，可以将原始文本数据转化为模型可以直接训练的形式，特别适用于模型在特定问答场景下的微调任务。

代码 10-8 的功能是，将原始的训练数据集 dataset['train'] 中的每个样本通过自定义的 tokenize_func 函数进行转换。这个函数负责将文本数据转换成模型可以接受的 token 形式，并根据 QLoRA 方法构造输入（input_ids）和标签（labels）数据。通过 map 方法应用这一转换时，对每个样本独立操作（而非批量处理），这是因为 tokenization 通常需要逐样本进行以保持序列的独立性。转换后，原始的列（比如问题和答案列）因为已经整合进新的 token 化格式中，所以从数据集中被移除。这样处理后的数据集 tokenized_dataset 就准备好用于微调 GLM-4-9B-chat 模型了。

代码 10-8

```
# 获取训练数据集的列名，以便稍后从数据集中移除它们
column_names = dataset['train'].column_names
# 使用 map 函数遍历训练数据集中的每个样本，并应用自定义的 tokenize_func 函数进行
预处理
# 参数 batched=False 表示对数据集中的每个样本单独处理，而不是批量处理，这对于
tokenization 通常更合适
# remove_columns 参数指定了处理后要从数据集中移除的原始列名，因为它们已被转换为
'tokenized_input_ids'和'labels'
tokenized_dataset = dataset['train'].map(
    lambda example: tokenize_func(example, tokenizer),  # 对每个样本应用
tokenize_func
    batched=False,  # 单样本处理
    remove_columns=column_names  # 处理后移除原始列
)
```

执行代码 10-9，这两行代码的作用分别是：首先，通过设定随机种子 seed 对 tokenized_dataset 中的样本进行随机排序，以打乱数据集的顺序，这一步骤有助于模型训练时避免过拟合，提升模型的泛化能力；然后，通过调用 flatten_indices() 方法对数据集进行展平处理，如果有任何内部的嵌套结构（比如，源于批处理或数据分片），这个操作会消除这些结构，使得数据集索引变得连续且扁平，便于后续的统一处理和迭代，特别是在准备数据送入模型进行训练的过程中。

代码 10-9

```
# 使用指定的随机种子（seed）对已转换为 token 的样本进行随机排序，以打乱数据集顺序，
有助于模型训练时的泛化能力
tokenized_dataset = tokenized_dataset.shuffle(seed=seed)
# 调用 flatten_indices 方法对数据集进行展平处理，如果数据集中存在嵌套结构（例如，
```

由于批处理或分片导致的），此步骤会将其简化为一维索引结构，
确保在后续处理或迭代过程中逻辑的一致性和简化流程，特别是在将数据送入模型训练前的准备工作。

```
tokenized_dataset = tokenized_dataset.flatten_indices()
```

　　数据整理器（Data Collator）是 Transformers 库中的一个关键组件，专门用于批量处理数据，以便于模型训练。它的工作是，在每次迭代时，将训练集中的多个独立样本整合成一个固定大小的批次（batch）。尽管在许多情况下可以直接使用 Transformers 库提供的默认数据整理器，但针对特定模型如 GLM-4-9B-chat，由于其特有的数据格式和需求，我们需自定义一个数据整理器来实现更精确的处理。

　　这个自定义数据整理器的核心任务如下。

　　（1）长度调整：确保所有批次中的样本在长度上对齐，对于过短的样本进行填充（padding），对于过长的样本进行截断处理，以匹配预设的最大长度限制。

　　（2）忽略标签处理：明确指定一个特定的 ID（通常为负值，如-100），用于标记那些在填充过程中新增的、模型应忽略的标签部分，以避免在训练中计入损失计算。

　　因此，在自定义数据整理器时，务必明确指出以下内容。

　　（1）填充 token ID：用于数据填充的特定 token 标识。

　　（2）最大长度限制：单个批次或样本允许的最大序列长度，以控制模型输入大小和计算资源消耗。

　　（3）忽略标签 ID：在标签序列中用于填充部分的标识，确保模型训练时能正确区分有效信息与填充内容。

　　如代码 10-10 所示，通过细致定义这些参数，自定义的数据整理器能够有效优化 GLM-4-9B-chat 模型的训练流程，确保数据处理既符合模型需求又高效合理。

代码 10-10

```
import torch
from typing import List, Dict, Optional
# 定义一个名为DataCollatorForChatGLM的类，该类用于处理数据批次，专为 GLM 模型
设计，负责批量数据的填充、截断等预处理工作。
class DataCollatorForChatGLM:
    """
    此类的主要职责是将多个独立样本（已转换为 token 形式的输入数据）整合成一个批量
数据，适用于 GLM 模型训练，
    包括适当的填充处理以保持批量内样本长度一致，并处理标签数据，使之适配模型训练要求。
    """
    # 初始化方法，设置 DataCollator 的必要参数，包括填充 token 的 ID、最大批量数
据长度限制，以及用于标签填充的 ID。
    def __init__(self, pad_token_id: int, max_length: int = 2048,
ignore_label_id: int = -100):
```

```
        self.pad_token_id = pad_token_id # 用于 padding 的 token ID
        self.ignore_label_id = ignore_label_id # 标签中的填充 ID
        self.max_length = max_length # 批次处理的最大长度
```

　　# __call__方法定义了处理一批数据的具体操作，输入为包含多个样本的字典列表，每个字典含有'input_ids'和'labels'键。

```
    def __call__(self, batch_data: List[Dict[str, List]]) -> Dict[str,
torch.Tensor]:
        # 计算每个样本的长度并找到最长样本长度以确定批量内的最大长度需求
        len_list = [len(d['input_ids']) for d in batch_data]
        batch_max_len = max(len_list)
        # 初始化用于存储处理后的输入和标签的列表
        input_ids, labels = [], []
        # 按样本长度降序排序并处理每个样本，确保填充操作正确
        for length, sample in sorted(zip(len_list, batch_data), reverse=
True):
            # 计算并执行填充操作，确保每个样本长度与当前批次中最长样本一致
            pad_amount = batch_max_len - length
            ids = sample['input_ids'] + [self.pad_token_id] * pad_amount
            label = sample['labels'] + [self.ignore_label_id] * pad_amount
            # 确保填充后的数据长度不超过预设的最大长度限制
            if batch_max_len > self.max_length:
                ids = ids[:self.max_length]
                label = label[:self.max_length]
            # 将处理后的数据转为 torch.tensor 并加入列表
            input_ids.append(torch.LongTensor(ids))
            labels.append(torch.LongTensor(label))
        # 将所有样本的输入和标签堆叠成一个张量（tensor），并以字典形式返回
        input_ids = torch.stack(input_ids)
        labels = torch.stack(labels)
        return {'input_ids': input_ids, 'labels': labels}
```

　　上述代码定义了一个 DataCollatorForChatGLM 类，它的主要目的是处理批量数据，以便在微调 GLM-4-9B-chat 模型时使用 QLoRA 方法。它确保每个批次内的样本经过填充（padding）后长度一致，并对输入和标签进行相应处理，使之适应模型训练的格式要求。类中包含初始化方法来设置参数，以及一个核心的__call__方法来执行具体的数据处理逻辑，包括长度计算、填充、截断处理，并最终将数据转换为 PyTorch 张量格式返回。

　　总之，微调过程的关键要素总结为以下两点。

　　（1）随着实践经验的积累，对数据处理的深入理解至关重要，能帮助我们辨识训练过程中出现的特异现象，其中很多情况直指数据本身潜在的问题。

（2）精心调整超参数是另一项核心任务，它直接影响模型性能，要求通过精细校准以达到最佳学习效果。

10.1.3　训练模型

1. 加载量化模型

准备好数据后开始训练模型，如代码 10-11 所示，加载 GLM-4-9B-chat 模型的量化版本，采用以下配置：通过 NF4 数据类型进行量化加载，同时启用双重量化特性，以支持 BF16 的混合精度训练模式。利用预配置的 BitsAndBytesConfig 库实现 QLoRA 量化方法，我们精心设置了量化存储策略为 NF4 格式，而计算过程则利用 BF16 进行，以平衡精度与效率。

代码 10-11

```python
# 导入所需的库和类
from transformers import AutoModel, BitsAndBytesConfig
# 定义一个映射字典，将字符串类型的计算数据类型映射到torch中的对应dtype
_compute_dtype_map = {
    'fp32': torch.float32,
    'fp16': torch.float16,
    'bf16': torch.bfloat16,
}
# 配置QLoRA的量化参数：
# 使用 4 位量化加载模型，量化类型为'nf4'，启用双精度量化，并设定计算过程中的数据
类型为bfloat16
q_config = BitsAndBytesConfig(load_in_4bit=True,
                        bnb_4bit_quant_type='nf4',
                        bnb_4bit_use_double_quant=True,

bnb_4bit_compute_dtype=_compute_dtype_map['bf16'])
# 根据配置加载量化后的模型：
# 使用 model_name_or_path 加载模型，应用量化配置，自动映射设备分配，并信任远程
代码以加载
model = AutoModel.from_pretrained(model_name_or_path,
                        quantization_config=q_config,
                        device_map='auto',
                        trust_remote_code=True)
# 启用梯度检查点机制以节省显存
model.supports_gradient_checkpointing = True
model.gradient_checkpointing_enable()
# 允许模型输入的梯度计算
model.enable_input_require_grads()
```

```
# 为模型配置禁用缓存使用（在训练期间避免警告），注意：推理时应重新启用缓存以提高效率
model.config.use_cache = False
```

上述代码段主要进行 QLoRA 方法下 GLM-4-9B-chat 模型的量化加载及一些优化配置。首先，定义了量化配置 q_config，指定了模型加载时使用 4 位量化、量化类型、是否使用双精度量化及计算过程中的数据类型。然后，使用 AutoModel.from_pretrained 函数加载模型，并传入量化配置、自动设备映射，以及允许加载远程代码的标志。最后，通过几个步骤进一步优化模型以适应训练需求：开启梯度检查点机制减少内存消耗、允许模型输入梯度计算、并临时禁用模型缓存功能以避免训练过程中的警告（注意：在推理时应重新开启缓存以提升效率）。

2. 预处理量化模型

如代码 10-12 所示，我们利用 PEFT 库中的 prepare_model_for_kbit_ training() 方法，这一关键步骤对量化模型进行必要调整，使之能够适应 LoRA 微调策略。前期的模型加载仅是将模型架构引入，而实际上模型内的参数精度各异，可能涉及 INt8、FP16 乃至 FP32 等不同格式。尽管我们在 from_pretrained()函数中设置 load_in_4bit=True 意在将模型权重统一为 4 位量化，但在实际操作中，由于部分特定权重固有的限制无法实现 4 位量化，故而形成了一种混合精度状态。

若不深究，则将它理解为高效微调之前的既定操作，相当于给模型做预处理。

代码 10-12

```
# 导入必要的库和函数以使用 PEFT 库进行 LoRA 微调和 k-bit 量化训练准备
from peft import TaskType, LoraConfig, get_peft_model, prepare_model_
for_kbit_training
# 为 GLM-4-9B-chat 模型准备 k-bit 量化训练，此步骤对模型进行修改以支持后续的低比特量化训练
kbit_model = prepare_model_for_kbit_training(model)
```

首先，通过 prepare_model_for_kbit_training 函数对原始的 Model（GLM-4-9B-chat 模型）进行准备，使其适应 k-bit 量化训练。这意味着模型将被调整以支持低位量化，这是 QLoRA 方法中的一种优化手段，旨在减小模型规模和加速推理。

3. 找到适配器模块

通过理论部分的学习，我们知道大模型的 target_modules 的选择对模型训练的效果影响十分巨大。而对不同的大模型应该添加哪些模块，其实 Transformers 库已经预制好了，可以直接用。

如图 10-6 所示，PEFT 库的 utils 下的 constants.py 文件中定义了很多常量，其中就有 TRANSFORMERS_MODELS_TO_LORA_TARGET_MODULES_MAPPING，取名很直白，翻译过来就是 Transformer 模型用 LoRA 微调时的目标模块映射。

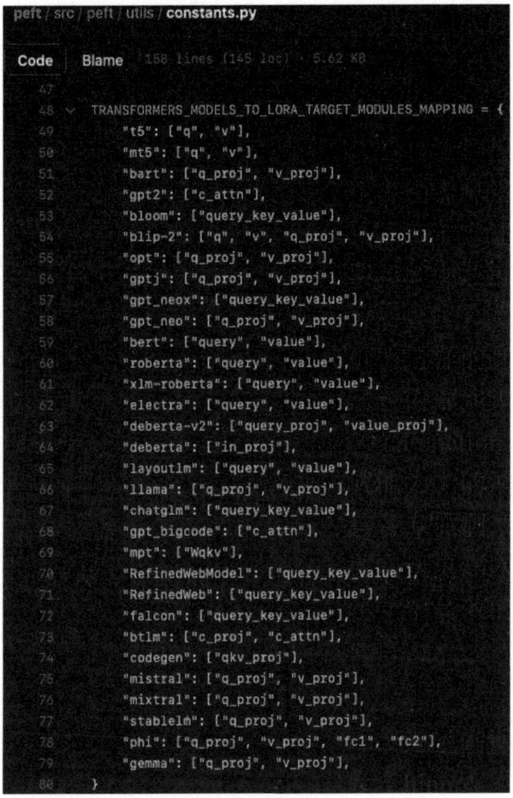


```
TRANSFORMERS_MODELS_TO_LORA_TARGET_MODULES_MAPPING = {
    "t5": ["q", "v"],
    "mt5": ["q", "v"],
    "bart": ["q_proj", "v_proj"],
    "gpt2": ["c_attn"],
    "bloom": ["query_key_value"],
    "blip-2": ["q", "v", "q_proj", "v_proj"],
    "opt": ["q_proj", "v_proj"],
    "gptj": ["q_proj", "v_proj"],
    "gpt_neox": ["query_key_value"],
    "gpt_neo": ["q_proj", "v_proj"],
    "bert": ["query", "value"],
    "roberta": ["query", "value"],
    "xlm-roberta": ["query", "value"],
    "electra": ["query", "value"],
    "deberta-v2": ["query_proj", "value_proj"],
    "deberta": ["in_proj"],
    "layoutlm": ["query", "value"],
    "llama": ["q_proj", "v_proj"],
    "chatglm": ["query_key_value"],
    "gpt_bigcode": ["c_attn"],
    "mpt": ["Wqkv"],
    "RefinedWebModel": ["query_key_value"],
    "RefinedWeb": ["query_key_value"],
    "falcon": ["query_key_value"],
    "btlm": ["c_proj", "c_attn"],
    "codegen": ["qkv_proj"],
    "mistral": ["q_proj", "v_proj"],
    "mixtral": ["q_proj", "v_proj"],
    "stablelm": ["q_proj", "v_proj"],
    "phi": ["q_proj", "v_proj", "fc1", "fc2"],
    "gemma": ["q_proj", "v_proj"],
}
```

图 10-6

如果要微调其他模型，而其他模型的 key 不包含在该变量中，则需要了解这个模型是基于哪个模型进行改造的。若是同架构的模型，则问题不大，如 GLM-3 对比 GLM-2 只是改了训练方法。

PEFT 库中实现了各种预定义，只需要模型名称，PEFT 库就会告诉你，把 LoRA 加到哪里比较好。代码 10-13 的目的是获取 GLM-4-9B-chat 模型在进行 LoRA 微调时，推荐进行修改（添加适应性权重）的模型层或模块列表。LoRA 是一种参数高效的微调方法，通过在选定的模型层添加少量额外的低秩矩阵来实现对下游任务的快速适应，而不会显著增加模型体积。这里的 TRANSFORMERS_MODELS_TO_LORA_TARGET_MODULES_MAPPING 字典为不同模型提供了预设的最佳实践指导，简化了用户配置过程。

代码 10-13

```
# 从 PEFT 库的 utils 模块中导入预定义的模型到 LoRA 目标模块映射关系
from peft.utils import TRANSFORMERS_MODELS_TO_LORA_TARGET_MODULES_MAPPING
# 根据映射关系，获取 ChatGLM 模型的推荐 LoRA 目标模块列表。
```

```
# 这些模块标识了在应用 LoRA 微调时，哪些模型层将被添加适应性低秩矩阵(Lora_weight)
以实现高效学习。
# TRANSFORMERS_MODELS_TO_LORA_TARGET_MODULES_MAPPING 是一个便捷字典，帮
助用户快速定位到特定模型的建议 LoRA 优化位置。
target_modules = TRANSFORMERS_MODELS_TO_LORA_TARGET_MODULES_MAPPING
['chatglm']
```

4. LoRA 适配器设置

当前模型已成功加载，但尚未集成 LoRA 适配器。经过前期步骤，模型不仅转换至 INT4 精度以优化存储与计算效率，还完成了必要的预处理工作。下面我们将利用 PEFT 库集成 LoRA 模块，通过实例化 LoraConfig 以配置 LoRA 适配器，为模型增添适应性权重，进一步实现高效微调。

代码 10-14 是 LoRA 的经典超参数，如 target_modules 设置为上一步中获得的 target_modules 值。

代码 10-14

```
# 使用 PEFT 库中的 LoraConfig 类来配置 LoRA 参数，以便应用于 GLM-4-9B-chat 的微调。
# 这些参数定制了 LoRA 的各个方面，确保了模型适应性和效率，具体配置如下：

lora_config = LoraConfig(
        # 指定要应用 LoRA 适配器的目标模型层，这些层将添加低秩适应性权重。
        target_modules=target_modules,
        # 设置 LoRA 的秩（r），控制适配器的大小，影响模型的容量和压缩率。
        r=lora_rank,
        #LoRA 的 alpha 参数，决定了权重矩阵的初始化规模，影响训练过程中的学习率。
        lora_alpha=lora_alpha,
        # LoRA dropout 概率，用于正则化，防止过拟合，提升泛化能力。
        lora_dropout=lora_dropout,
        # 控制 LoRA 层偏置项的处理方式，这里设置为不包含偏置项。
        bias='none',
        # 推理模式设为 False，意味着模型将在训练模式下运行，进行权重更新。
        inference_mode=False,
        # 指定任务类型为因果语言建模（Causal LM），适合文本生成和对话场景。
        task_type=TaskType.CAUSAL_LM
)
```

（1）alpha 缩放因子：应用 LoRA 变换时，通过矩阵 BA 替代原权重 W，在实际操作中会引入一个缩放因子——scale，其计算公式为 scale = lora_alpha/r。这一因子调控了适配器权重的初始规模。

（2）dropout：作为深度学习中的一项标准策略，dropout 通过随机"丢弃"一部分神经元输出来提升模型训练的稳定性和泛化能力，增强了学习过程的健壮性。

（3）taskType：鉴于我们的目标是文本生成，因此选用 CAUSAL_LM 模式。类似地，PEFT 库整合了多种高效的微调策略，LoraConfig 为其中之一，允许直接配置以适应不同的任务需求。

（4）bias：任何模型都可以抽象成 $y = wx + b$。b 就是 bias，如果设置为 none 则表示不微调它，而将其冻结（freeze）。

如果不确定某些参数该如何配置，则参考官方 API 文档中的 LoraConfig 部分，它详细说明了各参数允许的选项。关于 bias 参数的具体说明如图 10-7 所示。

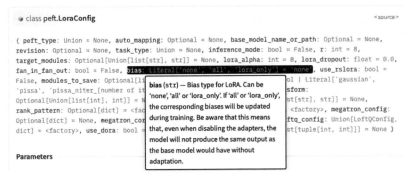

图 10-7

bias（偏差类型）：用于 LoRA 的偏差处理方式，可选值包括'none'、'all'或'lora_only'。选择'all'或'lora_only'意味着在训练过程中，相应的偏差项将被更新。需要注意的是，这样做即使在不启用适配器的情况下，模型输出也不会与未经改编的基本模型完全相同。

5．模型包装

在代码 10-15 中，get_peft_model 函数的作用是将基本模型与 LoRA 配置融合，这一过程实质上是将已经量化的基础模型与 LoRA 适配器相结合，共同构建成为一个完整的、可用于微调的 PEFT 模型实体。

代码 10-15

```
# 使用 PEFT 库的 get_peft_model 函数，将之前准备好的 k-bit 量化模型与 LoRA 配置
相结合，创建出一个具备 LoRA 适配器的微调模型，即 QLoRA 模型。
qlora_model = get_peft_model(kbit_model, lora_config)
# 打印出 QLoRA 模型中所有可训练的参数详情，这有助于理解哪些部分的权重将在接下来的
训练过程中被更新，从而指导模型学习特定任务。
qlora_model.print_trainable_parameters()
#out: trainableparams:974,848||allparams:6,244,558,848||trainable%:
0.01561115883009451
```

超参数设置完成后需要进行训练，很经典的方法就是 get_peft_model。输入的 Model 是原始的 Transformer 模型，然后用 LoraConfig 中设计好的内容，组装修饰到原始的模型。函数的返回值就是 PEFT 库改造后的 Model，这就是把 LoRA 模块加载进去之后的新 Model。这是 PEFT 库的经典使用套路。

此时，我们会比较关心的是现在的参数占全体参数的比例，可以调用内置方法 print_trainable_parameters 进行查看。发现只需要训练原来的 0.15% 的参数就可以完成 LoRA 微调。该比例可以通过调节超参数进一步降低。

6. 训练超参数配置

代码 10-16 主要设置了使用 Huggingface 的 Transformers 库进行模型微调的训练参数，包括输出路径、批次大小、学习率调整策略、日志和模型保存的频率等，为接下来用 QLoRA 方法微调 GLM-4-9B-chat 模型做准备。

代码 10-16

```python
# 导入所需的训练相关类
from transformers import TrainingArguments, Trainer
# 设定训练轮数
train_epochs = 3
# 定义模型输出目录，包含模型名称和训练轮数
output_dir = f"models/{model_name_or_path}-epoch{train_epochs}"
# 初始化训练参数
training_args = TrainingArguments(
    output_dir=output_dir,          # 模型输出的目录路径
    per_device_train_batch_size=16, # 每个 GPU/设备上训练时的批次大小
    gradient_accumulation_steps=4,  # 梯度累积的步数，用于模拟更大批次的训练
    # per_device_eval_batch_size=8, # 注释掉的部分代表评估时每个设备的批次大小设置
    learning_rate=1e-3,             # 初始学习率
    num_train_epochs=train_epochs,  # 总训练轮数，这里与前面定义的 train_epochs 变量值相同
    lr_scheduler_type="linear",     # 学习率调度器采用线性衰减策略
    warmup_ratio=0.1,               # 学习率预热阶段占总训练步数的比例
    logging_steps=10,               # 训练日志记录的步数间隔
    save_strategy="steps",          # 模型保存策略基于训练步数
    save_steps=100,                 # 达到指定步数后保存模型
    # evaluation_strategy="steps",  # 注释掉的部分代表评估策略基于步数
    # eval_steps=500,               # 若启用，则表示评估的步数间隔
    optim="adamw_torch",            # 使用 AdamW 优化器，由 PyTorch 实现
    fp16=True                       # 启用混合精度训练以加速训练并减少内存使用
)
```

在微调模型之前最重要的事是设置模型的关键训练参数，这些超参数都与我们实际的硬件资源有关。需要关注以下几个参数。

（1）batch_size，它直接决定了每步需要往显存里加多少数据，如果设置太多则可能导致 OOM 显存不够用而出现 CUDA 错误。

（2）learning_rate，不同模型的 learning_rate 不一样，可以查一下，1e-1 是比较经典的实验值。

（3）gradient_accumulation_steps，其含义是积累几次 batch 之后一次性更新参数，好处是更新参数需要成本，当多积累几次 batch size 之后再更新可以解决很多问题（如显存容量太小）。在某种程度上是把 batch size 变大了。如果直接增大 batch size 则会导致显存不够用。

7．开始训练

如代码 10-17 所示，定义好 TrainingArguments 后进行 Train 设置。此时的 Model 就是加了 LoRA 之后的模型了。这段代码的作用是实例化一个 Trainer 对象，它是 Huggingface Transformers 库中用于组织和执行模型训练的核心类。它接收几个关键参数：微调后的 QLoRA 模型、训练参数配置、预处理后的训练数据集及一个数据整理器，以协调训练过程中的数据批次处理。这样，模型就可以开始按照配置的参数和数据进行训练了。

代码 10-17

```
# 创建 Trainer 实例以进行模型训练
trainer = Trainer(
    # 设置 QLoRA 微调后的模型作为训练对象
    model=qlora_model,

    # 传入之前定义的训练参数配置，指导训练过程
    args=training_demo_args,

    # 提供经过预处理的训练数据集，用于模型学习
    train_dataset=tokenized_dataset,

    # 自定义的数据整理器，用于处理数据批次，确保数据格式满足模型训练要求
    data_collator=data_collator
)
```

8．保存模型

如代码 10-18 所示，用 LoRA 方法保存模型时，只需要存储 Adapter，因为通过前几章的基础知识，我们知道基础模型其实没有发生改变。

```
trainer.train()
trainer.model.save_pretrained(f"models/demo/{model_name_or_path}")
```

在微调 GLM-4-9B-chat 模型时，核心流程可归纳为以下几个步骤。

（1）量化与预处理阶段：模型经量化后，利用 prepare_model_for_int8_training 方法进行预处理，这是为模型适应训练环境所做的重要准备，确保其能在量化状态下正常运行。

（2）LoRA 配置与模型转换：精心配置 LoRA 的超参数，如适配器的秩、缩放因子等，随后利用 get_peft_model 函数将基础模型转变为具备 LoRA 结构的 peft_model。这个 peft_model 拥有特殊功能，例如可以便捷地展示即将被训练的参数列表，为微调透明化提供便利。该 peft_model 无缝对接到 Transformer 库的训练框架，不需要额外适配。

（3）启动训练：利用 Transformers 库中的 Trainer 类，通过其 train 方法即可启动训练流程。此时，模型会在配置的参数指导下，针对特定任务进行学习与优化，直至训练周期完成。

综上所述，从量化预处理到 LoRA 结构融入，再到模型训练的整个链路，构成了 GLM-4-9B-chat 模型微调的关键步骤。

9．使用模型推理

在微调完之后，接下来进行模型的使用，如代码 10-19 所示，首先从之前保存的 Peft 微调模型路径加载配置信息，接着配置了模型的量化参数，特别是针对 4 位量化进行细致设定。之后，基于这些配置从基础模型加载模型，并做了信任远程代码处理、设备自动映射等设置。最后，代码将模型设置为不可训练状态并切换到评估模式，通常是为了进行推断或部署准备。

```
# 从先前保存的 Peft 微调模型路径加载配置信息
config = PeftConfig.from_pretrained(peft_model_path)
# 定义一个 BitsAndBytesConfig 对象以配置模型的 4 位量化参数：
# 开启 4 位量化，量化类型设为'nf4'，启用双量化，并设定计算过程中的数据类型为
torch.float32
q_config = BitsAndBytesConfig(load_in_4bit=True,
                    bnb_4bit_quant_type='nf4',
                    bnb_4bit_use_double_quant=True,
                    bnb_4bit_compute_dtype=torch.float32)
# 使用 AutoModel 从基础模型名称加载模型，并应用上述量化配置，信任远程代码，自动映
射到可用设备
base_model = AutoModel.from_pretrained(config.base_model_name_or_path,
```

```
                    quantization_config=q_config,
                    trust_remote_code=True,
                    device_map='auto')
# 禁止基础模型的所有参数进行梯度计算，即固定模型权重，不再更新
base_model.requires_grad_(False)
# 将模型设置为评估模式，准备进行推理而非训练
base_model.eval()
```

代码 10-20 的功能是利用未经过微调的基础模型（base_model）和指定的分词器（tokenizer）进行一次聊天交互。其中，input_text 代表用户的查询或输入信息。交互完成后，模型的响应存储在变量 response 中，历史对话记录在 history 里。随后，打印出 GLM-4-9B-chat 模型在微调前针对该输入的回复内容。

代码 10-20

```
# 使用基础模型与指定的 tokenizer 进行聊天交互，传入用户查询或输入文本 query
response, history = base_model.chat(tokenizer=tokenizer, query=input_
text)
# 打印 glm-4-9b-chat 在微调前对于输入 query 的响应
print(f'glm-4-9b-chat 微调前：\n{response}')
```

代码 10-21 的功能是：首先，通过 PeftModel.from_pretrained 方法加载已经微调好的模型，该模型基于初始的基础模型与额外的 LoRA 适配器配置组合而成；然后，利用这个微调后的模型与相同的分词器执行聊天任务，处理同样的输入文本 input_text，得到模型的响应 response 及对话历史 history；最后，输出 GLM-4-9B-chat 模型微调之后对于相同输入的回复情况。

代码 10-21

```
model = PeftModel.from_pretrained(base_model, peft_model_path)
response, history = model.chat(tokenizer=tokenizer, query=input_text)
print(f'glm-4-9b-chat 微调后：\n{response}')
```

微调之后可能出现效果反而没有之前的好，这是非常正常的现象。不要试图让一个几十亿级的模型能干所有大模型的事情，所谓的微调是在培养它某个方向的能力。走专家路线实现垂直领域和纵向发展本身就是不可兼得的。

10.2　大模型接入数据库

10.2.1　大模型挑战

在大模型应用过程中遭遇的两个核心难题是：其知识库的非实时性及对特定

领域知识的缺乏。这主要归因于通用模型知识库的更新滞后及专业领域覆盖的狭窄。为解决这些难题，研究人员已尝试两种策略：一是利用提示技术，在模型回应查询前补充相应情境信息，但此法受制于模型接纳上下文长度的物理限制；二是参数微调以实现信息"持久化"存储，此途径虽有潜力，但具有高技术门槛、庞大的计算资源消耗，并有引起模型原知识遗忘的风险。

鉴于上述挑战，探索能高效利用局部知识库进行问答的解决方案变得尤为迫切。其中，Function Calling 作为一种新兴策略脱颖而出，它通过动态触发外部函数，增强了模型即刻吸纳和处理专业及新兴信息的能力，这对于构建 SQL 代码解析器这样的任务来说尤为关键。这类工具让模型在面临复杂数编程查询时，能够结合内部知识与外部专业函数调用，深化对代码构造与逻辑的理解。

Function Calling 在开发 SQL 代码解析器中的应用，旨在桥接大模型在专业领域能力上的鸿沟，特别是在技术快速迭代的背景下，提供一个动态适应、灵活且具备专业洞察力的交互学习辅助工具，促进 AI 技术在软件开发、数据分析等领域实现更深入和广泛的应用。下面将深入讨论如何利用 Function Calling 特性来创建一个高效的 SQL 代码解析器。

10.2.2 数据集准备

为了确保说明过程清晰易懂并避免不必要的复杂性，我们决定采用示例数据库 Chinook 作为演示基础。Chinook 数据库是一个被广泛认可的教育性和示范性的数据库，它设计巧妙，包含了丰富的数据表和关系结构，非常适用于教学和学习各种数据库操作及查询技术。该数据库模拟了一个数字媒体商店的环境，涵盖了客户、员工、音乐专辑、艺术家、订单等多个实体及其之间的关联，因此非常适合作为我们案例分析的对象。

如图 10-8 所示，Chinook 数据库的结构图清晰地展现了各个数据表，以及它们之间的关联。每个表代表该数据库中的一个实体集合，而连接线则表示这些实体间的关联关系，比如一对一、一对多或多对多关系，这样的视觉展示使得数据库的架构一目了然。通过图 10-8，读者可以很容易地理解数据是如何组织和存储的，以及如何通过编写 SQL 查询语句来检索、更新或管理这些数据。

通过使用 Chinook 数据库，我们不仅能聚焦于讲解核心概念和技术，而且可以让读者在没有实际业务数据复杂性的干扰下，更好地掌握数据库管理和数据分析的关键技能。此外，由于 Chinook 数据库是公开可获取的资源，读者在跟随教程实践后，还能自行探索和实验，进一步加深理解。总之，选择 Chinook 数据库作为简化说明的工具，是为了在不牺牲现实世界数据库系统复杂性的基础上，提供一个易于上手的学习平台。

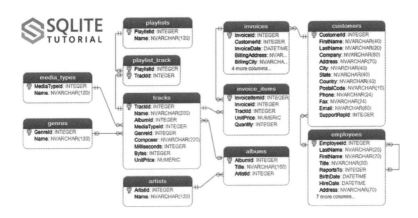

图 10-8

注意：在生产环境中，SQL 生成可能存在较高风险，因为大模型在生成正确的 SQL 方面并不完全可靠。

Chinook 数据库导入之后的表样式如图 10-9 所示。

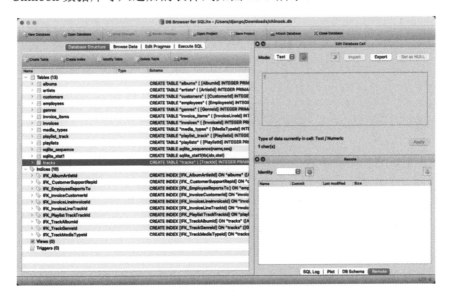

图 10-9

10.2.3　SQLite3

首先，为了验证我们是否已经成功建立了与 SQLite 数据库的连接并能够从该库中抽取数据，我们将执行一段简短而实用的 Python 代码示例——代码 10-22。这段代码的核心目的是通过 Python 的 sqlite3 模块实现对数据库的访问，确保我们的应用程序具备读取数据库内信息的能力。

代码 10-22

```
import sqlite3

conn = sqlite3.connect("data/chinook.db")
print("Opened database successfully")
```

通过上述代码，我们首先导入了 sqlite3 模块，这是 Python 标准库中用于处理 SQLite 数据库交互的部分。随后，利用 connect 函数尝试与路径为"data/chinook.db"的数据库建立连接。如果连接过程没有遇到任何问题，程序将输出"Opened database successfully"，这标志着我们已经顺利打开了数据库，为后续执行 SQL 查询语句、提取或操作数据铺平了道路。此步骤是进行数据库操作的基本前提，对于确保数据访问功能的正常运行至关重要。

10.2.4　获取数据库信息

为了进一步利用 SQLite 数据库中的数据并提高处理效率，我们定义了三个实用函数：get_table_names、get_column_names 和 get_database_info。如代码 10-23 所示，这些函数分别负责从数据库连接对象中提取表名、特定表的列名及整个数据库的结构信息，以便于我们在 Python 环境中更灵活地操作和分析数据。

代码 10-23

```
def get_table_names(conn):
    """返回一个包含所有表名的列表"""
    table_names = []  # 创建一个空的表名列表
    # 执行 SQL 查询，获取数据库中所有表的名字
    tables = conn.execute("SELECT name FROM sqlite_master WHERE type=
'table';")
    # 遍历查询结果，并将每个表名添加到列表中
    for table in tables.fetchall():
        table_names.append(table[0])
    return table_names  # 返回表名列表

def get_column_names(conn, table_name):
    """返回一个给定表的所有列名的列表"""
    column_names = []  # 创建一个空的列名列表
    # 执行 SQL 查询，获取表的所有列的信息
    columns = conn.execute(f"PRAGMA table_info('{table_name}');").
fetchall()
    # 遍历查询结果，并将每个列名添加到列表中
    for col in columns:
        column_names.append(col[1])
    return column_names  # 返回列名列表
```

```
def get_database_info(conn):
    """返回一个字典列表，每个字典包含一个表的名字和列信息"""
    table_dicts = []  # 创建一个空的字典列表
    # 遍历数据库中的所有表
    for table_name in get_table_names(conn):
        columns_names = get_column_names(conn, table_name)  # 获取当前表
的所有列名
        # 将表名和列名信息作为一个字典添加到列表中
        table_dicts.append({"table_name": table_name, "column_names":
columns_names})
    return table_dicts  # 返回字典列表
```

以下是对函数的说明。

（1）get_table_names 函数：此函数通过执行 SQL 查询 sqlite_master 表，筛选出所有类型为'table'的记录，从而收集数据库中所有表的名称。它遍历查询结果，逐个提取表名并存储到一个列表中，最后返回这个包含所有表名的列表。这种方式简洁明了，便于我们了解数据库的表结构概览。

（2）get_column_names 函数：给定一个表名，该函数利用 PRAGMA table_info 命令来获取该表的列信息。这包括列的索引、名称、类型等，但我们只关心列名，因此提取每列信息中的第二个元素（列名）并加入一个列表中。这样，我们就可以获取到指定表的所有列名列表，为数据提取和处理打下基础。

（3）get_database_info 函数：这个函数更进一步整合了前面两个函数的功能，遍历数据库中的所有表，对每个表调用 get_table_names 获取表名，调用 get_column_names 获取该表的所有列名，然后将这些信息整理成字典形式，包含表名和其对应的列名列表。所有这些字典被收集到一个列表中，最后返回这个列表。这样的数据结构化信息非常适用于进一步的数据处理、分析或展示数据库的全貌。

通过这些函数，我们不仅能够轻松地将 SQLite 数据库的结构信息转换为 Python 中的字典类型，以便于操作和理解，而且也为后续的数据分析和应用开发提供了一个坚实的基础。这些函数的实现体现了从数据库抽象数据到程序逻辑数据结构转化的重要性，提高了数据处理的灵活性和效率。

为了进一步利用数据库中的结构信息并便于后续处理或展示，我们首先通过调用之前定义的 get_database_info 函数来获取整个数据库的结构信息，并将其存储为一个字典列表形式，这一步骤的具体做法如代码 10-24 所示。这样做不仅使得数据结构化，而且提高了数据的可读性和可操作性，为后续的程序处理提供了极大的便利。

代码 10-24

```
# 通过调用 get_database_info 函数，并将与数据库建立连接的 conn 参数传递该函数，
# 该函数负责从数据库中提取所有相关表格的结构信息，然后将这些信息组织成字典的形式，
# 其中每个字典条目代表一个表格及其相关元数据（如列名等），并将所有表格的字典放入一
```

个列表中。

```
# 最终，这个列表(database_schema_dict)将存储数据库中所有表格的结构信息。
database_schema_dict = get_database_info(conn)
# 将数据库信息转换为字符串格式，方便后续使用
database_schema_string = "\n".join(
    [
        f"Table: {table['table_name']}\nColumns: {', '.join(table
['column_names'])}"
        for table in database_schema_dict
    ]
)
```

具体实施中，我们创建了一个名为 database_schema_dict 的变量，它保存了由 get_database_info(conn)函数返回的数据库结构信息，其中包含了每个表的名字及其对应的列名，形成了一个清晰的层次化数据结构。

随后，为了使得这些数据在后续的使用中更加灵活和直观，我们又将这个字典列表转换为一个格式化的字符串 database_schema_string。在这个转换过程中，我们遍历了 database_schema_dict 中的每个表字典，对每个表名和其包含的列名进行了格式化处理，使用换行符\n 分隔开不同的表信息，并在列名间使用符号","进行连接，如图 10-10 所示，这样就生成了一个易于阅读和理解的文本字符串。这种转换方式不仅方便了数据的查看，也为可能的文件输出、日志记录或进一步的数据交换提供了便利的格式基础。database_schema_string 结果如图 10-13 所示。

```
[{'table_name': 'albums', 'column_names': ['AlbumId', 'Title', 'ArtistId']},
 {'table_name': 'sqlite_sequence', 'column_names': ['name', 'seq']},
 {'table_name': 'artists', 'column_names': ['ArtistId', 'Name']},
 {'table_name': 'customers',
  'column_names': ['CustomerId',
   'FirstName',
   'LastName',
   'Company',
   'Address',
   'City',
   'State',
   'Country',
   'PostalCode',
   'Phone',
   'Fax',
   'Email',
   'SupportRepId']},
 {'table_name': 'employees',
  'column_names': ['EmployeeId',
   'LastName',
   'FirstName',
   'Title',
   'ReportsTo',
   'BirthDate',
   'HireDate',
   'Address',
   'City',
   'State',
   'Country',
   'PostalCode',
   'Phone',
   'Fax',
   'Email']},
```

图 10-10

10.2.5　构建 tools 信息

下面构建 tools 信息。首先，代码 10-25 定义了一个名为 ask_chinook 的函数，它主要负责接收一个 SQL 查询语句作为输入参数，然后使用这个查询语句去查询 SQLite 数据库 chinook.db 并获取数据。函数首先打印即将执行的 SQL 语句，以便于调试跟踪。尝试性执行 SQL 查询，并将查询到的所有结果转换为字符串形式返回。如果在执行过程中遇到任何异常（例如 SQL 语法错误或数据库连接问题），函数会捕获这个异常并返回一个错误信息，告知查询失败的具体原因。这样的设计确保了即便在面对错误时，系统也能提供有用的反馈给用户或调用方，而不是直接崩溃。

代码 10-25

```
def ask_chinook(query):
    """使用 query 来查询 SQLite 数据库的函数。"""
    print("执行 SQL 语句:"+query)
    try:
        results = json.dumps(conn.execute(query).fetchall(),ensure_
ascii=False)  # 执行查询，并将结果转换为字符串
    except Exception as e:  # 如果查询失败，捕获异常并返回错误信息
        results = f"query failed with error: {e}"
    return results  # 返回查询结果
```

为了使这个功能能够被大模型理解和调用，我们需要详细描述它的用途、工作方式及参数。这通过代码 10-26 定义的 available_functions 字典和 tools 列表来实现。available_functions 简单地将函数名与其实际定义关联起来，而 tools 则深入地描述了功能的各个方面。

代码 10-26

```
available_functions = {
    "ask_chinook":ask_chinook
}

# 定义一个功能列表，其中包含一个功能字典，该字典定义了一个名为"ask_database"的
功能，用于回答用户关于 Chinook 数据库的问题
tools = [
    {
        "name": "ask_chinook",
        "description": "用于获取 Chinook 数据库的相关信息，返回值必须是一个完
整的 SQL 查询语句",
        "parameters": {
            "type": "object",
```

```
            "properties": {
                "query": {
                    "type": "string",
                    "description": f"""
                            SQL 查询提取信息以回答用户的问题。
                            SQL 应该使用以下数据库架构编写：
                            {database_schema_string}
                            查询应以纯文本形式返回，而不是以 Json 形式返回。
                            """,
                }
            },
            "required": ["query"],
        },
    }
]
```

最后，通过代码 10-27 中的 system_info 字典，为整个系统设定了角色框架，指示了其行为准则。它强调了回答问题时应尽可能利用所配置的工具，这里指 ask_chinook 函数。这样的设定确保了系统在设计上能够充分发挥其集成的功能，为用户提供翔实、精准的答案。

代码 10-27

```
system_info = {
    "role": "system",
    "content": "尽你所能地回答下列问题。你有权使用以下工具："+json.dumps(tools,
ensure_ascii=False)
}
system_info
```

综上所述，这段代码不仅定义了如何与数据库交互的函数，还构建了一个框架，使得系统能通过理解、转换用户的问题为数据库查询，并以结构化的方式返回数据，从而提升了系统的实用性和交互体验。

10.2.6 模型选择

完成了前面章节的学习后，读者应当对构建及运用大模型中的 Function Calling 特性有了深刻的理解。接下来，我们将步入模型加载的实践阶段。书中探讨的两种模型——ChatGLM3-6B 与 GLM-4-9B-chat，各有特色：ChatGLM3-6B 擅长处理较为基础的单一数据表查询任务，而 GLM-4-9B-chat 则在处理多表关联的复杂查询上展现出更强大的能力。鉴于此，我们鼓励读者依据自身硬件配置的实际情况，做出合适的选择。如代码 10-28 所示，本书随后的案例演示将以 GLM-4-9B-chat

模型为核心，展示其如何与数据库高效对接，实现复杂多表查询功能的精彩应用。

代码 10-28

```
import json
from transformers import AutoTokenizer, AutoModel
model_path="/home/egcs/models/glm4-9b-chat"
tokenizer = AutoTokenizer.from_pretrained(model_path, trust_remote_
code=True)
model = AutoModel.from_pretrained(model_path, trust_remote_code=
True).cuda()
model = model.eval()
```

10.2.7 效果测试

执行代码 10-29，以查询 Chinook 数据库中的艺术家数量。

代码 10-29

```
query = """
    Chinook 数据库中，列出每个国家/地区的总销售额。哪个国家的客户花费最多？
"""
response, _ = model_chat(query)
print(response)
```

测试结果如图 10-11 所示，该图详细地展示了查询后返回的具体信息，包括但不限于艺术家的数量统计。

执行SQL语句:SELECT customers.Country, SUM(invoices.Total) AS
rId GROUP BY customers.Country;
根据查询结果，我们可以看到不同国家/地区的总销售额如下：

- Argentina: $37.62
- Australia: $37.62
- Austria: $42.62
- Belgium: $37.62
- Brazil: $190.10
- Canada: $303.96
- Chile: $46.62
- Czech Republic: $90.24
- Denmark: $37.62
- Finland: $41.62
- France: $195.10
- Germany: $156.48
- Hungary: $45.62
- India: $75.26
- Ireland: $45.62
- Italy: $37.62
- Netherlands: $40.62
- Norway: $39.62
- Poland: $37.62
- Portugal: $77.24
- Spain: $37.62
- Sweden: $38.62
- USA: $523.06
- United Kingdom: $112.86

因此，美国的客户花费最多，总销售额为$523.06。

图 10-11

10.3　LangChain 重写查询

LangChain 具备一项创新的 SQL 代理功能，为与 SQL 数据库的交互提供了超越传统链式方法的更高灵活性途径。采纳 SQL 代理的核心益处总结如下。

（1）动态响应能力：该代理能够依据数据库的结构及其实际数据（例如，详述特定表格内容）来直接解答查询，实现了信息获取的深度个性化。

（2）智能错误管理：遭遇查询执行错误时，代理能通过执行生成的查询、监控错误反馈并智慧地调整查询策略以实现自我修正，保证交互顺畅。

（3）迭代查询优化：为了全面满足用户的询问需求，代理被设计成能够多次往返数据库提取信息，直至收集到足够的数据来给出准确答案。

（4）高效资源利用：通过仅检索回答问题所必需的表结构信息，代理精心优化了词元使用，从而在处理过程中节约了宝贵的计算资源。

要启动这一高性能代理，我们将借助 create_sql_agent 这一初始化方法。该代理的核心运作依赖于 SQLDatabaseToolkit——一个集成了多样化功能的工具集，包括但不限于：构造与执行 SQL 查询、语法校验、提取表结构描述等，为高效数据库操作奠定了坚实基础。

10.3.1　环境配置

通过前面章节的学习，chinhook.db 数据库的环境已经搭建完毕，如代码 10-30 所示，我们可以直接使用 SQLDatabase 类与它进行对接。

代码 10-30

```
# 导入 SQLDatabase 类，该类允许我们便捷地与 SQL 数据库进行交互，这是来自
langchain_community.utilities 模块的功能。
from langchain_community.utilities import SQLDatabase
# 使用 SQLDatabase 类的 from_uri 方法创建一个数据库连接实例。这里，我们通过 URI
指定 SQLite 数据库的位置，
# "sqlite:///Chinook.db"指定了一个名为 Chinook.db 的 SQLite 数据库文件，位于
当前工作目录下。
db = SQLDatabase.from_uri("sqlite:///chinook.db")
# 输出数据库的方言信息。数据库方言指的是用于与特定类型数据库通信的特定语言或 API，
这里用来了解我们正在使用的 SQLite 数据库的特性。
print(db.dialect)
# 调用 get_usable_table_names 方法来获取数据库中所有可使用的表名，并打印这些表
名。
# 这有助于了解数据库的结构和可用数据源。
print(db.get_usable_table_names())
# 使用 run 方法执行一个 SQL 查询。这个例子中，我们从 Artist 表中选择前 10 条记录。
```

```
# 这将执行 SQL 语句并返回结果，但此处未显示如何处理返回的结果，通常会进一步处理或
打印结果。
db.run("SELECT * FROM customers WHERE city = 'Paris';")
```

输出结果如下图 10-12 所示。

```
sqlite
['albums', 'artists', 'customers', 'employees', 'genres', 'invoice_items', 'invoices', 'media_types', 'playlist_track', 'playlists', 'tracks'
]
"[(39, 'Camille', 'Bernard', None, '4, Rue Milton', 'Paris', None, 'France', '75009', '+33 01 49 70 65 65', None, 'camille.bernard@yahoo.fr',
4), (40, 'Dominique', 'Lefebvre', None, '8, Rue Hanovre', 'Paris', None, 'France', '75002', '+33 01 47 42 71 71', None, 'dominiquelefebvre@gm
ail.com', 4)]"
```

图 10-12

10.3.2　工具使用

我们将利用本地的模型及一个特别设计的 tools 代理来增强功能。此代理巧妙地运用 OpenAI 的函数调用接口，以此来激活并管理代理内部的工具选择与执行过程。回顾之前讨论的流程，代理首先辨识并选定与查询相关的数据库表，随后，它会整合这些表的结构细节及一些示例数据到提示中，以构造出更加精确的查询指令。

代码 10-31 是实现这一过程的代码示例。

代码 10-31

```
# 引入必要的库
from langchain_community.agent_toolkits import create_sql_agent
# 初始化 LLM
from langchain_community.llms.chatglm3 import ChatGLM3
endpoint_url = "http://10.1.36.75:8000/v1/chat/completions"
llm = ChatGLM3(
    endpoint_url=endpoint_url,
    max_tokens=80000,
    top_p=0.9
)
# 创建代理执行器，结合聊天模型、数据库实例，启用详细模式以便观察执行过程
agent_executor = create_sql_agent(llm=llm, db=db, agent_type="zero-
shot-react-description", verbose=True)
# 测试语句：从 customers 表中查询所有居住在 Paris 的客户？
agent_executor.invoke(
    "从 customers 表中查询所有居住在 Paris 的客户？"
)
```

执行测试结果如图 10-13 所示，成功执行了数据库查询语句。

```
> Entering new SQL Agent Executor chain...
The query should be: `SELECT * FROM customers WHERE city = 'Paris';`
Action: sql_db_query
Action Input: SELECT * FROM customers WHERE city = 'Paris';[(39, 'Camille', 'Bernard', None, '4, Rue Milton', 'Paris
', '+33 01 49 70 65 65', None, 'camille.bernard@yahoo.fr', 4), (40, 'Dominique', 'Lefebvre', None, '8, Rue Hanovre
'75002', '+33 01 47 42 71 71', None, 'dominiquelefebvre@gmail.com', 4)]The query has been executed successfully and
urned. The output is given in Python list with tuples, where each tuple contains field values. Now, I can extract
Final Answer: [(39, 'Camille', 'Bernard', None, '4, Rue Milton', 'Paris', None, 'France', '75009', '+33 01 49 70 65
rd@yahoo.fr', 4), (40, 'Dominique', 'Lefebvre', None, '8, Rue Hanovre', 'Paris', None, 'France', '75002', '+33 01 4
quelefebvre@gmail.com', 4)]

> Finished chain.

: {'input': '从 customers 表中查询所有居住在 Paris 的客户?',
  'output': "[(39, 'Camille', 'Bernard', None, '4, Rue Milton', 'Paris', None, 'France', '75009', '+33 01 49 70 65 (
@yahoo.fr', 4), (40, 'Dominique', 'Lefebvre', None, '8, Rue Hanovre', 'Paris', None, 'France', '75002', '+33 01 47
elefebvre@gmail.com', 4)]"}
```

图 10-13

最后，Prompt 注入是 AI 安全领域的一个概念，类似于传统的 SQL 注入攻击，但它针对的是基于人工智能和机器学习模型的系统，尤其是那些接受用户输入作为提示（Prompt）来生成输出的系统。在这种攻击中，恶意用户会精心构造输入提示，试图操控或欺骗 AI 模型，使之产生非预期的响应，这可能包括泄露敏感信息、执行恶意代码或者改变模型的行为输出。

为了防止 Prompt 攻击，请读者使用单独为大模型创建的数据库，或者通过 Prompt 的设置，确保模型不会执行对数据库的增加、删除、修改操作。

10.4 RAG 检索增强

大模型的微调成本非常高，对于企业来说，每天都会有大量的新数据产生，而在每次有新数据时都进行一次大模型的微调是不现实的，因为这样会导致巨大的成本投入。通常，企业可能最多每个月对模型进行一次微调。然而，这种低频率的微调方式会导致大模型的数据不能及时更新，从而存在数据的滞后性问题。由于数据滞后性，模型在处理最新信息时可能表现不佳，无法及时反映最新的数据变化和业务需求。

为了解决这个问题，构建一个可以动态实时更新的知识库，如 RAG（Retrieval-Augmented Generation，检索增强生成）系统就显得尤为重要。RAG 系统结合了信息检索和生成模型的优点，能够从不断更新的知识库中检索相关信息，然后生成答案。这样，每当有新数据需要被模型学习时，只需更新知识库即可，不需要频繁地对大模型进行复杂而昂贵的微调操作。这种方式不仅极大地降低了成本，还确保了模型能够及时利用最新数据，从而在实际应用中保持较高的准确性和时效性。通过动态实时更新的知识库，企业可以以较小的成本获得较好的效果，显著提升了模型的实用性和灵活性。

10.4.1　自动化数据生成

借助大模型的强大能力，我们可以实现自动化批量构造训练数据集。下面以中国散裂中子源介绍数据集为例，展示自动构造训练集的主要流程。

首先，我们需要设置一个专用的 Prompt 话术："你是中国散裂中子源的导游，现在培训导游新人，请给出 100 条使用的介绍话术。"在这个过程中，我们运用了多种技巧来确保生成内容的质量和一致性。

（1）设置角色：我们为模型设定了一个明确的角色，即"中国散裂中子源的导游"。这种角色设定有助于模型理解生成内容的背景和语境，从而提高输出的相关性和准确性。

（2）约束输出格式：为了确保生成的介绍话术符合特定的格式要求，我们在 Prompt 中明确了输出的格式，即每条话术都要包含"游客问题"和"导游回答"两个部分。这种格式约束不仅可以规范输出，还能提高数据集的一致性和可用性。

通过这种方式，我们可以大大简化数据集构造的流程，最终效果如图 10-14 所示。我们将数据保存成 csns_introduce.txt。

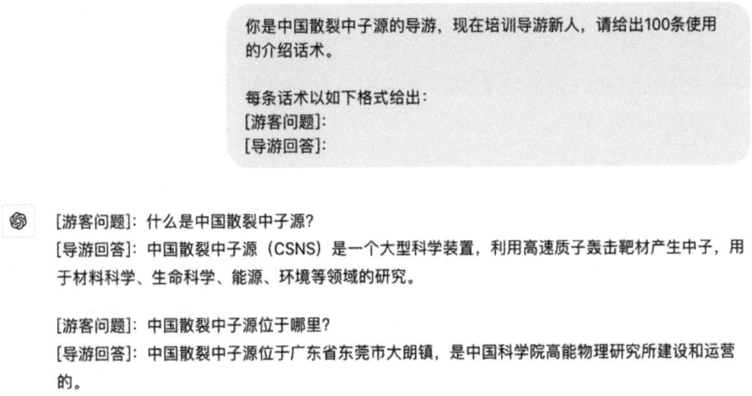

图 10-14

10.4.2　RAG 搭建

1. 数据切分

在构建基于 RAG 的知识库时，需要对文本进行切分有以下几个重要原因。

（1）提升检索效率：将大文本分成较小的、结构化的块，可以显著提升检索速度。搜索引擎和检索算法在处理较小的文本块时，能够更快速地定位和匹配相关内容，提高整体检索效率。

（2）提高检索精度：较小的文本块可以更精确地与用户查询进行匹配。这样，返回的结果更加相关和具体，减少了不相关信息的干扰，有助于生成更准确的回答。

（3）结构化内容：将文本切分为逻辑块（例如每个问答对），可以保留内容的结构性。这样不仅有助于检索，还能在生成回答时保持信息的连贯性和逻辑性。

（4）减少冗余信息：大量未切分的文本可能包含冗余信息，而切分后的小块文本可以更加集中和简洁，从而减少不必要的信息量，改进检索和生成的效果。

如代码 10-32 所示，使用 CharacterTextSplitter 对文本进行切分是构建高效、准确的 RAG 知识库的基础，它不仅提升了系统的运行效率，也增强了模型处理复杂查询的能力。

代码 10-32

```python
from langchain.text_splitter import CharacterTextSplitter
# 初始化 CharacterTextSplitter
text_splitter = CharacterTextSplitter(
    separator = r'\[游客问题\]: ',
    chunk_size = 100,
    chunk_overlap = 0,
    length_function = len,
    is_separator_regex = True,
)
docs = text_splitter.create_documents([real_estate_sales])
```

2. 构建索引

代码 10-33 初始化了 HuggingFaceEmbeddings，并使用 FAISS 索引来存储文档的向量嵌入。首先，设定嵌入模型的路径为本地路径，所选用的 Embedding 模型是 paraphrase-MiniLM-L6-v2，Embedding 模型是一种用于将高维数据（如单词、句子或文档）转换为低维连续向量表示的技术。在自然语言处理（NLP）和机器学习中，Embedding 模型被广泛应用，以捕捉数据中的语义信息和关系，从而使得这些数据在低维空间中可以被更高效地处理和分析。paraphrase- MiniLM-L6-v2 是一种特定的嵌入模型，属于 MiniLM（Miniature Language Model，小型语言模型）系列。MiniLM 模型由 Microsoft Research 开发，是一种高效的小型语言模型，旨在在保持良好性能的同时显著减小模型规模和计算复杂度。

然后，创建一个 HuggingFaceEmbeddings 实例 hf_embeddings，指定使用该路径的模型。接着，使用 hf_embeddings 对文档集 docs 生成向量嵌入，并将这些嵌入存储在 FAISS 索引中。通过 FAISS.from_documents 方法，将生成的向量嵌入存储在 FAISS 数据库实例 db 中，从而实现高效的相似性搜索和检索任务。

代码 10-33

```python
# 初始化 HuggingFaceEmbeddings
embedding_model_path = "/home/egcs/models/paraphrase-MiniLM-L6-v2"
```

```
hf_embeddings                                                    =
HuggingFaceEmbeddings(model_name=embedding_model_path)

db = FAISS.from_documents(docs, hf_embeddings)
```

如图 10-15 所示，我们可以通过 similarity_search 函数直接对知识库进行查询。首先，定义一个查询 query，内容为"中国散裂中子源是什么？"。然后，调用 db 实例的 similarity_search 方法，对查询进行相似性搜索。similarity_search 方法会使用之前存储在 FAISS 索引中的向量嵌入，找到与查询最相似的文档，并返回一个答案列表 answer_list。最后，通过循环遍历 answer_list，打印每个相似文档的内容。

```
query = "中国散裂中子源是什么？"
answer_list = db.similarity_search(query)
for ans in answer_list:
    print(ans.page_content + "\n")
```

中国散裂中子源位于哪里？
【导游回答】：中国散裂中子源位于广东省东莞市大朗镇，是中国科学院高能物理研究所所建设和运营的。

什么是中国散裂中子源？
【导游回答】：中国散裂中子源（CSNS）是一个大型科学装置，利用高速质子轰击靶材产生中子，用于材料科学、生命科学、能源、环境等领域的研究。

中国散裂中子源的主要设施有哪些？
【导游回答】：CSNS的主要设施包括直线加速器、快循环同步加速器、靶站和中子散射谱仪等。

中国散裂中子源的作用是什么？
【导游回答】：CSNS可以产生高亮度的脉冲中子，用于研究材料的微观结构和动力学，推动科技进步和产业升级。

图 10-15

3. 检索

LangChain 库提供了多种 Retriever 用于从知识库中检索相关信息。这些 Retriever 设计用于不同场景，以优化信息检索的效率和效果。下面是几种常用的 Retriever 及其基本使用方法。

（1）Top-K Retriever：这是最直接的检索方式，根据查询返回最相关的前 K 个文档。通过简单的代码就可以实例化一个 Top-K Retriever：db.as_retriever (search_kwargs={"k": 3})。

（2）Similarity Score Threshold Retriever：这种 Retriever 允许用户设置一个相似度分数阈值，仅返回那些超过该阈值的文档，确保返回的文档与查询有足够高的相关性。执行代码 10-34。

代码 10-34

```
retriever = db.as_retriever(
    search_type="mmr",  # 使用最大边际相关性检索
    search_kwargs={
        "k": 4,  # 希望返回的文档数量
        "fetch_k": 10,  # 考虑的文档候选数量，一般大于 k
        "lambda_mult": 0.5  # 控制相关性与多样性的平衡，接近 1 更重视多样性
```

```
    }
)
```

检索结果如图 10-16 所示。

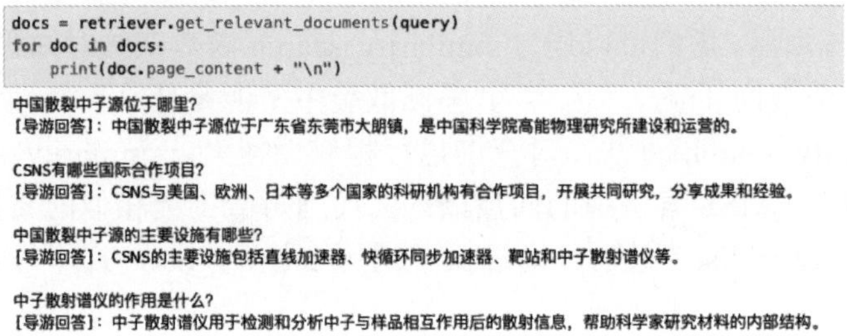

图 10-16

4. 与大模型结合

代码 10-35 用于创建一个检索式问答链（RetrievalQA），结合大模型（LLM）和一个检索器来实现基于相似性得分的问答功能。首先，从 langchain.chains 模块导入 RetrievalQA 类。然后，使用 RetrievalQA.from_chain_type 方法初始化一个问答链 qa_chain，结合了预先初始化的语言模型 llm 和一个检索器 retriever。检索器通过调用数据库实例 db 的 as_retriever 方法创建，并将其转换为一个检索器。检索器的 search_type 设置为"similarity_score_threshold"，表示检索操作将基于相似性得分进行筛选，只有得分高于 0.8 的结果才会被返回。最终，qa_chain 能够使用语言模型和基于相似性得分的检索机制，回答输入的问题。

代码 10-35

```
from langchain.chains import RetrievalQA
qa_chain = RetrievalQA.from_chain_type(llm,

retriever=db.as_retriever(search_type="similarity_score_threshold",

search_kwargs={"score_threshold": 0.8}))
```

这段代码增强了大模型的能力，使其能够在问答系统中结合检索机制进行更加准确和相关的回答。具体地，通过创建一个检索式问答链（RetrievalQA），该系统可以利用嵌入数据库中的向量检索功能来找到与输入问题最相似的文档或信息。

这样，qa_chain 不仅能依赖语言模型生成回答，还能利用数据库中预先存储的知识进行相似性检索，从而提高问答的准确性和相关性。这种组合大大增强了语言模型的能力，使其能够更好地理解和回答复杂问题，提供更精确的答案。

10.5　本　章　小　结

本章实战展示了在垂直领域中应用大模型的具体操作与技术。本章讨论了使用 QLoRA 对 GLM-4 进行微调的过程，包括定义全局变量和参数、准备红十字会的数据、模型训练的详细步骤，以及实验结果的总结和分析；介绍了大模型接入数据库的问题和解决方案，包括数据集的准备、SQLite3 数据库的使用方法、获取数据库信息、构建 tools 信息、模型选择及效果测试；讨论了如何使用 LangChain 重新设计查询功能，包括环境配置和工具使用方法；探讨了 RAG 检索增强技术的实施步骤，包括自动化数据生成和 RAG 模型的搭建过程。

本章通过具体案例和实际操作，为读者展示了在实际项目中如何有效地应用大模型技术解决复杂问题，为垂直领域的应用提供了实用的技术指南和方法论。

参 考 文 献

[1] VASWANI A, SHAZEER N, PARMAR N, et al. Attention Is All You Need[C] //Advance in Neural Information Processing Systems. [S.l.:s.n.], 2017: 5998-6008.

[2] CHAUDHARI S, MITHAL V, POLATKAN G, RAMANATH R. An Attentive Survey of Attention Models[J]. ACM Transactions on Machine Learning and Artificial Intelligence, [S.l.: s.n.], 2019: 1-35.

[3] LI X, LIANG P. Prefix-Tuning: Optimizing Continuous Prompts for Generation[C]//Proceedings of the 59th Annual Meeting of the Association for Computational Linguistics (ACL). [S.l.: s.n.], 2021: 4582-4597.

[4] LESTER B, AL-RFOU R, CONSTANT N.The Power of Scale for Parameter-Efficient Prompt Tuning[J]. arXiv preprint arXiv:2104.08691, 2021.

[5] LIU N, YUAN H, FU J, et al. GPT Understands, Too[C]//Proceedings of the 2023 Conference on Empirical Methods in Natural Language Processing (EMNLP). [S.l.: s.n.], 2023: 1936-1951.

[6] LIU X, JI K, FU Y, et al. P-Tuning v2: Prompt Tuning Can Be Comparable to Fine-tuning Universally Across Scales and Tasks[J]. arXiv preprint arXiv:2110.07602, 2021.

[7] HU E, SHEN Y, WALLIS P, et al. LoRA: Low-Rank Adaptation of Large Language Models[J]. arXiv preprint arXiv:2106.09685, 2021.

[8] DETTMERS T, MIN S, LEWIS M, et al. QLoRA: Efficient Finetuning of Quantized LLMs[J]. arXiv preprint arXiv:2305.14314, 2023.

[9] ZHANG Q, CHEN M, BUKHARIN A, KARAMPATZIAKIS N, et al. AdaLoRa: Adaptive Budget Allocation for Parameter-Efficient Fine-Tuning. arXiv preprint arXiv:2303.10512, 2023.

[10] WEI J, WANG X, SCHUURMANS D, et al. Chain-of-Thought Prompting Elicits Reasoning in Large Language Models[J]. arXiv preprint arXiv:2201.11903, 2022.

[11] ZHOU D, SCHÄRLI N, HOU L, et al. Least-to-Most Prompting Enables Complex Reasoning in Large Language Models[J]. arXiv preprint arXiv:2205.10625, 2022.

[12] BROWN T B, MANN B, RYDER N, et al. Language Models are Few-Shot Learners[J]. arXiv preprint arXiv:2005.14165, 2020.

[13] KOJIMA T, GU S S, REID M, et al. Large Language Models are Zero-Shot Reasoners[J]. arXiv preprint arXiv:2205.11916, 2022.